Franzke/Müller/Vladi • Südharz und Kyffhäuser

Streifzüge durch die Erdgeschichte

herausgegeben von Dr. Gunnar Meyenburg

Die faszinierendste Geschichte der Erde ist die Geschichte der Erde selbst. Namhafte Autoren vermitteln in der Buchreihe „Streifzüge durch die Erdgeschichte" einen anschaulichen, lebendigen und verständlichen Einblick in die oftmals spektakulären Prozesse der Entwicklung unseres Lebensraums über Hunderte von Millionen Jahren. Jeder einzelne Band motiviert die Leser, den Spuren der erdgeschichtlichen Entwicklung im Gelände zu folgen und auch teilweise heute noch wirksame Kräfte kennen zu lernen. In Verbindung mit vielfältigen, ergänzenden Informationen zu Lehrpfaden, Mineral- und Fossilfundstellen, Museen, Schaubergwerken und vieles andere mehr, ist jeder Band der Reihe die ideale geotouristische Begleitung und abgestimmt auf die Besonderheiten der jeweils behandelten Region. Die Abschnitte sind dabei so gewählt, dass sie bequem zu Fuß erkundbar sind.

Bereits lieferbar:

Nördliche Rhön, Nördliche Oberpfalz, Nationalpark Berchtesgarden, Lahn-Dill-Gebiet, Hunsrück, Fichtelgebirge, Altmühltal, Mecklenburgische Eiszeitlandschaft, Mecklenburgische Seenplatte, Oberharz, Wutachregion

Aufschlüsse, Bergbauzeugnisse und besuchenswerte Einrichtungen

Die Nummern entsprechen den bei den Wanderungen und im Kapitel „Nützliches und Informatives“ angegebenen. Geographische Koordinaten finden Sie zusammen mit einer Kurzbeschreibung der Lokalitäten ab S. 260.

1 Konglomerate, Sand-, Schluffsteine, Mansfelder-Schichten (Stefan A-C) (S. 50)
2 Metagrauwacken und Phyllite aus dem Oberdevon der Wippraer Zone (S. 52)
3 Verfaltete Vulkaniklastite („Grünschiefer) des Mittel bis Oberdevons, Wippraer Zone (S. 52)
4 Massige Grünschiefer (Diabas), Klüfte, Wippraer Zone, Mitteldevon (S. 52)
5 Felsklippe, Tankstelle Wippertal, Wippra, Westseite der L230 (S. 52)
6 Straßenanschnitt am südwestlichen Ortseingang von Rammelburg(S. 56)
7 Burgberg Rammelburg, Westhang, Weganschnitte (S. 56)
8 Rittertor am NW-Ausgang von Stolberg in das Ludetal (S. 58)
9 Stolberg, Stbr. 150 m SE Mastenteich, Westseite des Wegs (S. 59)
10 Felsanriss am Mastenteich in Stolberg, Ostrand der Talstraße (S. 61)
11 Abzweig Feldweg aus dem Ludetal und Hellbachtal (S. 62)
12 Druidenstein, an der Kirche in Trautenstein (S. 63)
13 Güntersberge, am Teichdamm des Mühlteichs (S. 64)
14 Grube Glasebach östlich von Straßberg (S. 67)
15 Schneckenberg, südwestlicher Ortsausgang von Harzgerode (S. 74)
16 Mundloch Schwefelstollen, oberhalb Petruskapelle, Alexisbad (S. 74)
17 Alexisbad Adolphfelsen, Uferweg der Selke am Bahnübergang (S. 77)
18 Nordöstlicher Ausgang von Mägdesprung, Rondell des Denkmals (S. 77)
19 Carlswerk am östlichen Ausgang von Mägdesprung (S. 77)
20 Mundloch Herzog Alexis-Erbstollen am Eingang zum Schiebeckstal (S. 78)
21 Straßenanschnitt Odertalsperre, 200 m NE der Sperrmauer (S. 80)
22 Stbr. Wieda, 100 m vom Abzweig der Straße von Wieda nach Zorge (S. 80)
23 Im Bachbett der Sieber, 500 m westlich Gasthaus Paradies (S. 83)
24 Grube Kupferrose, nordwestlich von Bad Lauterberg (S. 83)
25 Hoher Trost, 1,5 km vom Forsthaus im Tal der Krummen Lutter (S. 83)
26 Wiesenbeker Teich, 2 km SE Bad Lauterberg, im Wiesenbeker Tal (S. 84)
27 Scholmzeche am Osthang der Oder, E Kurpark Bad Lauterberg (S. 84)
28 Tagebau am Südhang des Königsberg NE von Sieber (S. 85, 86)
29 Wieda, Westhang Zachariaskopf Stollenmundloch (S. 87)
30 Nördlicher Ortsausgang von Zorge, Mundloch des Carler Stollens (S. 89)
31 Rabensteiner Stollen, im Bere-Tal, nördlich Ilfeld, bei Netzkater (S. 100)
32 Josefskreuz auf dem Auerberg bei Schwenda (S. 104)
33 Steinbruch nördlich des Auerbergs bei Schwenda (S. 108)
34 Parkplatz Waldbad im Bere-Tal, nördlich von Ilfeld (S. 111)
35 Richterschacht im Bere-Tal, nördlich von Ilfeld (S. 111)
36 NW-Rand Osterode (Südharz), aufgelassener Stbr. Bornberg (S. 111)
37 Burg Hohnstein, nördlich Neustadt/Harz (S. 112, 251)
38 Felsentor am östlichen Ortsrand von Neustadt/Harz (S. 113)
39 Bere-Ufer, südlicher Ortseingang von Ilfeld, Lange Wand (S. 115)
40 Braunsteinhaus im Leimbach-Tal, zwischen Appenrode und Ilfeld (S. 119)
41 Alter Sandabbau Cleysingsberg, zwischen Ellrich und Werna (S. 122)
42 Kloster Walkenried, Bachanschnitt der Wieda (S. 124, 248)
43 Herzberg, Parkplatz der Helios Klinik (S. 124)
44 Gipfelplateau des Ravensbergs bei Bad Sachsa (S. 124)
45 Wippertal, Klippmühle (S. 128)
46 Haltestelle und Bahnübergang bei Vatterode (S. 129)
47 Eingang Schloss Mansfeld Rundweg (S. 131)
48 Aufgelassener Steinbruch, Heilige Reiser bei Hettstett (S. 134)
49 Parkplatz Kyffhäuser-Denkmal (S. 144)
50 Steinbruch 150 m ab Abzweig der B85, Kyffhäuser (S. 147)
51 Felsklippe östlich des Parkplatzes Rothenburg, Kyffhäuser (S. 149)
52 Steinbruch am Westhang des oberen Steintals, Kyffhäuser (S. 150)
53 250 m nördlich Parkplatz Rothenburg, Rundwanderweg (S. 151)

Streifzüge durch die Erdgeschichte

Hans Joachim Franzke / Rainer Müller / Firouz Vladi

Südharz und Kyffhäuser

Auf den Spuren der Vorzeit

edition Goldschneck
im Quelle & Meyer Verlag

Der Herausgeber:

Dr. Gunnar Meyenburg
Osterstraße 187
20255 Hamburg
e-mail: info@sci-script.de

Wenn keine Autorenschaft erwähnt ist, wurden die Abbildungen von den Autoren erarbeitet.

Bibliografische Information der Deutschen Nationalbibliothek
Die Deutsche Nationalbibliothek verzeichnet diese Publikation in der Deutschen Nationalbibliografie; detaillierte bibliografische Daten sind im Internet über http://dnb.d-nb.de abrufbar.

Fotos: Autoren
Topographische Karte: Quelle & Meyer Verlag
Druck und Verarbeitung: TZ-Verlag & Print GmbH, Roßdorf
Printed in Germany/Imprimé en Allemagne
ISBN 978-3-494-01658-0

Zur Reihe „Streifzüge durch die Erdgeschichte“

Liebe Leserinnen, liebe Leser,

das wachsende Interesse an Natur und Umwelt hat in den vergangenen Jahren auch bei geowissenschaftlich orientierten Themen nicht Halt gemacht. Oftmals waren es Naturereignisse, die die Geowissenschaften stärker in das Licht der Öffentlichkeit gerückt haben, aber auch Fragen, die unsere Zukunft betreffen. Die Deckung des Rohstoffbedarfs und die Diskussion um klimatische Veränderungen und deren Ursachen und Folgen sind nur einige Beispiele.

Die Erde und das Leben auf diesem Planeten haben im Laufe ihrer Entwicklung ausgesprochen vielfältige und dramatische Veränderungen erfahren. Vieles davon lässt sich an den Gesteinen als deren stumme Zeugen trotz ihres oft schwer vorstellbaren Alters, aber auch an der Gestalt der Landschaft ablesen. Gerade dieser Blick in die Vergangenheit ist es, der uns Prognosen über Zukunftsszenarien erlaubt, indem die Rekonstruktion einstiger Umwelt- und Lebensbedingungen mit Vorgängen und Gesetzmäßigkeiten verknüpft werden, die zu diesen Bedingungen geführt haben.

Natürlich steckt hinter diesem Erkenntnisgewinn weit mehr als das, was sich dem Betrachter geologischer Objekte vor Ort erschließen kann. Akademische Diskussionen sind jedoch nicht Gegenstand dieser allgemeinverständlich gehaltenen Reihe. Die Autoren und ich möchten Ihnen vielmehr Erdgeschichte zum Erleben bieten und Sie dazu auf eine ereignisreiche und spannende Reise mitnehmen. Die Buchreihe „Streifzüge durch die Erdgeschichte“ richtet sich vor allem an all jene, die sich nicht ausschließlich an der Schönheit und den Eigenheiten von Landschaften erfreuen möchten, sondern sich zugleich auch Gedanken über deren Entstehung machen und nach entsprechenden Antworten suchen.

Sie will motivieren, sich auf die Suche nach den Spuren der äußerst bewegten Erdgeschichte Deutschlands und Mitteleuropas zu begeben und die mit ihr untrennbar verbundene Geschichte des Lebens selbst nachzuempfinden, ohne dass hierzu eine fachliche Vorbildung vonnöten wäre. Die einzelnen Bände begnügen sich nicht mit einer isolierten, steckbriefartigen Darstellung geologischer Objekte, sondern stellen die Synthese von Einzelinformationen zu einem Gesamtbild zur Entwicklungsgeschichte einer Landschaft stark in den Vordergrund. Die Größe der jeweils vorgestellten Gebiete ist daher auch überschaubar gehalten.

Ich möchte mich an dieser Stelle bei allen Autoren, die an dieser Buchreihe mitwirken, bedanken, die den komplexen Stoff der Intentionen der Reihe entsprechend verständlich und anschaulich darstellen.

Ganz ohne Fachtermini geht es dabei allerdings nicht. Damit der Lesefluss nicht durch Begriffserklärungen gestört wird, wurde die Marginalspalte genutzt, um wichtige Begriffe kurz zu erläutern oder auch andere Hinweise zu geben. Der dortige Text dient der leichteren Navigation innerhalb der Kapitel.

Nun wünsche ich Ihnen viel Freude und aufschlussreiche Einblicke in die Erdgeschichte bei Ihren geologischen Streifzügen.

Dr. Gunnar Meyenburg
Herausgeber

Inhalt

Danksagung

Folgende Kolleginnen und Kollegen haben uns durch Anregungen, Diskussionsbeiträge oder durch die Bereitstellung von Abbildungen unterstützt:

Gerhard Bachmann, Halle / Saale

Carsten Brauckmann, Clausthal-Zellerfeld

Ludger Feldmann, Köln

Elke Gröning, Clausthal-Zellerfeld

Irene Joß, Clausthal-Zellerfeld

Manfred Kupertz, Cottbus

Wilfried Ließmann, Clausthal-Zellerfeld

Josef Paul, Göttingen

Ivo Rappsilber, Halle (Saale)
Heinz-Gerd Röhling, Hannover

Klaus Stedingk, Goslar

R. & Chr. Völker, Uftrungen

Wir bedanken uns dafür herzlich. Bei Herrn Dr. Gunnar Meyenburg bedanken wir uns für die hilfreiche kritische Durchsicht des Manuskripts und für redaktionelle Arbeiten.

Zwischen zwei Großkontinenten: Am Südrand des Harzgebirges

Das Exkursionsgebiet am südlichen Harzrand und dem Kyffhäuser umfasst einen etwa WNW-ESE gestreckten Streifen zwischen Osterode im Westen und Mansfeld im Osten, dem Selke-Tal im Norden und dem Kyffhäuser-Gebirge im Süden.

Es ist damit etwa 100 km in Ost-West-Erstreckung lang, runde 35 km breit und auf drei Bundesländer – Niedersachen im Westen, Sachsen-Anhalt im Nordosten und Thüringen im Südosten – aufgeteilt. Naturräumlich gliedert es sich aus dem geologisch sehr vielfältigen Übergangsbereich zwischen dem Mittelgebirge des Harzes, bestehend aus sehr alten Gesteinen des Variszischen Gebirges aus der Zeit des Erdaltertums (Paläozoikum) und dem flachwelligen Hügelland des südlichen Harzvorlandes, aufgebaut aus jüngeren Gesteinsserien, die als Deckgebirge im Zeitraum vom späten Erdaltertum bis heute auf den alten Rumpf aufgelagert wurden.

In dieser Region gibt es zahlreiche Aufschlüsse, die es erlauben, sich nach und nach ein Bild seiner ereignisreichen erdgeschichtlichen Entwicklung zu machen, vorausgesetzt, man weiß die Relikte der Vorzeit zu deuten. Dabei wollen wir dem Leser mit diesem Band helfen.

Aufschlüsse sind Bereiche, an denen Gesteine an die Oberfläche treten.

Was ist nun das Besondere dieses Exkursionsgebiets? Heute ist es eine beschauliche Mittelgebirgsregion, in der ein flaches, überwiegend landwirtschaftlich genutztes Hügelland allmählich in die steileren, schrofferen Bergrücken des südlichen Harzes übergeht. In erdgeschichtlicher Zeit, gegen Ende des Erdaltertums, vor etwa 330 Mio. bis 252 Mio. Jahren fanden hier jedoch geologische Prozesse von globaler Bedeutung statt. Quer durch das heutige Mitteleuropa zog sich damals eine hochmobile geotektonische Zone, die geprägt war vom Zusammenspiel zweier Großkontinente, Laurussia im Norden und Gondwana im Süden, und einem dazwischenliegenden Meeresarm, den Geologen heute als „Rheia-Ozean“ oder auch „Variszische Geosynklinale“ bezeichnen. Als „variszisch“ bezeichnet man den Zeitraum zwischen dem Devon und dem Oberkarbon, in dem sich die verschiedenen

Erdaltertum (Paläozoikum) Zeitraum zwischen 541 und 252 Mio. Jahren

geologischen Prozesse abspielten, die schließlich zur Entstehung des Variszischen Gebirges führten.

Während am Nordrand des Harzes mit seiner bedeutenden Randstörung und der damit verbundenen Aufrichtungszone vor allem die junge, spätkreidezeitliche Hebungsgeschichte des Harzes dokumentiert werden kann, ist im südlichen Harz das Geschehen seit dem Ende der variszischen Zeit bis in jüngste Zeit recht gut kontinuierlich zu rekonstruieren. Die komplizierten Ereignisse in der Frühzeit der geologischen Entwicklung kulminierten mit dem Zusammenprall der beiden Kontinentalplatten und der Verschluckung (Subduktion) großer Anteile der ozeanischen Kruste in die Tiefe der Erde vor etwa 325 Mio. Jahren. Dabei entstand ein gewaltiger Gebirgszug, der sich quer durch Europa bis nach Asien und nach Westen bis auf den Nordamerikanischen Kontinent erstreckte. Nördlich einer alten Suturzone, die heute verdeckt unter den jungen Ablagerungen der Goldenen Aue liegt, bildete sich ein Gebirgsstrang aus übereinandergestapelten und verfalteten Resten des ehemaligen Rheia-Ozeans, das man in der Geologie mit dem etwas sperrigen Namen „Rhenoherzynikum" (von „Rheno" – Rhein und „herzynikum" – Harz) bezeichnet.

Kristallin (Kristallines Grundgebirge): Bezeichnung für ein komplexes Gesteinsstockwerk aus tiefen Bereichen der Erdkruste, bestehend aus metamorphen und magmatischen Gesteinen.

Südlich dieser Suturzone liegt das kleine Kyffhäuser-Gebirge, das einen Aufbruch alter kristalliner Gesteine enthält. Seine Gesteine und ihre Entwicklung gehören bereits zu der ehemals südlich angrenzenden Platte. Diese Zone wird als Mitteldeutsche Kristallinschwelle bezeichnet und ist Teil des sogenannten „Saxothuringikums", beide sind Teile des Variszischen Gebirges.

Beide Gebirgszüge unterlagen schon direkt nach ihrer Heraushebung im Oberkarbon und der Rotliegend-Zeit der Erosion und wurden schließlich wieder bis nahezu auf Meeresniveau abgetragen. Die Reste der abgetragenen Gesteine finden sich heute in den oberkarbonischen Decksedimenten des Kyffhäusers und in den Rotliegend-Ablagerungen des Ilfelder Beckens und der großen Saale-Senke.

Erdmittelalter (Mesozoikum) Zeitraum zwischen 252 und 66 Mio. Jahren

Als zu Beginn der Zechstein-Zeit, vor etwa 257 Mio. Jahren, das Nordmeer wieder von diesem Raum Besitz ergriffen hatte, waren die Zeugnisse der umwälzenden Ereignisse der variszischen Ära längst (Erd-) Geschichte und verschwanden in den nächsten 200 Mio. Jahren allmählich unter mehr als 2000 m mächtigen Deckschichten des Erdmittelalters.

Die heutige Landschaft

Die Landschaft am heutigen Süd- und Südwestrand des Harzes ist längst nicht so steil und schroff, wie an seinem Nordrand. Wie auch die übrigen Harzränder, wird der Südharz zu seinem Vorland nach geologischen Aspekten abgrenzt. Dort, wo das sedimentäre Auflager des spätpaläozoischen Rotliegend und Zechstein beginnt, enden sowohl geologisch und auch geographisch die Mittelgebirge Harz und Kyffhäuser.

Auch intern wird der Harz nach geologischen Aspekten weiter untergliedert, da seine markanten geomorphologischen Regionen von den geologischen Verhältnissen bestimmt werden.

Während der Nordrand des Harzes durch eine zwar gewundene aber messerscharf ausgebildete Störungszone, die Harz-Nordrand-Störung, gebildet wird, werden die alten variszischen Gesteine an seinem Südrand von jüngeren ungefalteten Sedimentfolgen im Wesentlichen ungestört flach überlagert. Hierbei handelt es sich zunächst um klastische, z.T. auch vulkanische Gesteinsserien aus der Rotliegend-Zeit, die das alte Relief des Variszischen Gebirges ausgeglichen haben. Zwischen ihnen und den älteren, verfalteten Gesteinen aus Unterkarbon und Devon besteht daher ein markanter Lagerungsunterschied – verfaltete, stark deformierte Gesteine auf der einen Seite und flachliegende wenig gestörte Gesteine auf der anderen Seite – den man auch als „Variszische Diskordanz“ bezeichnet. Hier ist auch die geologische Grenze zwischen Harz und seinem südlichen Vorland zu ziehen. Aber auch naturräumlich ist dies zu erkennen: Während das südliche Harzvorland aus einem treppenförmig gestalteten Tafelbergland besteht (Abb. 1.1), ist der Harz selbst aus steiler ansteigenden Bergrippen mit einer fast geschlossenen Bewaldung aufgebaut.

Die Harzscholle wurde während ihrer Hebung in der oberen Kreide sofort flächenhaft erodiert und von ihrer ehemals vorhandenen mesozoischen Sedimentdecke befreit („eingerumpft“) und zeichnet sich durch mehrere, im Tertiär entstandene Verebnungsflächen („Rumpfflächen“) aus (Abb.1.2). Zusätzlich wird das heutige Landschaftsbild im Harz durch Talzüge geprägt, die z.T. alten Bruchzonen folgen. Sie beginnen am Harzrand als tief eingeschnittene enge Flusstäler, deren Talböden zum Inneren des Harzes ansteigen, gehen dann

Abb. 1.1: Naturräumliche Gliederung des Harzes und seiner Vorländer in einem digitalen Höhenmodell.

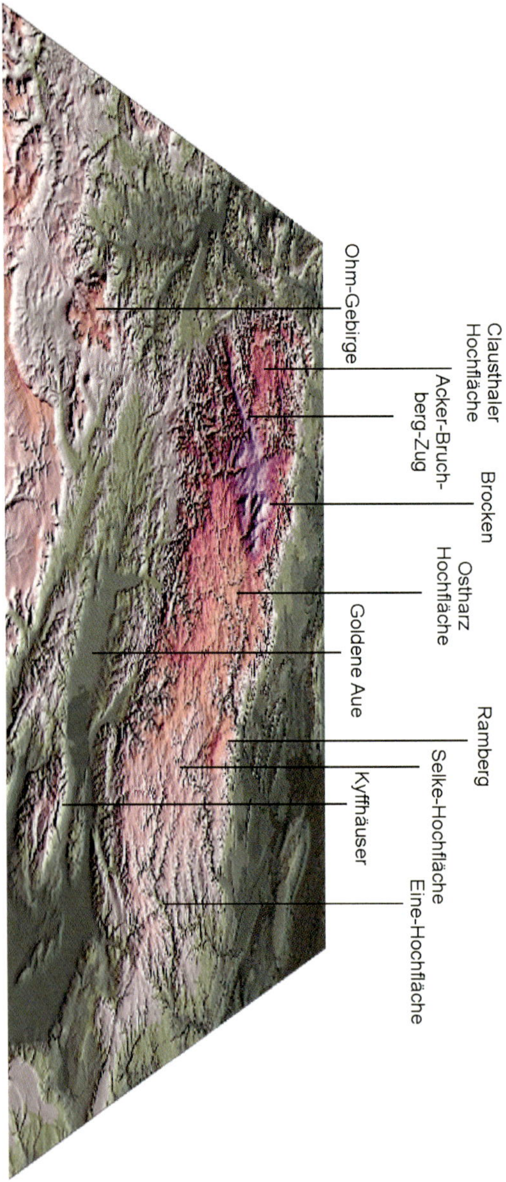

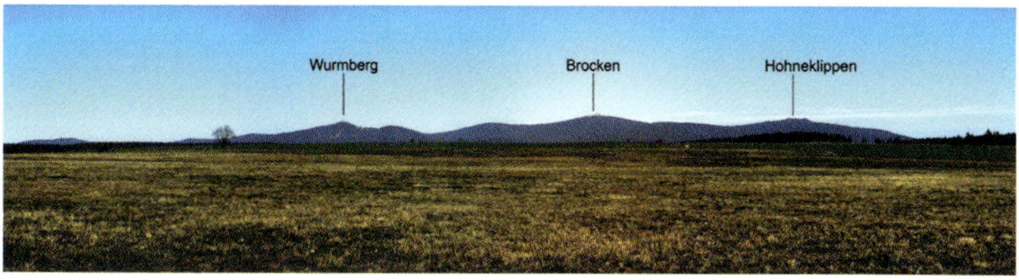

Abb. 1.2: Blick über die Ostharz-Hochfläche bei Hasselfelde nach Nordwesten. Am Horizont der Hochharz mit Wurmberg und dem Brocken-Massiv.

in flache, breite Täler über und verlieren sich allmählich in den erwähnten Hochflächen.

Der Harzer Anteil des Exkursionsgebiets umfasst den südlichen Teil des Unter- und Mittelharzes. Dieser Bereich war, wohl auch wegen des Fehlens reicherer Erzvorkommen, ursprünglich nur spärlich besiedelt. Dies hat sich bis heute erhalten. Die größeren Ortschaften, Osterode, Herzberg, Bad Lauterberg, Bad Sachsa, Ellrich und Nordhausen sind am Harzrand oder im Vorland angelegt. Eine Ausnahme bildet das Städtchen Stolberg im Thyratal mit einem gut erhaltenen mittelalterlichen Stadtkern, der von seinem Renaissance-Schloss überragt wird. Über weite Strecken kann man in den einsamen Wäldern des Südharzes wandern, ohne dass man auf Siedlungen oder Menschen trifft.

Das südliche und südwestliche Harzvorland dagegen ist geprägt von einer flach nach Süden verkippten Tafelbergs-Landschaft aus Sedimentgesteinsabfolgen des Zechsteins und den triassischen Serien des Mesozoikums. Es ist wenig bewaldet und wird intensiv landwirtschaftlich genutzt.

Eine besondere Rolle in der Landschaftsgestaltung des Südharzes spielen die Salinarabfolgen des Zechsteins. In dieser Zeit zum Ende des Erdaltertums wurden hier mächtige Salz- und Gips/Anhydrit-Gesteinslagen (Evaporite) gebildet, auf die wir später zu sprechen kommen. Während die ehemals vorhandenen Salzgesteine der Werra- und Staßfurt-Formationen oberflächennah längst abgelaugt sind, stehen die zugehörigen Gips- und Anhydrit-Lager in Form von langgestreckten Hügelketten parallel zum Harzrand an. Sie sind anhand der leuchtend weißen Sulfatgesteine in zahlreichen Felswänden und in aufgelassenen oder noch betriebenen Steinbrüchen gut zu erkennen.

Evaporite: In aridem Klima durch chemische Ausfällung aus wässrigen Lösungen entstandene Minerale/Gesteine.

Auch in anderer Hinsicht sind diese Gesteine von besonderer Bedeutung für die Landschaft des Südharzes. Sulfatge-

Abb. 1.3: Blick vom Harz nach Süden auf den Kyffhäuser. Das Barbarossa-Denkmal ist im zentralen Teil des langgestreckten Bergrückens gut zu erkennen.

steine sind leicht löslich und unterliegen auch heute noch einer speziellen Form der Auflösung, die man als „Subrosion" bezeichnet. Das morphologisch sichtbare Ergebnis davon sind die verbreitet auftretenden „Karsterscheinungen". Zwischen Seesen und Mansfeld sowie um den Kyffhäuser herum erstreckt sich diese typische Karstlandschaft, die auf so engem Raum in Europa nahezu einzigartig ist. Ein markierter Karstwanderweg von 265 km Länge erschließt diese Region.

Südlich des Zechsteinausstriches schließt sich zum Thüringer Becken hin die erwähnte, leicht nach Süden eingekippte Tafelberg-Landschaft an, die besonders durch die Härtlinge des Unteren und Mittleren Buntsandsteins und des Muschelkalks geprägt wird. Zahlreiche Zeugenberge von Muschelkalk sind im Ohmgebirge und im Eichsfeld vorhanden. Zeugenberge deshalb, weil sie von der ehemals größeren Verbreitung des Muschelkalks zeugen.

Der massive Bergkamm der Hainleite, aufgebaut aus der nach Süden einfallenden Schichtstufe des Unteren Muschelkalks, markiert als mehr als 100 m hohe Schichtstufe den Beginn des großen Thüringer Beckens.

Eine weitere geologische Besonderheit erwartet den naturinteressierten Wanderer auf der Südseite des breiten Subrosionstals der Goldenen Aue. Hier ragt aus den jüngeren

Sedimentgesteinen des Zechsteins und des Mesozoikums unvermittelt ein Klotz aus viel älteren Gesteinen der variszischen Zeit heraus, der Kyffhäuser (Abb. 1.3).

Der langgestreckte Bergrücken ist bereits aus der Ferne anhand des markanten Barbarossa-Denkmals und des Fernsehturms auf dem Kulpenberg (484 m ü. NN) gut zu erkennen.

Klima und Gewässernetz

Der Harz ist für seine klimatischen Besonderheiten bekannt. Sowohl zwischen Harz und seinen nördlichen und südlichen Vorländern als auch innerhalb des Harzes gibt es deutliche klimatische Unterschiede. Wie man in Abb. 1.4 gut erkennen kann, ist das Maximum der Niederschläge auf den Hochharz um den Brocken und seine Westseite, den Oberharz, konzentriert. Dies ist auf die exponierte Position des Brockenmassivs zurückzuführen, an dem von Südwesten und Westen heranströmende atlantische Luftmassen gestaut werden, aufsteigen und sich abregnen. Das Niederschlagsminimum findet man im nordöstlichen Subherzynen Becken, das im Windschatten des Brockens gelegen ist.

Subherzynes Becken: Das dem Harzblock im Norden vorgelagerte, im Mesozoikum entstandene Sedimentbecken..

Die hohen Niederschlagsraten zusammen mit dem sehr geringen Speicherungsvermögen der paläozoischen Gesteine des Harzes führen dazu, dass die Niederschläge rasch in die Vorländer abfließen und sich daher ein dichtes Netz von Bächen und Flüsschen entwickelt hat. In den höheren Lagen haben sich in flachem Gelände Hochmoore gebildet, die man nach früherem Torfabbau und Trockenlegungen heute vielfach wieder zu renaturieren versucht.

Dass sich die malerischen Bäche des Harzes (Abb. 1.6, 1.7) nach der Schneeschmelze und nach tagelangen Niederschlägen auch in reißende Flüsse verwandeln und im Vorland zu verheerenden Überschwemmungen führen können, ist unter „normalen" Verhältnissen nur schwer vorstellbar. Dies ist aber der Grund dafür, dass im Harz eine ganze Reihe von Talsperren zum Hochwasserschutz, aber auch zur Trinkwassergewinnung, angelegt wurden.

Im südlichen Harz ist hierbei vor allem die Neustädter Talsperre, nordöstlich von Neustadt im Krebsbach-Tal, zu nennen. Sie wurde bereits 1905 erbaut und ist damit die älteste Thüringer Anlage dieser Art. Bis heute dient sie der Trinkwasserversorgung des Raumes Nordhausen (Abb. 1.5).

Abb. 1.4: Niederschlagsverteilung im Jahresmittel im Harz

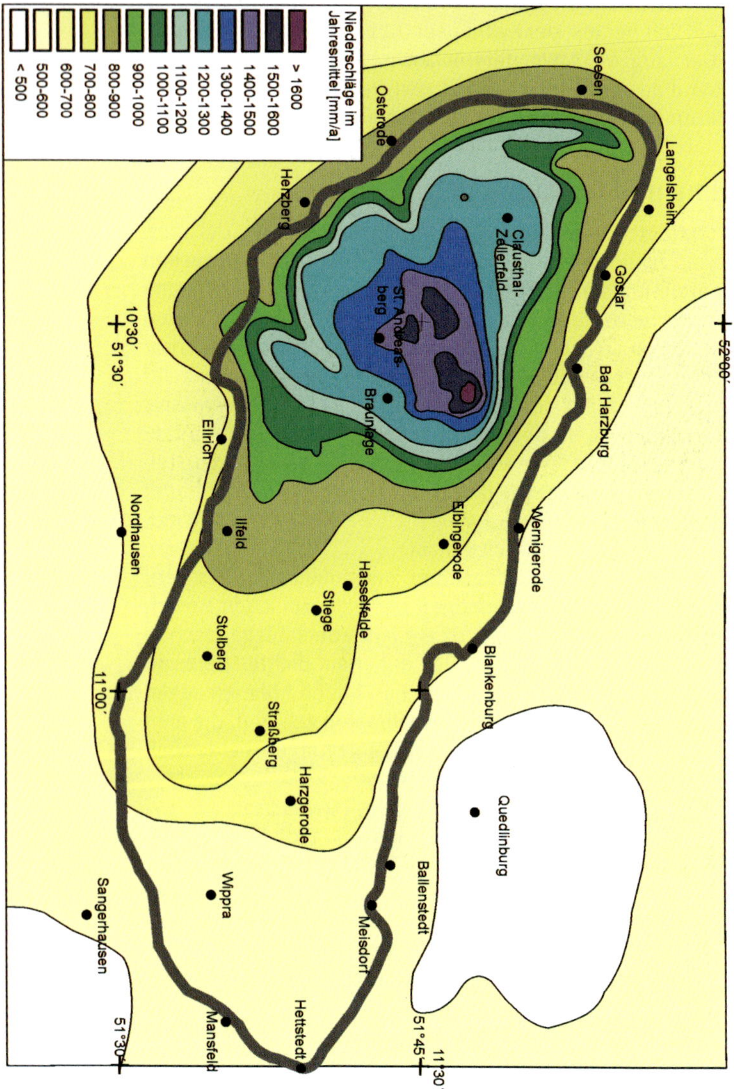

Zwei Wasserscheiden beeinflussen den Wasserhaushalt des Harzes. Eine davon folgt etwa dem Längsverlauf des Harzes und trennt den Abfluss der Bäche nach Norden oder Süden. Eine weitere Wasserscheide verläuft SW-NE und trennt die Abflüsse in eine Entwässerung zur Weser und zur Elbe. Sie folgt einer alten tektonischen Struktur, der Eichsfeld-Schwelle, mit der wir uns später noch ausführlicher beschäftigen werden.

Abb. 1.5: Die Gewichtsstaumauer der Neustädter Talsperre im Südharz (erbaut 1904/05).

Bis heute prägen diese Wasserscheiden Mensch und Natur, denn sie trennen das Einzugsgebiet der Weser im Westen mit Markau, Lerbach, Söse, Lonau, Sieber, Lutter und Oder von

Eichsfeld-Schwelle: Thüringer Anteil des NNE-SSW verlaufenden oberpermisch-mesozoischen Hochgebietes der Altmark-Eichsfeld-Schwelle. Bekannt für ihre oberpermischen Bryozoen-Riffe am Südharz.

dem der Elbe im Osten mit Steina, Wieda, Zorge, Bere, Thyra, Leine, Nasse und Gonna.

Ab hier geht das eher ausgeglichene atlantisch geprägte Klima Westeuropas nach Osten in ein kontinentales mit trockeneren Sommern und kälteren Wintern über.

Auch ist die Eichsfeldschwelle noch heute Trennlinie zwischen dem Hoch- und Niederdeutschem Sprachraum und (etwas versetzt) eine alte, bis 1989 existente Territorialgrenze.

Auch die Besonderheiten der Gipskarstlandschaft, von denen bereits die Rede war, sind von den klimatischen und hydrologischen Bedingungen am Harz begünstigt worden.

Abb. 1.6: Das Bere-Tal an der Langen Wand bei Ilfeld am Rand des Südharzes

Abb.1.7: Die Bode bei Neuwerk im Mittelharz.

Vegetation und Fauna

Die besonderen klimatischen Gegebenheiten prägen auch die Vegetation des Harzes. Allerdings muss man dabei berücksichtigen, dass der Harz und seine Vorländer heute Kulturlandschaften sind, die seit Jahrhunderten intensiv bewirtschaftet werden. Vor allem der Bergbau mit seinem nahezu unstillbaren Hunger nach Holz hat dazu beigetragen, die natürliche Waldvegetation nach dem wirtschaftlichen Bedarf zu verändern. Während im Oberharz noch im letzten Jahrhundert weite Bereiche kahlgeschlagen waren und wieder mit schnell wachsenden Fichten aufgeforstet wurden, ist die Situation im östlichen Harz etwas anders: Hier dominieren auf den Hochflächen, etwa um Elbingerode, Hasselfelde, Güntersberge, Harzgerode oder Hayn ausgedehnte Feld- und Weidenflächen. Dichte Bewaldung findet man hier eher an den steileren Talhängen des Gebirgsrandes. Der globale Klimawandel verschont seit etwa 2018 auch hier den Harz nicht, erkennbar an zunehmender Trockenheit mit Borkenkäferbefall und flächigem Absterben der Oberharzer Fichtenbestände.

Abb. 1.8: Die Eine-Hochfläche bei Königerode im Ostharz, aus der sich als Härtling ein Diabas-Lager heraushebt.

Die Klimagrenze zwischen westlichem und östlichem Harz bei Niederschlägen von 900–700 mm/Jahr prägt seit 7.000 Jahren die westliche Seite mit einer Dominanz der Rotbuche als Klima-anzeigende Vegetation. Nach Osten gehen die Buchenwälder in Eichenmischwälder über, denn hier fallen die Jahresniederschläge auf unter 500 mm, so etwa am Südkyffhäuser. Die in diesem Raum anzutreffenden Nadel-, insbesondere Fichtenwälder sind das Produkt der Forstwirtschaft im Kontext zum Holz- und Energiebedarf des Bergbaus und des Siedlungswesens.

Mit der neolithischen Revolution, also dem Übergang der Lebensweise des Menschen vom Jagen und Sammeln zur Landwirtschaft und Viehzucht, änderte sich auch das Bild der Landschaft. Die höheren Auen und besonders die Lößböden wurden zu Ackerland gerodet, andere Flächen zu Weideland. Besonders die extrem mageren und stark reliefierten Ausstriche von Gips und Dolomit bilden seit Jahrtausenden die Weidegründe für Schafe und Ziegen; später immer öfter vergesellschaftet mit dem Anbau von Streuobst. In diese Flächen wanderten allmählich Offenland-Faunen der südosteuropäischen Steppen, vor allem Schmetterlinge, Vögel und Schnecken ein. Auch stechen besonders die dem trockeneren Klima angepassten Steppenrasen am südwestlichen und südlichen Kyffhäuser hervor. Im Westen nach 1945, im Osten nach 1989, ging insbesondere die Wanderschäferei stark zurück und viele dieser Halbtrocken- und Trockenrasen verloren damit an Fläche und ihr Arteninventar geriet auf die Roten Listen der in Deutschland vom Aussterben bedrohten Tier- und Pflanzenarten. Staatlich geförderte Beweidungsprogramme sollen heute vielerorts in dieser HotSpot-Region des Artenschutzes helfen, diese reiz- und wertvollen Biotoptypen zu erhalten.

Abb. 1.9: Steppenheiden auf Gipsböden am Südwestrand des Kyffhäusers, nordöstlich von Rottleben.

Abb. 1.10: Die Orchideen-Gattung Dactylorhiza (Knabenkraut). Im Bild das Gefleckte Knabenkraut (Dactylorhiza maculata), das häufig auf den Kalk- oder Gipsböden des Harzvorlandes vorkommt.

Abb. 1.11: Hundsrosen-Busch mit Hagebutten im südlichen Harzvorland.

Abb. 1.12: Enzian auf Magerwiesen in Ausstrichen von Unterem Muschelkalk (Ohm-Gebirge).

Die Entstehung der Mittelgebirge von Harz und Kyffhäuser

Nahezu 500 Millionen Jahre umfasst die Entstehungsgeschichte des heutigen Harzes und des Kyffhäusers; einen für den menschlichen Erfahrungsbereich kaum vorstellbaren Zeitraum. Die Vielfalt der dabei entstandenen Gesteine und geologischen Strukturen macht dieses Gebiet zu einem überaus interessanten geowissenschaftlichen Forschungsgegenstand und ebenso zu einem attraktiven Wander- und Exkursionsgebiet. Bevor wir mit unseren Streifzügen durch die Erdgeschichte beginnen können, müssen wir uns noch einiges Rüstzeug aneignen, indem wir die Grundzüge der geologischen Entwicklung um den südlichen Harz und den Kyffhäuser kennenlernen. Man kann sie nach ihren geologischen Entwicklungsetappen grob in drei Abschnitte unterteilen, die durch zwei markante Ereignisse getrennt werden.

Der erste Zeitabschnitt: Die variszische Ära

Der erste Zeitabschnitt ist die bereits erwähnte variszische Ära, die vom Devon bis zum Beginn des Oberkarbons (vor etwa 325 Mio. Jahre) über etwa 120 Mio. Jahre andauerte. Sie ist gekennzeichnet durch das Wechselspiel zweier großer Erdplatten, der Gondwanischen Platte im Süden und der Laurussischen Platte nördlich davon. Ihre kontinentalen Anteile waren getrennt durch eine Meeresstraße, die man auch als „Rheia-Ozean" oder früher auch als „Variszische Geosynklinale" bezeichnet hat (Abb. 1.13). Der heutige Harz, oder besser, die Gesteine, die ihn aufbauen, bildeten sich am Südrand Laurussias, in einem Schelfgebiet, das heute nur noch in Fragmenten vorhanden ist und das man Avalonia nennt. Dieser Bereich lag zu dieser Zeit noch südlich des Äquators.

Das, was wir heute als Kyffhäuser-Gebirge kennen, war damals noch weit entfernt vom heutigen Harz auf der anderen, der südlichen Seite der Plattengrenze, am Nordrand der riesigen Gondwanischen Platte, oder genauer: im Bereich von Inseln, die dem Großkontinent Gondwana in Form von Kontinentalspänen (Terranes) vorgelagert waren (Abb. 1.13).

Die geologischen Vorgänge, die sich in der variszischen Zeit abgespielt haben, waren sehr komplex und sind in einigen Details auch heute noch nicht erforscht. Jedenfalls han-

Abb. 1.13: Die Konstellation von Laurussia und Gondwana im späten Devon, zu Beginn der variszischen Plattenkollisionen. (Abb.: OCZLON (2006))

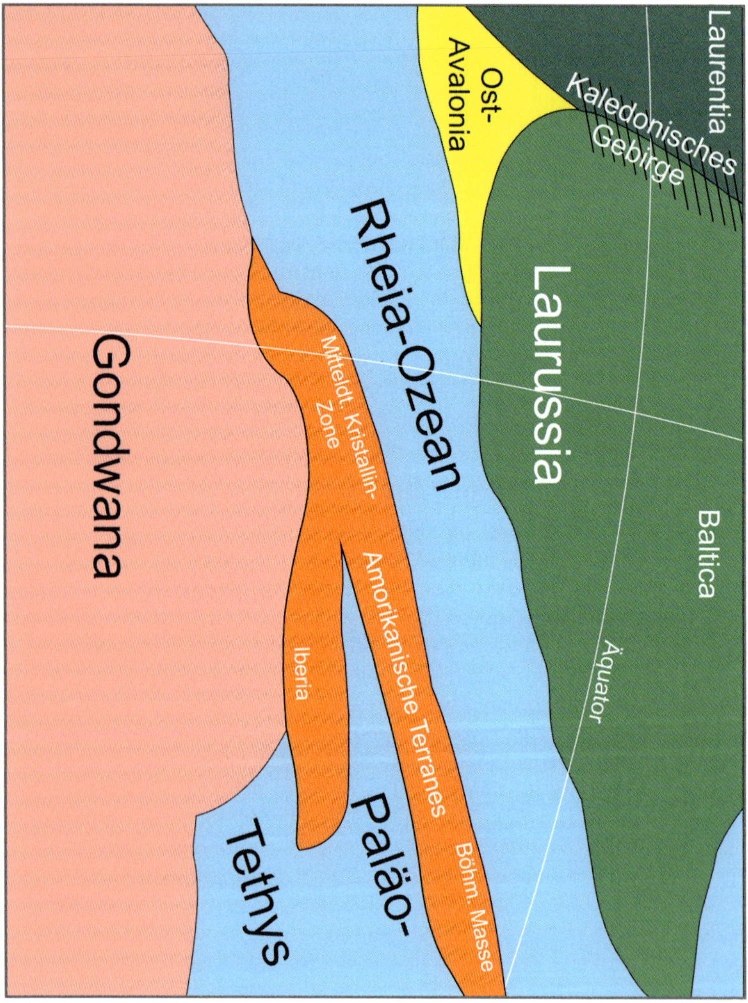

delte es sich bei dem Rheia-Meeresarm bis zu seinem Verschwinden im Karbon um eine hochmobile Zone, in der tiefe Meeresbecken und unterseeische Gebirge mit steilen Hängen, die fast bis zur damaligen Meeresoberfläche hinaufreichten, eng nebeneinander vorkamen. Untermeerischer Vulkanismus, gut erkennbar an den typischen marinen Kissenlaven, war weit verbreitet. Auf den Hochlagen nahe der Meeresoberfläche konnten, wie auch heute in tropischen Meeren, Riffe wachsen und durch Umwelteinflüsse (Wellenschlag u. ä.) auch damals schnell wieder zerstört werden.

Kissenlava: typisch für untermeerisch röhrenförmig ausfließende, im Querschnitt rundliche Lavaformen.

Große Mengen von Abtragungsschutt wurden von beiden Seiten her in die Meeresstraße eingeschüttet und zu mächtigen Sedimentlagen angehäuft, die wir heute in den devonischen und karbonischen Schichten vorfinden.

Gleichzeitig mit der marinen Sedimentation begann bereits seit dem Oberdevon ein merklicher Zusammenschub der Kontinentalplatten durch die Anlage von Subduktionszonen, an denen die Laurussische (Nord-)Platte nach Süden unter die Gondwanische Platte geschoben wurde. Dabei verschwanden große Teile des Meeresbodens wieder in der Tiefe der Erde, sie wurden „subduziert".

Besondere Gesteinsvorkommen im Harz weisen uns auch auf diese Vorgänge hin: an den vergleichsweise steilen Kontinentalhängen, aufgebaut aus mächtigen Sedimentstapeln der erodierten Festländer im Norden und Süden, lösten sich immer wieder ganze Pakete noch lockeren Materials in Form von Schlammströmen. Diese auch „Turbidite" genannten Sediment-Lawinen flossen mit hoher Geschwindigkeit weit in die tieferen Meeresbecken hinein und bildeten dort Ablagerungen. Grauwacken sind die charakteristischen Gesteine dieser Sedimentabfolgen. In den Ablagerungen des südlichen Harzes tauchen solche Bildungen bereits im Oberdevon auf, im Oberharz erst später im Unterkarbon. Dies ist ein Hinweis auf den lang andauernden Prozess des allmählichen Fortschreitens der Annäherung der beiden Platten und der diesen Ablauf kontrollierenden Subduktion.

Grauwacken: Sandsteine mit Gesteinsbruchstücken und hohem Anteilen an tonigem Bindemittel

Die erläuterte Situation führte dazu, dass die ältesten Ablagerungen des Harzes im Südosten, in der Wippraer Einheit, vorkommen, die jüngsten noch gefalteten Sedimentgesteine im Nordwesten, im Oberharz. Die gemäß der variszischen Kollisionstektonik SW-NE-streichenden Schichtfolgen des Harzpaläozoikums verlaufen infolge der heutigen NW-SE-Kontur des Harzes in schrägen Schichtbändern quer durch das Gebirge.

Die konvergierenden Bewegungen der Erdplatten und die damit verbundene Subduktion der Nordplatte hatte zur Folge, dass große Anteile der Ablagerungen der laurussischen Platte wieder in der Tiefe der Erdkruste verschwanden, teilweise aber auch nahe der Suturzone zusammengestaucht, verfaltet und in Form von dünnen Spänen, tektonischen Decken, übereinandergestapelt wurden. Der Höhepunkt, oder besser das Ende dieses Vorgangs, wurde gegen Ende des Unterkarbons vor etwa 325 Mio. Jahren erreicht. Das zunehmende Stapeln leichterer Krustengesteine im Bereich der Subduktionszonen in Kombination mit einer das Krustengleichgewicht ausbalancierenden Verdickung der Erdkruste führte zu einer zunehmenden „isostatischen" Heraushebung. Die ehemaligen Ablagerungen am Meeresboden wurden über das Meeresniveau gehoben und schließlich zu einem Gebirge aufgetürmt. Diesen nördlichen Anteil des variszischen Gebirges, das sich durch ganz Europa zieht, bezeichnet man auch als Rhenoherzynikum. Hierzu zählt man in Mitteleuropa die Ardennen, das Rheinische Schiefergebirge und den Harz. (Abb. 1.14)

Isostasie: gemäß ihrer unterschiedlichen spezifischen Gewichte steigen leichtere Krustenblöcke isostatisch auf, schwerere sinken ein.

Auf der südlichen Seite der alten Subduktionszone liegt ebenfalls ein enorm weit gehobener Krustenabschnitt, der allerdings zur Oberplatte, also zum gondwanischen Part des Geschehens gehört. Diesen Teil bezeichnet man als die „Mitteldeutsche Kristallinzone", die wiederum zu den Armorikanischen Terranes, speziell zum Saxothuringikum gehört. Ganz an seinem Nordrand liegt das Kyffhäuser-Gebirge.

Die Abbildungen 1.15 a und b verdeutlichen das Ergebnis der geschilderten Ereignisse durch eine vereinfachte Geologische Karte mit den Baueinheiten des Harzes und einem zugehörigen Querprofil. Der Schnitt zeigt, wie man sich die heutige Struktur des Harzes als Ergebnis einer Subduktion der nördlich gelegenen Platte Laurussias an einer Nahtstelle, die im Bereich der heutigen Goldenen Aue lag, vorstellen kann. Ganz rechts ist die nach Nord bewegte Oberplatte mit der Mitteldeutschen Kristallinzone dargestellt. Der heutige Harz ist ein komplexes Puzzle aus verschiedenen geologischen Bausteinen, die meist an Abscherzonen durch enorme tektonische Kräfte während der Subduktion miteinander verschuppt und übereinander gestapelt wurden. Das heutige Bild zeigt

Abb. 1.14: Der Verlauf der Gebirgsstränge des Variszischen Gebirges In Mitteleuropa und darin die Lage des Harzes. (Abb.: W. FRANKE (1992))

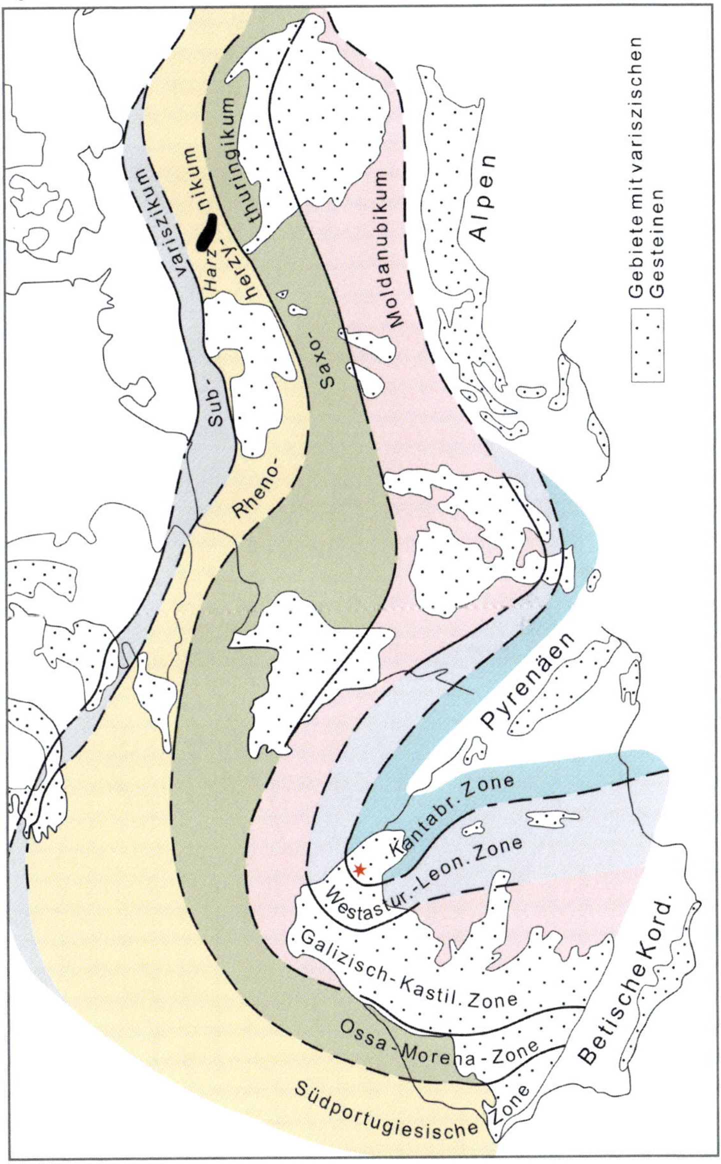

Abb. 1.15a Geologische Übersichtskarte des Harzes mit der Lage des Querprofils 1.15b.

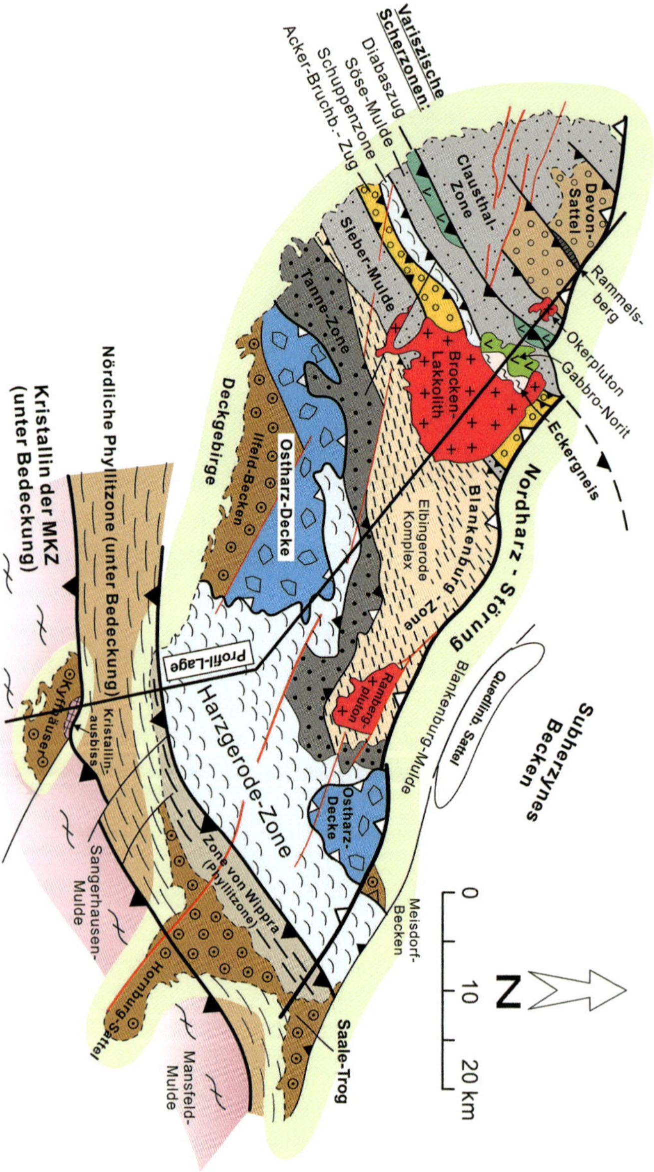

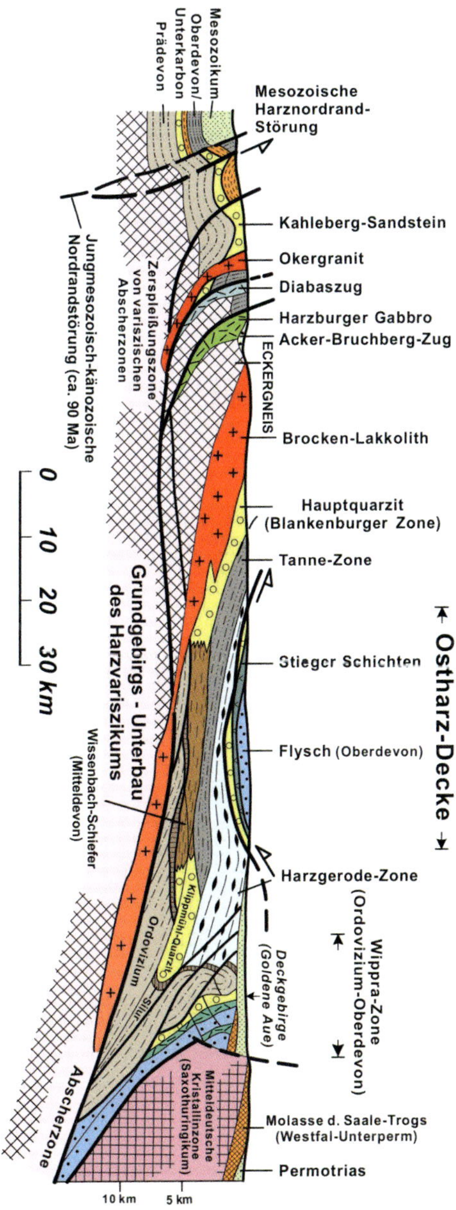

Abb. 1.15b: Querprofil des geologischen Aufbaus des heutigen Harzes zwischen der Mitteldeutschen Kristallinzone (Kyffhäuser) und Harznordrand.

die Situation als die Subduktionsvorgänge im Oberkarbon schließlich zum Stehen kamen. Der größte Teil der ozeanischen Kruste des Rheia-Ozeans ist in der Tiefe der Erdkruste bzw. des oberen Mantels absorbiert worden.

Mit dieser Aufstapelung, Formung und Heraushebung des Variszischen Gebirge begann sofort dessen Abtragung und damit der nächste Abschnitt der Entwicklungsgeschichte des Harzes. Ob dieses Gebirge ein Hochgebirge, vergleichbar mit den Alpen, den Anden oder dem Himalaja war, darüber kann nur spekuliert werden; es ist jedoch sehr wahrscheinlich.

Der zweite Zeitabschnitt: Der Großkontinent Pangäa und sein Zerfall

Mit dem fast erdumspannenden Vorgang der Auffaltung des variszischen Gebirgszugs hatte sich die Konstellation Land-Meer grundlegend verändert: Pangäa war entstanden, in dem sich die meisten der bisherigen Landmassen zu einem einzigen Großkontinent vereint hatten. Doch mit seiner Entstehung trug er bereits den Keim des Zerfalls auf unserem dynamischen Planeten in sich.

Die Oberkarbon- und Rotliegend-Zeit

Rotliegend(es) nennt man in Mitteleuropa den unteren Teil des Perms, der in etwa den Bereich zwischen Cisuralium und Guadalupium (int. Zeitgliederung) entspricht.

Die Zeitspanne, die man in Deutschland „Rotliegendes" nennt, ist in vielerlei Hinsicht eine besondere, hochinteressante und spannende Etappe der Geschichte unseres Planeten. Sie umfasst etwa 39 Mio. Jahre, zwischen 296 und 257 Millionen Jahren vor heute. Nimmt man die 20 Mio. Jahre des Stephanium und Westfalium des Oberkarbons, in denen sich bereits eine ähnliche Entwicklung wie in dem darauffolgenden Rotliegenden abzeichnete, noch dazu, so handelt es sich um einen der längsten, aber auch zum Teil nur ungenügend bekannten Abschnitte der jüngeren Erdgeschichte. Dies liegt daran, dass nach den gewaltigen Umwälzungen der variszischen Gebirgsbildung neue Konfigurationen von Land und Meer entstanden waren, die in den folgenden Jahrmillionen nach und nach zu dem Bild der Erde führten, wie wir es heute kennen.

Aber der Reihe nach: Der Name „Rotliegendes", früher auch „Todtliegendes" genannt, kommt aus dem Sprachgebrauch der Bergleute des Kupferschiefers aus dem Mansfelder Raum. Kupferschiefer, die Basislage der Zechstein-Stufe, liegt, wenn man mal von nur lokal auftretendem „Zechstein-Konglomerat" absieht, auf meist tauben Sandsteinen der Rotliegend-Zeit. Diese sind oft bis wenige Meter unterhalb der Grenze, also im Liegenden, weiß (daher auch „Weißliegendes" genannt) oder grau („Grauliegendes") und darunter rot („Rotliegendes") gefärbt. International haben sich jedoch diese deutschen Begriffe nicht durchgesetzt. Hier wird das Perm in Cisuralium, etwa unserem Unterrotliegend entsprechend, Guadalupium (Oberrotliegend) und Lopingium (Zechstein) untergliedert.

Konglomerat: Sedimentgestein mit gerundeten Komponenten mit Durchmessern über 2 mm.

Liegendes/Hangendes: Liegendes bedeutet unterhalb, Hangendes oberhalb einer bestimmten Schicht, Kluft oder Störung.

Was macht diese Zeit und ihre Zeugnisse nun so kompliziert?

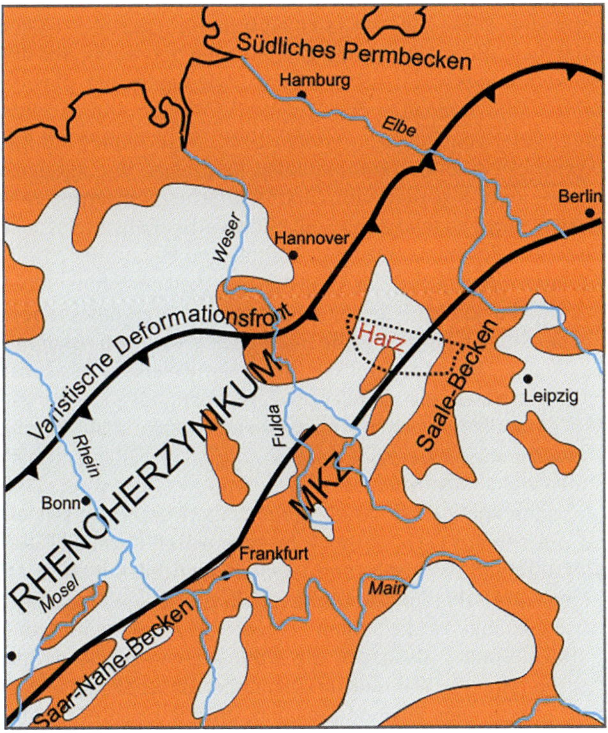

Abb. 1.16: Die Verteilung von Rotliegend-Becken (braun) in Norddeutschland (MKZ: Mitteldeutsche Kristallinschwelle) (Abb.: Maystrenko et al. (2008))

Zunächst einmal gab es zwei sehr unterschiedliche Ablagerungsräume (Abb. 1.16): Am Nordrand des variszischen Gebirgszuges war noch im Oberkarbon ein großer Ablagerungstrog entstanden, den man als „Subvariszische Saumtiefe" bezeichnet und der die reichen Kohlevorkommen des Ruhrkarbons enthält. Daraus entwickelte sich das Norddeutsche Becken, das mächtige Rotliegend-Ablagerungen aufnahm und das Teil des großen „Südlichen Permbeckens" ist. Nach Süden reicht es gerade noch bis an den Harzrand (Rotliegend-Vorkommen um Seesen-Neuekrug), nach Norden zu sind seine Ablagerungen heute weitgehend von jüngeren Gesteinen verdeckt.

Nach Süden, im Bereich der variszischen Gebirgsketten des Rhenoherzynikums und Saxothuringikums, sind die Ablagerungen aus der Rotliegend-Zeit an schmale, meist NE-SW („erzgebirgisch") gestreckte Tröge – intramontane Senken – gebunden. Diese kann man sich als breite langgestreckte Täler vorstellen, die von hohen Bergketten umgeben waren und deren Abtragungsschutt aufnahmen, so, wie heute auch die einzelnen Kordillerenzüge der südamerikanischen Anden durch breite Täler voneinander getrennt sind. Diese Rotliegend-Ablagerungen sind also kontinentalen Ursprungs. Wie auf einer morphologisch gegliederten Landoberfläche zu erwarten, variieren die dort abgelagerten Sedimente vertikal wie lateral sehr rasch ihre Zusammensetzung. Größtes und bekanntestes Vorkommen dieser Art ist das Saar-Nahe-Becken am Südost-Rand des Hunsrücks. Am Südrand des Harzes gehören das kleinere Ilfelder Becken und die große Saale-Senke dazu, am Nordrand das kleine Meisdorfer Becken. In diesen vielen kleinen lokalen Vorkommen, die vielleicht sogar voneinander isoliert waren, entwickelten sich sowohl zeitlich als auch stofflich sehr unterschiedliche Gesteinsabfolgen, die nicht einfach miteinander vergleichbar sind.

fluviatil: in Flüssen abgelagerte Sedimente.

limnisch (auch lakustrin, lakustrisch): in Seen gebildete Sedimente.

Solche kontinentalen Ablagerungsräume enthalten Gesteine, die sich aus verwilderten Flusssedimenten (fluviatil), Seeablagerungen (limnisch) und Wüstenbildungen mit all ihren vielen unterschiedlichen Formen, z.B. durch Wind transportierte und abgelagerte Sedimente (äolisch) zusammensetzen.

Äolische Sedimente sind durch Wind transportiert worden.

Hinzu kommt, dass sich die Erdoberfläche zu dieser Zeit rasch veränderte. Während im Oberkarbon unsere Region noch eine äquatornahe Position einnahm, driftete sie in der Folgezeit nach Norden über den nördlichen Wendekreis hinaus bis in etwa 30° nördlicher Breite. Dies wiederum hatte klimatische Folgen: die feuchttropischen Umweltbedingungen während des Oberkarbons gingen im Verlaufe des Rotliegenden zunehmend in Trockenklimate über. Ersichtlich ist dies aus der reichen Vegetation in Sumpf- und Moorgebieten, die vielfältige Zeugnisse in Form von Kohleflözen im Oberkarbon und frühen Rotliegend hinterlassen hat, verbunden mit einem Farbwechsel von grauen zu Rotsedimenten mit spärlicher Fossilführung.

Ein intensiver Vulkanismus, wie zum Beispiel im Ilfelder Becken, tat ein Übriges, um die Situation noch weiter zu verkomplizieren.

Ähnliche Vorgänge fanden nicht nur auf der rhenoherzynischen Seite, sondern, sogar in noch stärkerem Maße, auch im Bereich der Mitteldeutschen Schwelle statt, wo die Saxothuringische Zone mit der Kyffhäuser-Scholle in kurzer Zeit um bis zu 20 (sic!) Kilometer gehoben und ständig abgetragen wurde, sodass dort heute Gesteine aus der tiefen Erdkruste an der Erdoberfläche anstehen.

Die Verdickung der Erdkruste im Bereich der alten Suturzone führte nicht nur zur Anhebung der Kruste, sondern auch zur Generierung von Schmelzen in der Unter- bis Mittelkruste. Diese drangen auf Dehnungszonen auf, erkalteten in der Oberkruste zu Plutonen oder gelangten sogar bis an die Erdoberfläche und führten dort zu einem heftigen Vulkanismus. Zeugen dafür sind in unserem Raum die Granitplutone des Brockens und Rambergs oder die vulkanischen Gesteine im Ilfelder Becken.

Mit zunehmendem Auseinanderbrechen Pangäas verschob sich unser Raum stetig weiter nach Norden. Im Erdmittelalter trennten sich dann die alten Nordkontinente wieder von den Südkontinenten durch Öffnung der Tethys und des zentralen Atlantiks und schließlich begann sich durch Öffnung des südlichen und nördlichen Atlantiks die heutige Plattenkonstellation herauszubilden.

Mit dem Vordringen eines flachen Meeres, des Zechstein-Meeres, von Norden her vor 257 Mio. Jahren begann in Mitteleuropa eine Periode, die in großen Zügen bis heute Bestand hat. Immer wieder wechselten festländische Bedingungen mit flachen Meeresvorstößen ab. In einer fast 200 Mio. Jahre langen Zeitspanne wurde der tief abgetragene, eingeebnete variszische Gebirgsrumpf von einer bis auf ca. 2 km Dicke anwachsenden Sedimentschicht verhüllt.

Die früheste Meeresingression dieser Epoche, das Zechstein-Meer, war in mancherlei Hinsicht von besonderer Bedeutung. Zum einen bildete sich ganz zu Beginn der Zechstein-Zeit der Kupferschiefer, ein zwar nur geringmächtiger, unscheinbarer, aber auf 300.000 km² verbreiteter Schwarzschiefer-Horizont, der eine der größten Metall-Akkumulationen der Erde enthält. In der Folgezeit häuften sich durch Eindampfung des Meerwassers in aridem Klima bis zu 7 Salzabfolgen (Evaporite) an, die u.a. mächtige Salzlagen enthalten. Diese sind bis heute Ziel intensiven Bergbaus auf die für die Düngemittelproduktion so wichtigen Kalisalze. Aber auch die Steinsalzlager selber spielten eine große Rolle in der jüngeren Erdgeschichte. Das spezifisch leichtere Steinsalz drängt ab einer Auflast von ca. 1 km jüngeren Sedimentgesteinen nach oben und wölbt sein Dach zu domartigen oder langgestreckten Salzstrukturen auf. Solche Formen bestimmen heute auf vielfältige Weise den geologischen Untergrund Norddeutschlands und der Nordsee.

Mit der Ablagerung der Zechstein-Folgen lässt man das Erdaltertum enden. Es beginnt nun mit der Trias (ab 252 Mio. Jahren) der fast 200 Mio. Jahre lange Abschnitt des Erdmittelalters (Mesozoikum). Warum man ausgerechnet diese Zeitaufteilung gewählt hat, ist durch die Entwicklungsgeschichte der Lebewelt begründet. Gegen Ende des Perms fand das bedeutendste Aussterbeereignis in der Erdgeschichte statt, bei dem etwa 90 % aller Arten, sowohl Tiere wie auch Pflanzen, ausgelöscht wurden.

Massenaussterben an der Grenze vom Paläozoikum zum Mesozoikum

Das Perm war ein aufregendes Zeitalter, nicht nur in unserem Raum, sondern weltweit. Gravierende Veränderungen der Land-Meer-Verteilung gingen einher mit heftigen klimatischen Extremen. Noch während der Oberkarbon-Zeit war die Erde im Würgegriff von Eiszeiten und von den Polen her, vor allem im früheren Gondwana auf der Südhalbkugel, weitgehend vergletschert. Im äquatorialen Bereich, also auch im heutigen Mitteleuropa, herrschten dagegen üppige tropische Regenwälder vor. Flora und Fauna konnten sich an Land wie im Meer ungestört entwickeln.

Bereits zu Beginn der Rotliegend-Zeit wurde das Klima in Eurasien zunehmend trockener, immer wüstenähnlicher. Die vorher grauen Sedimente aus Seen, Flüssen und Küstenstreifen von Binnenmeeren, die immer wieder Pflanzenreste führten, wurden nun immer häufiger rot gefärbt, einem typischen Anzeichen von Trockenklimaten. Reptilien entwickelten sich in diesem Umfeld rasant und überflügelten bald die bisher dominierenden Amphibien.

Gegen Ende des Perms, vor etwa 252 Mio. Jahren, ereignete sich jedoch das größte bekannte Massenaussterben in der Erdgeschichte. Bis zu 90 % der Meeresbewohner wie die Trilobiten, Korallen, Brachiopoden, davon vor allem die Artikulaten, Ammoniten und viele andere Organismen verschwanden, aber auch etwa 70 % aller Landlebewesen, darunter viele Amphibien- und Reptiliengruppen, sogar Insekten waren davon betroffen. An Pflanzen verschwanden die bis dahin dominierenden Nacktsamer (Gymniospermae). Viele der betroffenen Organismen erholten sich nur langsam; andere verschwanden gänzlich.

Es ist verlockend, solche Geschehnisse mit kurzzeitigen heftigen Katastrophen, wie Meteoriten-Einschlägen, starken Vulkanausbrüchen und Ähnlichem in Zusammenhang zu bringen. Leider ist aber trotz intensiver Forschung von Geologen, Paläontologen, Sedimentologen und Geochemikern immer noch viel zu wenig bekannt, um zu abschließenden Deutungen zu kommen. Über das Perm-Trias-Ereignis weiß man heute, dass euxinische Bedingungen im Meerwasser durch erhöhte Schwefelwasserstoff-Konzentrationen und erhöhte CO_2-Konzentrationen bei gleichzeitigem Sauerstoffmangel für das Aussterben vieler mariner Arten verantwortlich waren. Isotopengeochemische Untersuchungen belegen, dass Störungen des Kohlendioxid-Zyklusses vor 251 Mio. Jahren über einen Zeitraum von etwa 60.000 Jahren diese biotische Krise erzeugten, mit der eine Vielzahl von Organismen nicht zurechtkamen. Hervorgerufen wurde diese Krise nach heutiger Sicht durch eine weltweite Erwärmung um ca. 8 °C, die wiederum durch einen sehr intensiven Flutbasalt-Vulkanismus in Sibirien ausgelöst sein könnte. Diese Informationen beruhen auf dem Fossilbefund der zusammenhängenden Kontinentalmassen, die jedoch nur ein Viertel des Globus ausmach(t)en. Über die

PT-Ereignisse im dominierenden ozeanischen Weltmeer ist kaum Nachricht erhalten.

Mittlerweile kann man die Perm-Trias-Grenze durch die Kombination von biostratigraphischen und magnetostratigraphischen Ergebnisse ziemlich gut erfassen. Gut aufgeschlossen ist sie allerdings nur selten und eher unspektakulär. In der Umgebung von Könnern 20 km N von Halle/Saale, in einer Tongrube bei Nelben, gibt es einen der wenigen Aufschlüsse der Perm-Triasgrenze in Deutschland.

Tongrube von Nelben, 25 km NNW von Halle. Rötliche lakustrine Ton- und Schluffsteine des obersten Zechsteins (Fulda-Formation) werden von grauen fluviatilen Ton- und Schluffsteinen der Calvörde-Formation (Trias) überlagert. Die Hammerspitze im Foto zeigt auf die PT-Grenze, die sich im Liegenden einer oolithischen Kalkstein-Bank (Rogestein) befindet. *Foto: G. Bachmann/Halle*

Die paläozoischen Zeugnisse wurden zunehmend von den mesozoischen Gesteinsbildungen in Trias und Jura überdeckt. Lange blieben jedoch einige der alten geographischen Elemente erhalten, wie z.B. die Eichsfeld-Altmarkschwelle (siehe Abb. 5.6). Diese verläuft quer durch den Westharz und den östlichen Rand der Hessischen Senke, einer Verbindungszone zwischen dem Süddeutschen und Norddeutschen Teil des Germanischen Beckens.

Auch unser Exkursionsraum verschob sich im Verlaufe des Erdmittelalters langsam weiter nach Norden. Über eine lange Zeit, bis in das Tertiär hinein, herrschten tropisch-subtropische oder aride Klimabedingungen. Die heutigen Polkappen waren zu dieser Zeit zeitweilig nicht vereist; die Durchschnittstemperaturen dürften gegenüber heute deutlich höher gewesen sein. Immer wieder entstanden flache kontinentale Sedimentationswannen, in denen unter ariden Bedingungen Evaporitlagen, z.B. zur Zeit des Oberen Buntsandsteins, des Mittleren Muschelkalks oder im Keuper, abgesetzt wurden. Gesteinsabfolgen aus dieser Zeit findet man am Westrand unseres Exkursionsgebiets, im Eichsfeld, im Ohmgebirge, der Hainleite und vor allem in dem großen Thüringer Becken ganz im Südwesten.

Geotektonisch betrachtet war der Raum des heutigen Harzes jedoch aus den Brennpunkten des globalen Geschehens gerückt. Diese waren die Öffnung des Atlantiks und die Kollision der afrikanischen mit der eurasischen Platte, die seit der späten Oberkreide zur Entstehung des Alpen-Pyrenäen-Karpatenbogens führte.

Ein lokal bedeutendes Ereignis prägte unseren Raum jedoch maßgeblich: die in der späten Kreide erfolgte Heraushebung des Harzes und ähnlicher Blöcke, wie die des Thüringer Waldes in ihre heutige Position als blockartige Hochschollen.

Der dritte Zeitabschnitt: Die Entstehung des Harzes als Gebirge

Bis weit in die Oberkreide hinein deutete nichts darauf hin, dass in dem späteren Bereich des Harzes und des Kyffhäusers etwas Ungewöhnliches passieren könnte. Selbst die Sandsteine aus dem Santon (Heidelberg-Sandstein), die sich im Subherzynen Becken des nördlichen Harzvorlands in großer Mächtigkeit finden, weisen noch Schüttungsrichtungen aus dem Nordosten auf; eine Beobachtung, die darauf hindeutet, dass im späteren Harzer Raum bis zum unteren Santon noch relativ geringe Hebungstendenzen mit Abtragungen erfolgten. Dann, vor etwa 85 Mio. Jahren, änderte sich dies drastisch, denn seit dem mittleren Santon wurde der heutige Harzblock rasant um 4–5 km angehoben und um bis zu 5 Kilometer auf das nördliche Vorland aufgeschoben.

Die dabei ausgelöste intensive Erosion hielt wohl mit der Heraushebung Schritt, sodass die mehr als 2000 m mächtigen jungpaläozoischen und mesozoischen Deckgebirgsschichten bald wieder entfernt waren und darunter die variszischen Gesteine an die Reihe kamen. Bereits in den Blankenburg-Schichten des Campan kommen kleine schwarze Tonstein- und andere Bruchstücke vor, die wohl u. a. als Abtragungsprodukte der mitteldevonischen Wissenbacher Schiefer zu deuten sind, die heute in einigen Regionen des Harzes großflächig an der Erdoberfläche anstehen.

Aus geophysikalischen Untersuchungen weiß man, dass die am Nordrand des Harzes steilstehende Störungszone sich in der Tiefe bogenförmig allmählich flacher legt. Der Harzblock ist also nicht vertikal herausgehoben, sondern an einer gebogenen („listrischen“) Bewegungsbahn von Süden nach Norden auf das gleichzeitig absinkende Vorland geschoben worden. In unserem Exkursionsgebiet am Südrand des Harzes liegt keine entsprechende Bruchzone vor, sondern die variszisch verformten Harzgesteine werden von jüngeren Gesteinen flach überlagert, welche seit der Oberkreide nur noch etwas nach Süden verkippt wurden. Eine ausgeprägte Südharz-Grenzstörung existiert nicht.

Die wesentlichen Blockbewegungen fanden an großen Störungszonen, den NW-SE („herzynisch“) verlaufenden nördlichen Randstörungen des Harzes und des Kyffhäusers statt (Abb. 1.17). An den Flanken dieser großen Strukturen waren weitere diagonal bis quer dazu verlaufende Störungen wirksam, die zu einem stufenartig abgesetzten Übergang zu den Senkungszonen der Hessischen Senke im Westen, zur Mansfelder Mulde im Osten und am Südharzrand vermittelten. Das Ergebnis der Bewegungen sind pultartig gebaute Hochschollen mit der jeweils stärksten Heraushebung an ihrem Nordrand und jeweils moderater Absenkung an den Südflanken, ebenso wie an den Flanken im Osten und Westen.

Auch aus Untersuchungen an Spaltspuren aus radiogener Partikelstrahlung in Apatit-Kristallen, einem im Brockengranit in geringen Mengen vorkommenden Mineral, kann man die Geschichte der Heraushebung des Granits von der Oberkreide bis heute rekonstruieren. Vor etwa 85 Mio. Jahren lagen danach die an der heutigen Oberfläche entnommenen Proben noch in 4–5 km Tiefe. Rechnet man das bereits während der Hebung abgetragene Deckgebirge und den nicht genau bekannten Teil des bereits abgetragenen variszischen Gesteinsstapels sowie die gleichzeitige Einsenkung des Harzvorlands um ca. 2 km hinzu, so kommt man für die letzten 85 Mio. Jahre auf vertikale Verschiebungen am Nordrand des Harzblocks zwischen 6 und 8 km. Da die Harzscholle nach Süden eingekippt ist, sind im Südharzrand die Hebungsbeträge mit weniger als 1 km wesentlich geringer. Am Nordrand des Kyffhäusers ist die junge Hebung des kleineren Kyffhäuser Blocks an seiner Nordrandstörung nur 1–1,5 km kleiner.

Im Verlaufe der oberkretazischen Heraushebung des Harzblocks entstand wahrscheinlich niemals ein Hochgebirge, da die unter subtropischen Klimabedingungen wirksame Abtragung mit der Hebung etwa Schritt halten konnte. Bis zum Beginn des Tertiärs (vor ca. 66 Mio. Jahren) hatte sich sogar eine weitgehend eingeebnete Erosionsfläche über alle Blockgrenzen hinweg entwickelt. Diese Peneplain („Fastebene“) wurde nur von einigen gegen die Verwitterung resistenteren Gesteins-Härtlingen im Harz und vielleicht auch am Kyffhäuser überragt. Auch im Alttertiär (Paläozän-Obereozän) setzte sich diese Entwicklung noch für gut 30 Mio. Jahre unter subtropischen kontinentalen Bedingungen fort.

Infolge der Auflösung (Subrosion) der am Harzrand an der Oberfläche anstehenden Salinargesteine des Zechsteins bildeten sich kleinräumige Senkungszonen aus, in denen sich Seesedimente des Tertiärs bilden und erhalten konnten, wie

Abb. 1.17: Das Blockbild zeigt den strukturellen Bau der Pultschollen des Harzes und des Kyffhäusers. Die ehemalige variszische Plattengrenze ist als gelbe Fläche markiert, die jungen Blockgrenzen als blaue Flächenaustritte.

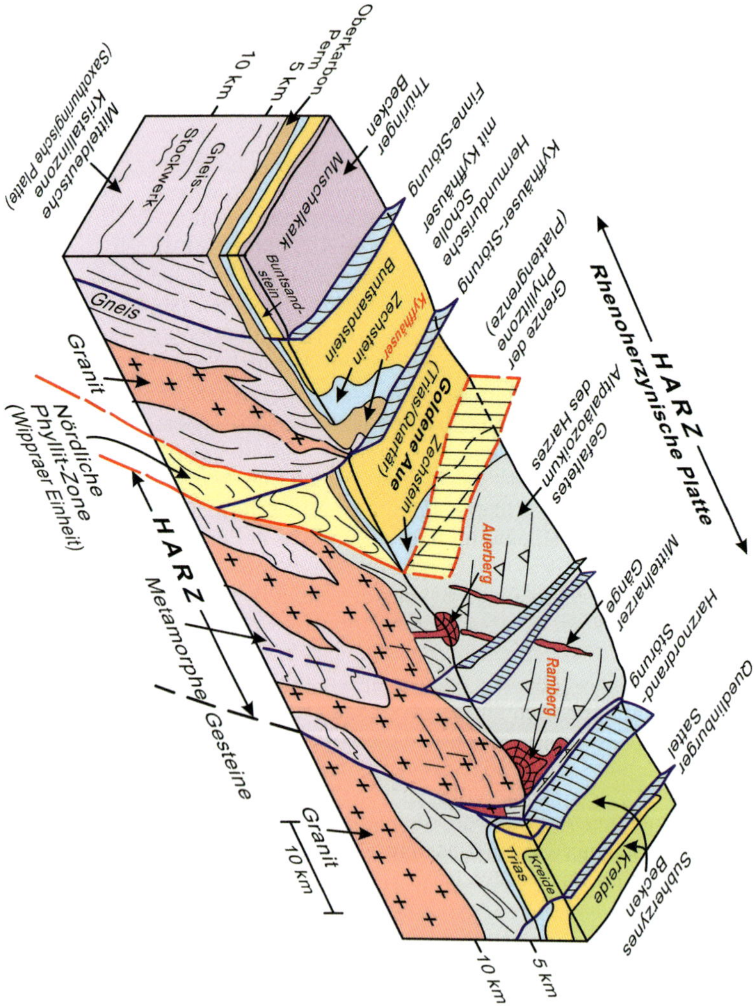

z.B. Sedimente des unteren Tertiärs (Paläozän) im Gonna-Graben nördlich von Sangerhausen.

Transgression: Vordringen des Meeres auf festländische Bereiche

Als Relikte von letzten Meerestransgressionen von Norden her im oberen Eozän und im Unteroligozän (33 bis 31 Mio. Jahre) findet man Glaukonit-führende marine Grünsande in Karstschlotten in devonischen Riffkalksteinen bei Elbingerode auf der Harzscholle in 510 m Höhe. Dieselben Gesteine tauchen auch direkt vor dem heutigen Harznordrand im tertiären Wienröder Becken bei Blankenburg in ca. 200 m Höhenlage wieder auf. Dieser Referenzhorizont weist also heute einen Höhenunterschied von 310 m auf. Da die Sedimente ursprünglich in gleicher Tiefenlage am Meeresboden entstanden sind, muss sich diese Höhendifferenz durch die seitherige Blockhebung des Harzes und das weitere Einsinken des Vorlandes herausgebildet haben. Die heutige Geländestufe am Harznordrand ist also weitgehend das Ergebnis der seitherigen vertikalen Verschiebungen des Harzblockes gegenüber seinem nördlichen Vorland. Außerdem kann man daran erkennen, dass vor ca. 30 Mio. Jahren die Mittelgebirge Harz und Kyffhäuser in ihrer heutigen Form noch nicht existierten.

Glaukonit: Grünliches Schichtsilikat, das sich in flach-marinem Milieu bildet.

Im Gebiet südlich des Kyffhäusers lagern auf den marinen Sedimenten dieser Transgression die Braunkohlen-Flöze zwischen Bad Frankenhausen (Esperstedt) und Artern, die zeitlich bis in das Miozän (23,8 bis 5,3 Mio. Jahre) reichen. Pliozäne (5,3 bis 2,5 Mio. Jahre) Sedimente sind nördlich des Kyffhäusers bei Görsbach und Berga in der Goldenen Aue ebenfalls in kleineren Subrosions-Senken unter mächtigen Schotterkörpern des Quartärs erhalten geblieben.

Nach der Pflanzengemeinschaft dieser Fundorte zeigt sich bereits die beginnende Abkühlung, die im Quartär (Pleistozän, Beginn vor 2,6 Mio. Jahren) zu mehreren Kaltzeiten („Eiszeiten“) führte, die jeweils von Interglazial-Zeiten („Warmzeiten“) unterbrochen wurden. Das Unterpleistozän, das zeitlich ca. zwei Drittel des Quartärs (ca. 1,6 Mio. Jahre) umfasst, ist nur punktuell durch lokal erhaltene Schotterkörper überliefert, deren jüngste Teile sich mit Vorschütt-Sedimenten verzahnen, welche sich vor der Front des sich ausbreitenden nordischen Eisschildes der Elster-Vereisung bildeten.

In den Kaltzeiten des Pleistozäns bildeten der mittlere und westliche Harz und der Gipfelbereich des Kyffhäusers vom Inlandeis umströmte Inseln. Nur in der Saale-Kaltzeit hatten die höchsten Teile des Oberharzes um den Brockengipfel herum eine lokal begrenzte Eigenvergletscherung (Abb. 1.18).

Die beiden Gletschervorstöße der Elster-Kaltzeit (Beginn vor ca. 700.000 Jahren) drangen westlich des Harzes in die Hessische Senke vor und überschritten den Unterharz bis in ca. 450 m Höhe etwa auf der Linie Blankenburg – Stolberg und umflossen auch den östlichen Kyffhäuser bis in den Bereich von Nordhausen, sodass bei ca. 200 m angenommener Eisdicke möglicherweise noch dessen Gipfelregion eisfrei geblieben war und als „Nunataker" aus der Eiswüste herausragte. Da die Gletscher von Norden her fremde Gesteinsbrocken mitbrachten, lässt sich anhand des Auftretens von „nordischen Geschieben", vor allem der leicht erkennbaren aus dem Ostseeraum stammenden Feuersteine (Flintsteine), eine sogenannte „Feuerstein-Linie" festlegen, welche das weiteste Vordringen des skandinavischen Eises markiert. Der Eisschild der Elster-Vereisung blockierte gleichzeitig die von Süden aus dem thüringischen Raum kommenden Flüsse, sodass sich vor dem Eisrand Eisstau-Seen mit jährlich gegliederten Tonablagerungen, den Bändertonen, entwickelten. Diese sind im Auslaugungsgebiet des Helme-Unstrut-Rieds nordöstlich des Kyffhäusers bis zu 9 m mächtig. Die Verschiebungen des Gletscherrandes konnten mit Hilfe von charakteristischen Leitbändern in diesen Bändertonen abgeschätzt werden und ergaben für die Leipziger Tieflands-Bucht beim ersten Vorstoß der Elster-Kaltzeit eine beachtliche jährliche Ausdehnungsrate des Gletschereises nach Südwesten zwischen 600 und 900 m.

Nunatakker: während der Eiszeiten als „Inseln" über die Gletscher herausragende Felsmassive.

Nach dem Rückzug der Elster-Vereisung (Holstein-Interglazial) erreichten die jüngeren, in Norddeutschland nachgewiesenen Vereisungen (Saale- und Weichsel-Kaltzeiten) nicht mehr den Südharz und Kyffhäuser. In der vegetationsarmen Tundra-Landschaft vor dem Eisrand (Periglazialgebiet) dominierte in den Kaltzeiten die mechanische Gesteinsverwitterung. Am Westharz stieß der Saale-Gletscher noch bis Seesen vor und erzeugte eine Abflussbarriere für einige Westharzabflüsse. Hier entstand vor der Endmoräne ein Eisstausee, auf dem der heutige Ort Münchehof liegt. Der Südwestharz, entsprechend etwa dem früheren Landkreis Osterode, blieb durchgehend eisfrei.

Holstein-Warmzeit: Warmzeit zwischen Elster- und Saale-Kaltzeit.

Abb. 1.18: Die nordische Gletscher-Ausdehnung in der Saale-Kaltzeit überzog den östlichen Harz bis in ca. 450 m Höhe und umfloss den Harz im Westen und Osten. In höheren Lagen des Oberharzes gab es eine eigene kleinflächige Vergletscherung SW des Brockens (Rekonstruktion und Zeichnung von Dr. L. Feldmann).

Insgesamt war das Flusssystem zunächst nicht in der Lage, die anfallenden Schuttmassen zu bewältigen; es bildeten sich weitläufige Schotter- und Sanderfluren. Mit dem beginnenden Abtauen des Eises gruben sich die Flüsse aber immer tiefer in die Schotterfluren ein, wobei die breit in den Tälern mäandrierenden Flüsse Teile der Schotter wieder abtransportierten. So entstand an den Talhängen der Flüsse rund um den Harz ein System von drei Flussterrassen (Ober-, Mittel-, Niederterrassen). Die am höchsten gelegene Oberterrasse ist der Elster-Kaltzeit, die Mittelterrasse der Saale-Kaltzeit und die unmittelbar oberhalb der heutigen Talböden liegende Niederterrasse der Weichsel-Kaltzeit zuzuordnen. Diese Terrassengliederung kann durch einzelne Eisvorstöße/Abschmelzperioden innerhalb der drei Kaltzeiten, z. B. den drei Drenthe-Eisvorstößen des Drenthe-Stadiums der Saale-Kaltzeit, noch weiter differenziert werden. Die Ablagerungen der nur noch örtlich erhaltenen Oberterrasse zeigen im Unterschied zu den tiefer liegenden jüngeren Mittel- und Nieder-Terrassen keine deutlichen Bezüge mehr zum heutigen Flusssystem, da sie auch von der fortlaufenden Erosion am stärksten betroffen sind und beim Auflager auf Zechstein durch die vor allem in den Warmzeiten reaktivierten Subrosionsvorgänge am Südharz und Kyffhäuser noch zusätzlich verkippt bzw. die Flussläufe verlagert wurden.

Am südlichen Harzrand bilden Zechstein und Trias eine Schichtstufenlandschaft. Hier verursacht die fortgesetzte Subrosion des Zechsteins eine bis heute anhaltende ständige Rückverlegung der Schichtstufen nach Süden, deren morphologische Steilkante als „Salzhang“ bezeichnet wird, vor dem sich eine ebenfalls mit der Subrosion nach Süden wandernde breite Subrosionssenke fortentwickelt.

Dabei zeigen die zwischen Ober- und Mittelterrasse eingetretenen Laufverlegungen ein Abbild der tektonischen Strukturen des paläozoischen Untergrundes. Über diese älteren Stadien der Schichtstufe zeigt sich, dass im Zechsteinkarst die Schwinden und Grundwasserströme unter den Talböden bis heute aktiv blieben, auch wenn der Fluss seinen Lauf seither verlegt hat und inzwischen die Steilkante des Werra-Anhydrits (A1) durchbrochen hat.

In den Interglazialzeiten wurden die groben Schotter von feinkörnigeren Sedimenten und von Bodenbildungen mit darauf sich entwickelnden wärmeliebenden Tier- und Pflanzengesellschaften überdeckt, bevor die Ablagerungen der folgenden Kaltzeit diese wiederum überlagerten. Hinzu kam, dass durch starke Fallwinde vom nördlichen Inlandeisschild der Feinkornbereich der Sedimente der Periglazialgebiete ausgeblasen und sich besonders an den Leeseiten der Täler der Mittelgebirgsschwelle zu teils mächtigen Löss-Anwehungen anhäufte.

Die nachweichselzeitlichen Talfüllungen des Flusssystems werden von sogenannten Hochflutlehmen als Folge starker Hochwässer und von noch jüngeren Auelehmen ausgefüllt. Auelehme entstanden durch Sedimentauswaschungen infolge der spätmittelalterlichen Besiedlung, die mit großflächigen Waldrodungen für die Landwirtschaft und für den Erzbergbau verbunden war. Der Auelehm ist wegen des Sedimenteintrags aus dem Bergbau im Harz gegenüber den übrigen quartären Sedimenten bereits signifikant durch erhöhte Metallgehalte kontaminiert.

Das Ergebnis der langen geologischen Entwicklung ist eine differenzierte Reliefgliederung des heutigen Harz- und Kyffhäuser-Gebiets. Diese bildete sich durch das ständige Wechselspiel von (endogenen) Prozessen des Erdinneren und den von der Schwerkraft bestimmten äußeren (exogenen) Prozessen heraus.

Das Paläozoikum im Südharz

Abb. 2.1: Geologisches Blockbild des zentralen Bereichs des Exkursionsgebietes

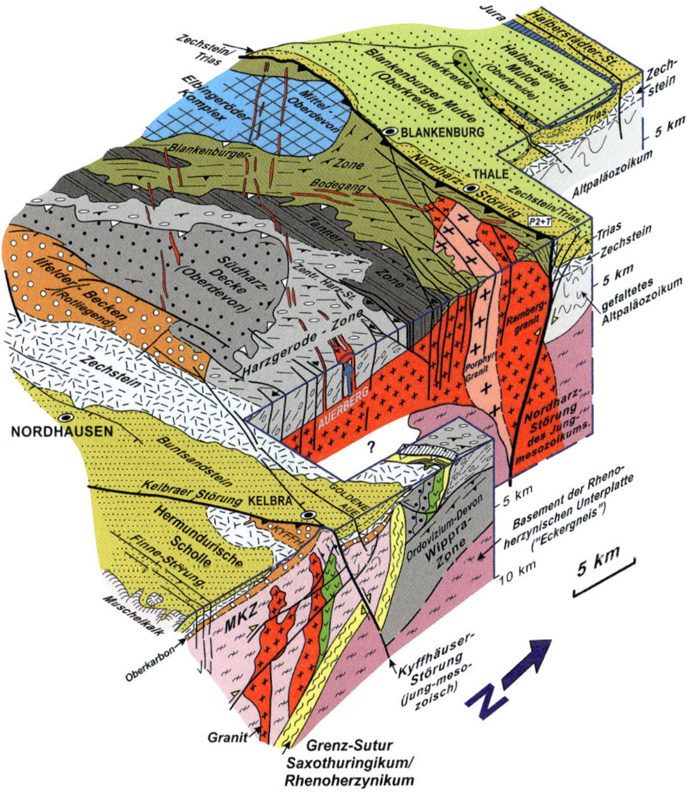

In den folgenden Kapiteln werden die vier verschiedenen geologischen Regionen des Exkursionsraums vorgestellt und jeweils mit Exkursionsvorschlägen ergänzt, die zu typischen Aufschlüssen führen.

Wir beginnen mit den paläozoischen Gesteinsvorkommen des südlichen Harzes, gefolgt von den permischen Einheiten am Süd- und Südostrand des Harzes. Dem Kyffhäuser-Gebirge ist ein eigenes Kapitel gewidmet. Schließlich lenken wir die Aufmerksamkeit auf die vielfältigen Formen der jungen Erdgeschichte im südlichen Vorland des Harzes.

Ein geologisches Querprofil durch die Metamorphe Zone von Wippra im SE-Harz

Im südöstlichen Rand des Harzes tritt in einem 40 km langen und 2–3 km breiten Geländestreifen zwischen Stolberg/Rottleberode im Westen und Mansfeld im Osten eine steil aufgerichtete und intensiv verfaltete und miteinander verschweißte Gesteinsserie an die heutige Tagesoberfläche, die man als Wippraer Einheit oder auch Wippraer Zone bezeichnet. Hier kommen nach dem Eckergneis im Oberharz die ältesten und die am stärksten regionalmetamorph veränderten und deformierten Gesteine des Harzes vor. Es handelt sich um regionalmetamorph überprägte Sedimentgesteine – ehemalige Tonsteine, Sandsteine, Kieselschiefer und Grauwacken – und marine Basalte aus der Zeit des Ordoviziums bis Oberdevon/Unterkarbon. Sie wurden nach ihrer Bildung innerhalb eines ozeanischen Beckens auf mindestens 10 km Tiefe bei Temperaturen zwischen 300–350 °C versenkt. Dieser als „Rheia Ozean" bezeichnete Meeresarm hatte sich seit dem Ordovizium zwischen den Plattenfragmenten des Nordkontinents Laurussia und denen des Südkontinents Gondwana allmählich geöffnet und seine Entwicklung bis zum Ende des Mitteldevons fortgesetzt. Seit dem oberen Devon kehrten sich die Plattenbewegungen um und es begann die Kollisionstektonik der Variszischen Gebirgsbildung. Der sich nach Norden bewegende Plattenspan der Saxothuringischen Zone wurde durch das Übergleiten über das im Norden vorgelagerte Becken angehoben und hat daraufhin seinerseits große Mengen von Abtragungsschutt in das nördliche Vorland abgegeben (Abb.2.2).

Solche submarinen Schuttströme in Zonen der Gebirgsbildung nennt man Trübeströme (Turbidite), die Ablagerungen davon auch Flysch. Durch seitliche Einengung infolge der eintretenden Plattenkollisionen wurde der Sedimentinhalt des Beckens stark gestaucht und dabei intensiv verfaltet, verschiefert, entlang von zahlreichen Abscherflächen miteinander verschuppt und über andere Einheiten hinweg ausgepresst (Geologische Decken). Aus der Kombination von regionaler Aufheizung infolge der tiefen Absenkung der Sedimente und der nachfolgenden starken tektonischen Verformung entstand in dem dazwischen liegenden ehemaligen ozeanischen Becken die intensive Knautschzone der Wipp-

Abb.2.2: Geologischer Schnitt durch die Wippraer Einheit zwischen Grillenberg und dem Eine-Tal. Durch die interne Verfaltung und tektonische Verschuppung sind die ursprünglichen Mächtigkeiten erheblich verändert.

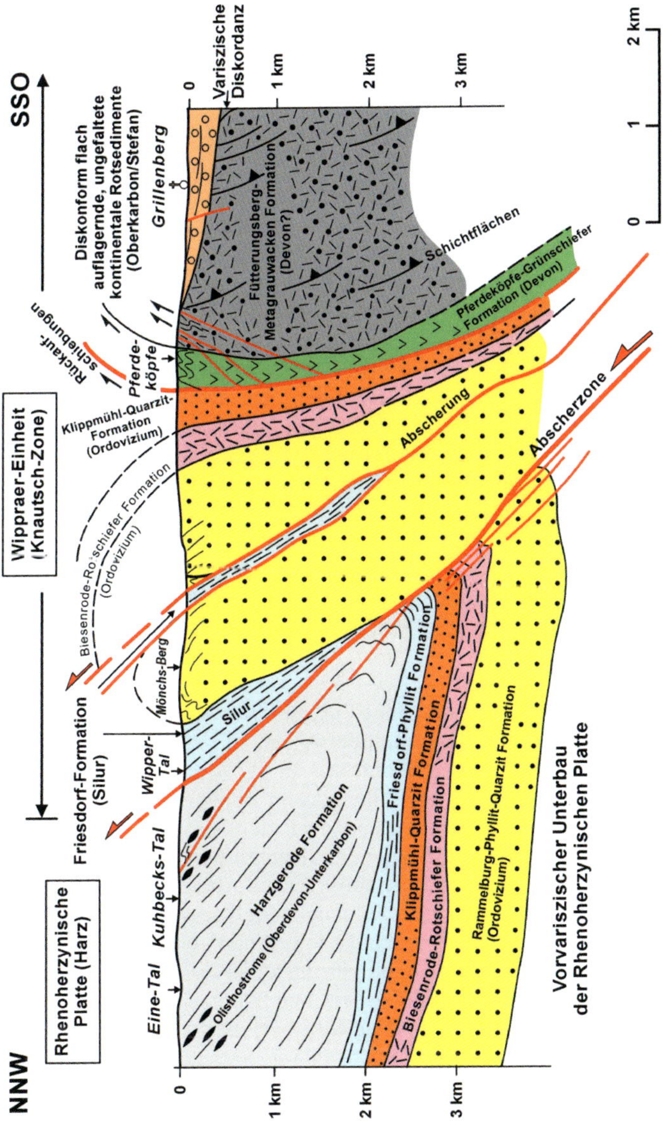

raer Einheit des SE-Harzes, welche die Form einer pilzartigen Aufpressungszone hat (Abb. 2.2).

Diese steilgestellte Gesteinsserie der Wippraer Einheit wird im Südosten von ungefalteten, flach lagernden, unter festländischen Bedingungen abgelagerten grauen und roten Sedimenten des Oberkarbons und Rotliegend mit örtlich darin eingedrungenen vulkanischen Gesteinen und schließlich den Gesteinen des Oberperms (Zechstein) und des Mesozoikums überlagert. Zwischen dem gefalteten Grundgebirgsstockwerk und dem flach auflagernden spät- bis nachvariszischem ungefalteten Deckgebirge liegt die variszische Diskordanzfläche. Da das Gesteinsprofil des gefalteten Grundgebirges spätestens mit dem Unterkarbon endet (vor ca. 325–330 Mio. Jahren), die Sedimentation des flach auflagernden Deckgebirges aber erst vor ca. 305 Mio. Jahren im Oberkarbon begann, versteckt sich in dieser Diskordanzfläche unsichtbar eine Zeitlücke von ca. 20–25 Mio. Jahren, über die wir keine Informationen in Form von Ablagerungen haben. In dieser Zeitspanne muss der obere Teil der verfalteten Schichtfolge abgetragen worden sein, bevor sich darauf wieder neue festländische Sedimente auflagerten. Beim genaueren Hinsehen zeigt sich, dass auch die Sedimente des Deckgebirges an unserem Beobachtungsort immerhin noch um 15–20° nach SE eingekippt sind. Diese moderate Verkippung hängt mit der jungmesozoischen Hebung der Harz- und der Kyffhäuser-Schollen zusammen, die seit ca. 90 Mio. Jahren (Oberkreide) nachzuweisen ist.

Eine etwa 4 km lange Exkursion in diesen Gesteinen kann man per Auto, Fahrrad oder zu Fuß entweder von Norden her (Einmündung des Brombachs an der Wippraer Tankstelle mit Parkplatz) oder von Grillenberg im Süden aus durchführen.

Wir beginnen die Exkursion an den Felsanrissen gegenüber dem Parkplatz (SE-Hang des Ziegenrückens) im Gonna-Tal am N Ausgang von Grillenberg (1). Dort streichen in Straßenanschnitten flach nach SE einfallende Konglomerate aus. Darauf folgen ca. 5 m mächtige rote Schluff- und Sandsteine, die in einem kleinen Steinbruch anstehen und eine 1,5 m mächtige Bank von an Feldspat reichen Sandsteinen (Arkose-Sandstein) enthalten. Hangaufwärts erscheinen noch rote Ton- und Schluffsteine. Diese kontinentalen Rotsedimente gehören zu den Mansfeld Schichten aus dem Stefanium (Oberkarbon). Wenn man den Straßenanschnitt weiter nach Norden unter-

Arkose: Sandstein mit mehr als 25% Feldspat-Klasten

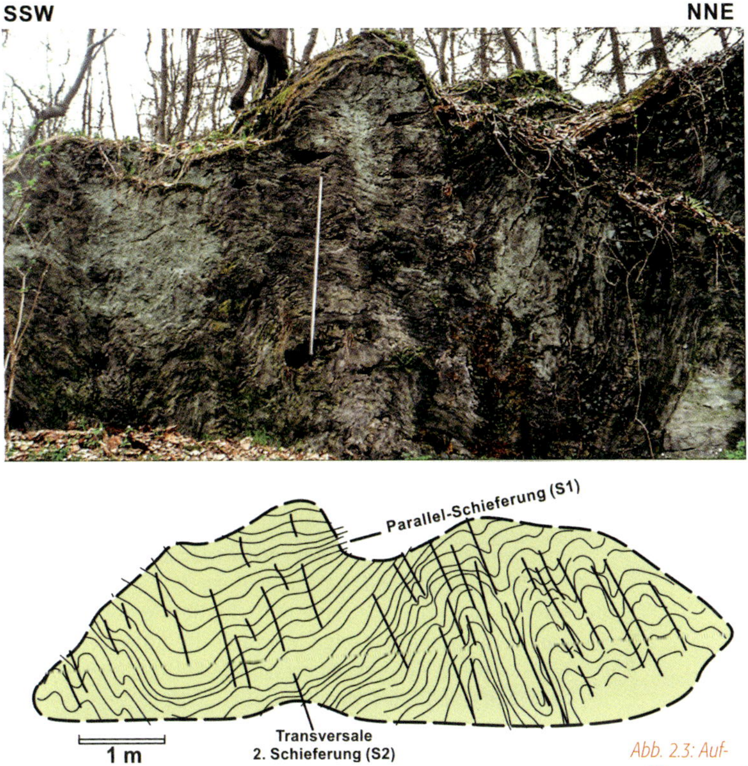

Abb. 2.3: Aufschluss von zweifach verfalteten Vulkaniklastiten der Pferdeköpfe-Grünschiefer-Serie (oberes Mitteldevon) mit darin eingelagerten, durch Streckung zerbrochene Roteisen-Bänder.

sucht, findet man im Liegenden des obigen Profils noch weitere Ton- und Sandsteine sowie Konglomerate (Gorenzen Formation) und ganz im unteren Bereich Ton- und Schluffsteine mit dünnen Einlagerungen von aschereicher Steinkohle der Grillenberg Schichten (Oberkarbon, Westfalium D bis Stefanium A). Damit ist die Basis des ungefalteten Deckgebirges erreicht. Wir befinden uns hier unmittelbar am heutigen NW-Rand des oberkarbonisch-permischen Saaletrogs.

Talaufwärts im Gonna-Tal folgen an den Straßenanschnitten der L230 nunmehr die steil aufgerichteten Schichtköpfe des tief abgetragenen ehemaligen Variszischen Gebirges. Vor dem Erreichen des Wiesengeländes der Pferdeköpfe sind auf der rechten Straßenseite Felsanrisse und in einem kleinen Steinbruch am Südhang des Fütterungsberges eng verfaltete silbergraue Phyllite (ehemalige Tonsteine), (Meta-) Kieselschiefer und feinkörnige (Meta-) Grauwacken des Oberdevons der Wippraer Einheit angeschnitten (**2**).

Weiter aufwärts nach einer scharfen Straßenkehre (**3**) findet man in dem nach links (westlich) ansteigenden Straßenhang grün-grau gebänderte feinkörnige Sedimente, die einzelne ausgewitterte Kalksteinlagen und dünne Roteisenerz-Bänder („Eisenkiesel") führen. Diese Wechselfolge besteht aber vor allem aus vulkanischen grünlichen Basalt-Aschelagen. Nach Fossilfunden (Tentakuliten) ist dieses Mischgestein aus sedimentärem und vulkanischem Material (Vulkaniklastit) dem oberen Mitteldevon zuzuordnen (Abb. 2.3, Pferdeköpfe-Grünschiefer-Formation).

Tentakuliten: Zumeist < 1 cm große wirbellose Weichtiere (Mollusken), welche konisch geformte Kalkgehäuse haben. Die Gattung Styliolinen hat dreischichtige Kalkschalen. Auftreten vom Mittelkambrium bis unteres Oberdevon.

Auf der Passhöhe angekommen, hält man sich auf der kreuzenden Kohlenstraße, einem früheren Transportweg für Ilfelder Steinkohle in das Mansfelder Bergbaurevier, nach rechts und biegt nach ca. 80 m links in den Waldweg ein, um in den auflässigen Steinbruch Pferdeköpfe (Abb. 2.4) zu gelangen (**4**).

Am Zugang zum Bruch findet man wieder steil stehende feinkörnige und gebänderte Vulkaniklastite, ähnlich denen des vorigen Aufschlusses. Innerhalb der heutigen Kontur des Bruches wurden aber massige Meta-Basalte (intrusive Diabase) abgebaut. Da sie grobkörnig sind, wird das Vorkommen als Lagergang gedeutet, der in die Schichtfugen der bereits vorhandenen Vulkaniklastit-Abfolge eingedrungen ist. Östlich des Zugangs (links) sind grünliche Kluftfüllungen mit einer niedriggradig-metamorphen Mineralparagenese (Epizone) von Epidot-Zoisit und Aktinolith/Chlorit zu finden, wie sie auch in den umgebenden Gesteinen in feinkörniger Form auftritt. Eine im Steinbruch angesetzte Bohrung hat bis zur Endteufe (343 m) durchgängig steil aufgerichtete Gesteine der Pferdeköpfe-Grünschiefer-Formation erbohrt.

Mineralparagenese: Vergesellschaftung von Mineralen, die etwa zeitgleich und unter ähnlichen Bildungsbedingungen entstanden ist.

Nach Verlassen des Höhenzuges der Pferdeköpfe (Wasserscheide) folgen wir weiter der L230 nach Norden in Richtung Wippra (Brombachtal). Auf der rechten Straßenseite finden wir bis zur Tankstelle vor Wippra an der Einmündung in das Wippertal (**5**) immer wieder kleine Felsklippen mit phyllitischen Schiefern und darin eingelagerten plattigen Quarziten. Nach vereinzelten Funden von Mikrofossilien (Acritarchen) gehören diese Gesteine in das untere Ordovizium (ca. 470 Mio. Jahre) und zählen so zu den ältesten Gesteinen, die man bisher im

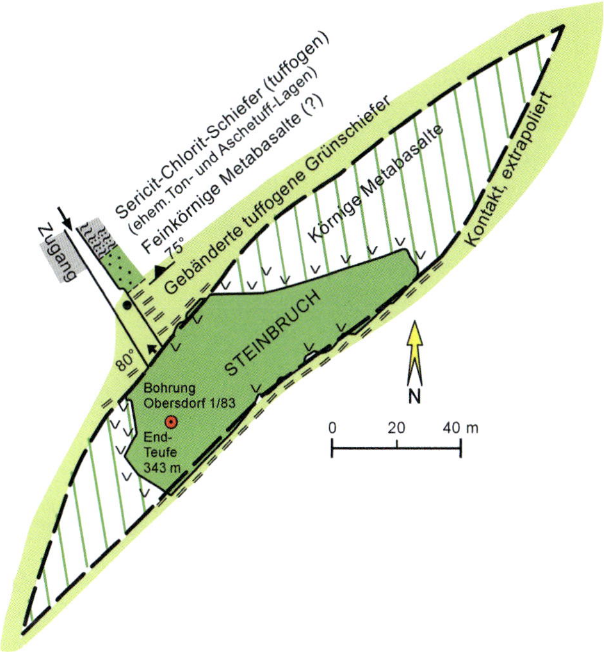

Abb. 2.4: Geologische Kartenskizze des Steinbruchs Pferdeköpfe. Abgebaut wurde ein massiger „Diabas-Grünschiefer" (Meta-Basalt), der infolge der variszischen Tektonik heute als nahezu senkrecht stehender Lagergang in verschieden zusammengesetzte Vulkaniklastite eingedrungen ist.

Harz gefunden hat. Dazwischen befindet sich eine nur punktuell aufgeschlossene Einlagerung von phyllitischen Schiefern aus dem Silur sowie die ebenfalls ordovizische Biesenrode-Rotschiefer-Formation, deren Eisen- und Manganreichtum die Gesteine rot färbt. Kleine dunkle Flecken von Fe-Mn-Silikaten der Chloritoid-Gruppe (Ottrelith) und an Quarzknauern gebundene faserige gelbgrüne Aggregate von Karpholith sind darin enthalten. Davon rührt der früher übliche Name Ottrelith- und Karpholith-Schiefer-Zone für diese Schichteinlagerungen her. Diese Gesteine sind hier nur als Lesesteine zu finden.

Der Strukturbau der Quarzite führenden Formation ist in einem Aufschluss an der Westseite des Brombach-Tals, ca. 400 m südlich der Tankstelle an der Einmündung zum Wippertal gut zu studieren. Hier ist eine mehrere Meter mächtige Abfolge von Quarzit und quarzitischen Schiefern einschließlich der auf Schichtflächen und Klüften abgesetzten Quarz-Albit-Ausscheidungen intensiv verfaltet und wird noch von einer zweiten Schieferung (s_2) durchsetzt (Abb. 2.5). Ein weiterer

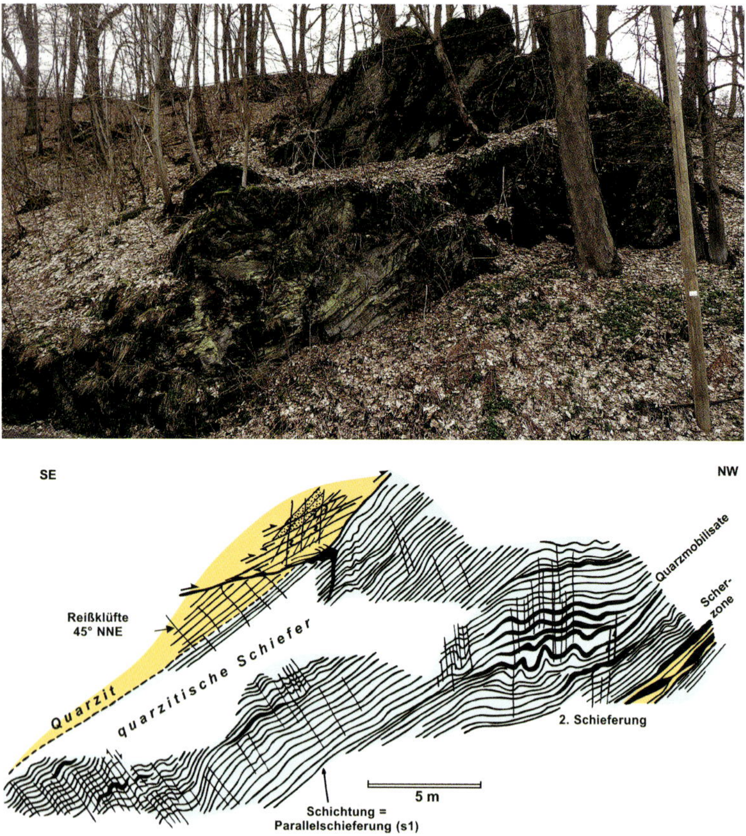

Abb. 2.5: Intensiv verformte, zweifach verschieferte Quarzite an der Westseite des Brombachtals, 400 m S der Tankstelle an der Einmündung in das Wippertal.

Quarzit-führender Horizont der Wippraer Zone, der sich an die Grünschiefer-Zone nördlich der Pferdeköpfe anlagert, wird als Klippmühl-Quarzit bezeichnet.

Durch die intensive Verfaltung und Aufstapelung infolge der variszischen Verschuppungen erlangte die Abfolge der Wippraer Einheit eine scheinbare Mächtigkeit von mehreren Kilometern, ihre ursprüngliche Mächtigkeit dürfte aber nicht mehr als ca. 1500 m betragen haben.

Das geologische Querprofil durch die Wippraer Zone von Grillenberg nach Wippra entlang der L230 kann man ergänzen, wenn man im Wippertal von der Tankstelle Wippra der L230 in Richtung Friesdorf folgt und bis zum Ortsschild Ram-

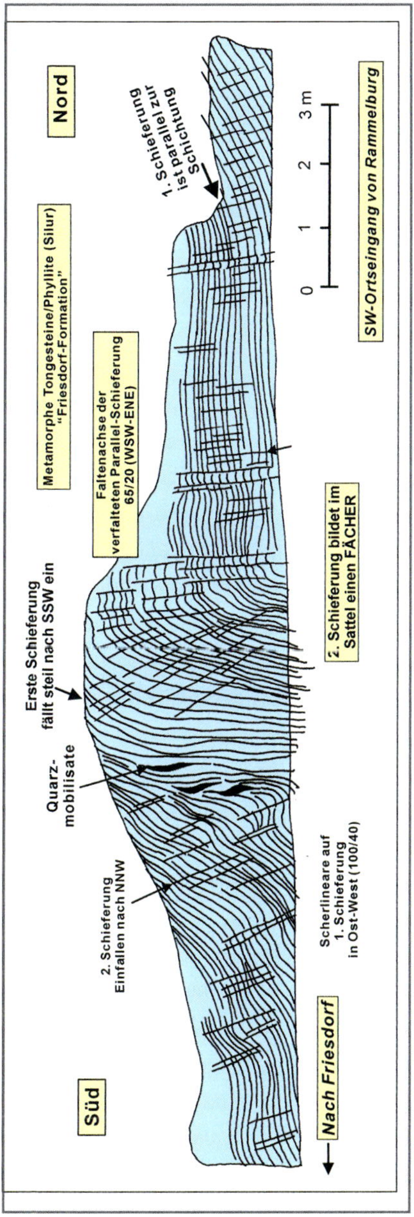

Abb. 2.6: Straßenanschnitt am südwestlichen Ortseingang von Rammelburg. Verfaltete und zweifach geschieferte (s1 und s2) phyllitische Schiefer des Silurs. Die Achsen der Falten verlaufen in WSW-ENE-Richtung. Aus heißen Lösungen, die bei der Metamorphose frei wurden, ist Quarz ausgeschieden worden.

Regional-Metamorphose ist die Umwandlung von Gesteinen im Festzustand unter erhöhten Temperaturen. und Drucken. Kontakt-Metamorphose ist enger begrenzt an magmatische Körper (Granit, Gabbro etc.) gebunden.

melburg (SW Ortseingang) fährt (6). An der linken Seite der Straße (NW-Seite) findet man einen Felsanschnitt mit intensiv verfalteten phyllitischen Tonschiefern. Es handelt sich um im silurischen Meer abgelagerte Tonsteine (Abb. 2.6). Die Tonminerale als Hauptbestandteile des zunächst abgelagerten Tonschlamms kamen infolge der tiefen Versenkung der Gesteine in der Erdkruste unter den Einfluss hoher Temperaturen und Drücke und wurden zu feinen Schuppen von Hellglimmern (Serizite) umgewandelt, die den Gesteinen einen matt-silbrigen Glanz verleihen.

Anschließend geht es in Richtung Friesdorf/Wippra zurück bis zum Haltepunkt Friesdorf der Wippertalbahn und parallel zur Bahnlinie nach Osten auf den Hügel der Rammelburg zu.

Der steile westliche Hanganschnitt unterhalb der Rammelburg (7) schließt dunkelgrüne, massige und sehr zähe Gesteine auf (Abb. 2.7). Es handelt sich um am Meeresboden ausgeflossene Basalte. Da die ausströmenden heißen Laven mit dem Meerwasser in Kontakt kamen, haben sich stoffliche Austauschprozesse abgespielt, welche die Meeresboden-Basalte zu Diabasen oder auch „Spilit" genannten Gesteinen verändert haben. Dass es sich dabei um untermeerisch ausgeflossene Laven handelt, erkennt man leicht daran, dass immer wieder schlauchartige Formen auftreten, die im Querschnitt rundlich sind. Hier ist die dünnflüssige heiße Lava durch den Kontakt mit dem Wasser oberflächlich schlagartig erstarrt, im Innern aber noch weiter geflossen und hat so längliche Lavaröhren gebildet. Wegen der typischen rundlichen Querschnitte hat man diese Lavaformen nicht ganz richtig als Kissenlava (engl. Pillow-Lava) bezeichnet. Solche Merkmale beobachtet man auch heute noch an submarin ausfließenden Basalten in den Ozeanen. Außerdem entstand beim Austritt am Meeresboden ein asymmetrischer Querschnitt mit stärker gekrümmter wasserseitiger Oberseite und flacher Unterseite. Hieraus kann man noch heute erkennen, dass die Gesteinsabfolge zum Tal hin (nach Südosten zu) immer jünger wird. Es herrscht normale, wenn auch steile Lagerung mit Einfallen der Schichtfolge nach SE.

Der Ausfluss der Metabasalte wechselte sich mit der Sedimentation von Tonschlämmen ab, in denen durch Funde von Mikrofossilien (Acritarchen) das ordovizische Alter dieser Gesteins-Serie nachgewiesen werden konnte.

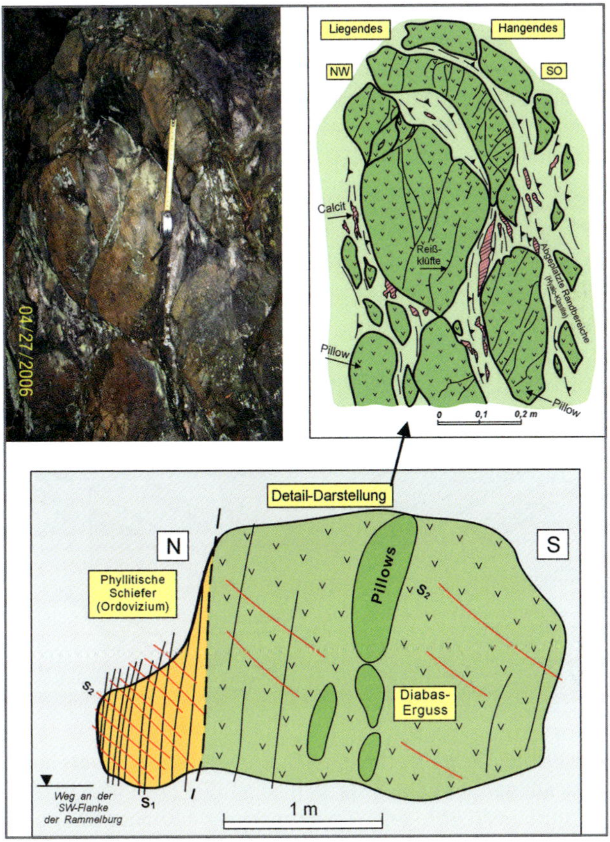

Abb. 2.7: Westhang des Burgbergs der Rammelburg im Wippertal. Anschnitt von steil nach SE einfallenden Querschnitten von Kissen-Lava. Zwischen den Pillows sind glasig erstarrte Randbereiche entwickelt, welche beim Ausfließen der Basalt-Lava partiell zerbrochen sind. Mit Calcit gefüllte Klüfte weisen darauf hin, dass die primär in den Basalten enthaltenen Ca-führenden Plagioklas-Kristalle durch Natrium-Autnahme „entkalkt" wurden und nun als Albit-Kristalle vorliegen. Dieser Vorgang wird als Spilitisierung bezeichnet.

An diesem Aufschluss endet die Exkursion durch die Metamorphe Zone von Wippra.

Fußexkursion in die Ostharz-Decke bei Stolberg

Über die Existenz von übereinander geschobenen und zu tektonischen Decken aufgestapelten Erdkrustenspänen wird zwischen den Harzgeologen seit fast 100 Jahren gestritten.

Nun gibt es im östlichen Harz tatsächlich zwei Gebiete, wo schüsselförmig eingemuldete Deckenreste vor der Erosion geschützt und bis heute erhalten geblieben sind. Es sind Reste der sogenannten Ostharz-Decke. Sie werden als die basalen Relikte eines umfassenderen, noch während des Oberkarbon-Perms nahezu vollständig abgetragenen tektonischen Deckenstapels des Variszischen Gebirges angesehen (Abb. 2.8).

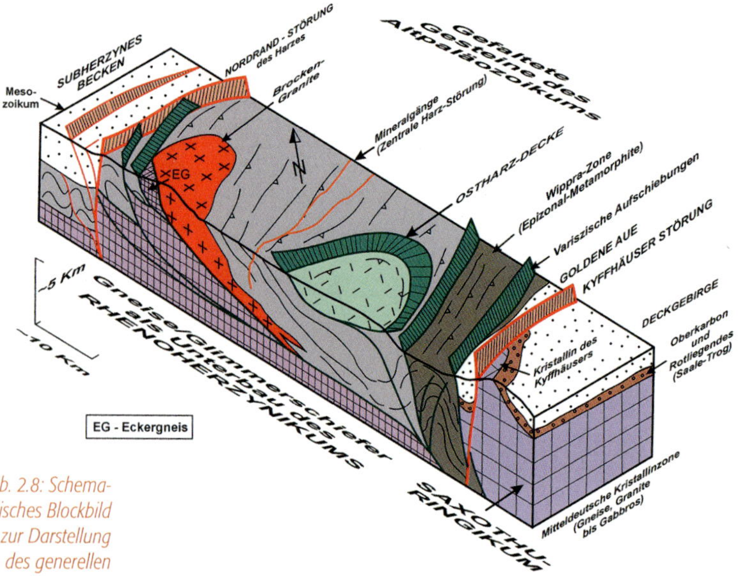

Abb. 2.8: Schematisches Blockbild zur Darstellung des generellen Strukturbaus des Harzes mit der Ostharz-Decke in Querprofil-Richtung (NW-SE).

Dieser ehemalige Deckenstapel muss eine Dicke von mehr als 5 km gehabt haben, da sich sonst die Versenkungs-Temperaturen von 200–250 °C und mehr als 1 Kilobar Überlagerungsdruck für die von der Deckenbildung betroffenen mittel- bis oberdevonischen Sedimente und Metabasalte (Diabase) nicht erklären lassen. Als Herkunftsraum der Ostharz-Decke wird der ausgequetschte südliche Bereich der Rhenoherzynischen Zone angesehen. Es sind dabei tektonische Späne bei der Subduktion (Unterschiebung nach SE) der nördlichen Rhenoherzynischen Platte unter die Saxothuringische Platte (Kyffhäuser) abgeschert und zu tektonischen Decken aufgestapelt worden. Solche komplexen tektonischen Strukturen an Subduktionszonen nennt man auch „Akkretionskeile".

Wir beginnen unsere Wanderung am Rittertor (**8**), dem nordwestlichen Stadttor von Stolberg (Abb. 2.9) und folgen dem anfangs asphaltierten Weg aufwärts in das Ludetal.

Abb. 2.9: Der Ausgangspunkt der geologischen Wanderung ist das Rittertor in Stolberg, das zwischen 1260 und 1280 als Torhaus erbaut wurde. Baumaterial sind plattige Grauwacken des Oberdevon-Unterkarbons.

Der geologische Vertikalschnitt quer zum Streichen der Schichtfolge in Abb.2.10 zeigt die Lage der zu besuchenden Aufschlüsse. Er illustriert die Lagerungsverhältnisse zwischen der ursprünglichen ortsfesten („autochthonen") Basis, bestehend aus Gesteinen der Harzgeröder Zone (Aufschlüsse 1, 2) und der darüber liegenden ortsfremden („allochthonen") Decke. Diese bildet eine flache Deckenmulde, deren Ostrand im Schnitt noch sichtbar ist (Aufschluss 3). Die Deckeneinheit überlagert diskonform den steiler lagernden autochthonen (ortsfesten) Unterbau.

1. Aufschluss: Kalksteinbruch (9)

Nach ca. 800 m vom Rittertor aus erreicht man an der linken Talseite einen alten Steinbruch unterhalb des Mastenteichs. Hier wurden helle massige Kalksteine des Unterdevons (Unter-Emsium) abgebaut, die rings von Tonschiefern und Grauwacken umgeben sind und eine tektonisch isolierte unterdevonische Kalkstein-Scholle in einer Umgebung von oberdevonischen bis unterkarbonischen Sedimenten der Harzgerode-Einheit darstellen. Diese isoliert auftretenden Kalksteine werden von den Harzgeologen als Herzynkalke bezeichnet. Die Kalksteine dieses Steinbruchs wurden auf submarinen Schwellen des unterdevonischen Meers bei gerin-

Abb. 2.10: Geologischer NW-SE-Schnitt aus dem Übergang vom antochonen Unterbau zur diskonform auflagernden Ostharzdecke. Die Lage der besuchten Aufschlüsse 1–3 ist markiert. Detailskizzen zeigen die intensive Zerscherung an der Deckenbasis.

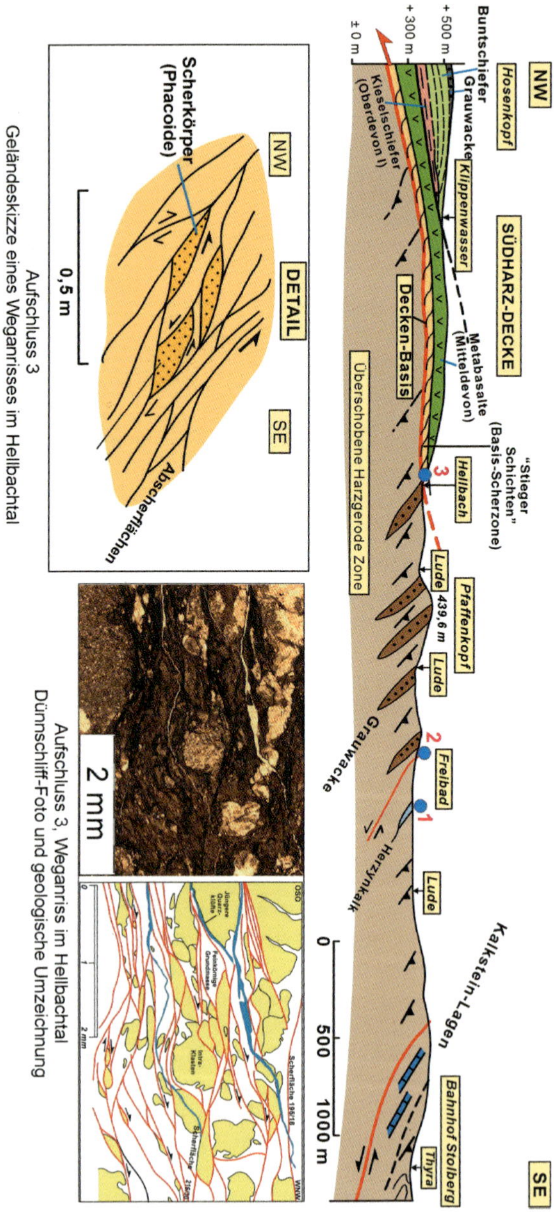

ger Wassertiefe gebildet. Dies ergibt sich aus Fossilfunden, wie den hartschaligen Brachiopoden Rhynchonella princeps (deshalb auch Princeps-Kalk genannt) und aus Sedimentstrukturen, die auf bewegtes, gut durchlüftetes Wasser hinweisen.

2. Aufschluss: Mastenteich (10)

300 m talaufwärts am Mastenteich findet sich in der Straßenkurve ein Felsanriss, in welchem parallel zu den Schichtflächen geschieferte seidig glänzende Schiefer anstehen. Darin eingelagert sind handbreite Grauwacken-Bänke, die sich im Wesentlichen aus kleinen Gesteinsbruchstücken zusammensetzen, welche sich von einem südlich gelegenen Liefergebiet (Mitteldeutsche Kristallinzone) als submarin verfrachtete Schuttströme (Turbidite) herleiten lassen. Mit der Lupe ist zu erkennen, dass die Gesteinsbruchstücke der Grauwacken infolge der Scherwirkung entlang der sehr dicht angeordneten Schieferflächen verformt sind. Klüfte und gescherte Flächen sind von Quarzrasen belegt.

In den Schieferlagen wurden Pflanzenreste von farnartigen Pflanzen (Gefäßsporenpflanzen) gefunden, welche als Cyclostigmen (*Cyclostigma hercynium* WEISS) bekannt sind und auf ein unterkarbonisches Alter hinweisen. Ferner ist zu erkennen, dass sich entlang von einigen mechanisch gut absondernden Schicht- bzw. Schieferflächen noch Gleitflächen (Störungen) entwickelt haben, an denen sich die darin eingeschlossenen Blöcke zur Zeit der variszischen Tektonik nach Norden zu übereinander geschoben haben.

Neben der Parallelschieferung existiert noch eine schräg schneidende steil einfallende 2. Schieferung (Transversalschieferung). Das Auftreten mehrerer Schieferungen und der beginnende seidige Glanz der Schieferflächen und die häufig auftretenden Quarzmineralisate zeigen, dass der Unterbau der Ostharz-Decke in ein Tiefenniveau von 8–10 km abgesenkt war, in welchem sich bereits der Übergang zur niedriggradigen Regionalmetamorphose vollzieht. Dies kann in weiteren Felsanschnitten weiter talauf im Ludetal beobachtet werden, wo wir uns bis zum Hellbachtal noch immer im Unterbau der Ostharz-Decke bewegen.

3. Aufschluss: Einmündung des Hellbachtals (11)

Südlich der Einmündung des Hellbachtals in das Ludetal biegt ein Forstweg nach links aufwärts in das Hellbachtal ab. An den beidseitigen Weganschnitten, unmittelbar beim Eintritt in das Hellbachtal, erreicht man nun vom tektonisch Liegenden her kommend die Basiszone der Ostharz-Decke. Die kleinen Felsanrisse an der Einmündung des Forstweges in das Hellbachtal zeigen im Unterschied zum bisher durchwanderten Unterbau der Deckeneinheit nun sehr flach nach ESE einfallende, stark zerscherte sandige Schiefer der Stieger Schichten (Südharz-Selke-Formation/Mittel-Oberdevon). Diese sind nach Befunden aus Dünnschliffen bis in das Korngefüge hinein zerschert.

Es handelt sich um eine mehrere Meter mächtige heterogen ausgebildete Scherzone mit darin lanzettförmig ausgewalzten und in Richtung des tektonischen Transports (nach W bis WNW) gestreckten, unterschiedlich großen (mm bis mehrere Meter) Scherkörpern. In der Scherzone durchdringen sich flach bzw. mittelsteil nach SE einfallende Scherflächenlagen, wodurch die schuppenförmige interne Struktur der Scherzone entstand (Abb. 2.10, unten). Die Gleitspuren auf diesen Flächen zeigen, dass sich die auflagernde Deckeneinheit nach WNW bewegt hat. Die Scherflächen sind weitgehend Streckungsflächen, was darauf hinweist, dass es beim Transport der Deckeneinheit durch die Kombination von Auflast und Gleitbewegung zur Auswalzung und damit zur Ausdünnung der basalen Schichten bei gleichzeitiger Streckung gekommen ist.

Lapilli: Erbsen- bis nussgroße kugelige Komponenten in pyroklastischen Gesteinen.

Die Sedimentfolge der Südharz-Selke-Formation beginnt oberhalb der Abscherzone mit dem nur wenige Meter mächtigen Südharz-Selke-Quarzit. Darauf folgen die innerhalb der Deckeneinheit im Hangenden über 100 m mächtige effusiven Diabase und Vulkaniklastite (Asche- bis Lapilli-Tuffe). Wer diese besuchen will, muss den steilen Berghang an der Nordseite des Klippenwassers ersteigen oder man begibt sich an die Ostseite des Ludetals zurück, wo diese Gesteine in großen Felsklippen an der Ostflanke anstehen. Es sind sogenannte Intraplattenbasalte, die im Mitteldevon über einer durch Zerrungsprozesse ausgedünnten Erdkruste am Meeresboden ausgeflossen sind. Darauf folgen in der Deckeneinheit noch die „Hauptkieselschiefer“ des unteren Oberdevons (50 m), geringmächtige oberdevonische Buntschiefer (50 m) gefolgt von oberdevonischen Grauwacken (bis zu 300–400 m). Dieses Profil der Ostharz-Decke kann man vom Ludetal aus auf einer Strecke von 4 km bis zu den Grauwacken am Dammbereich der Nordhäuser Talsperre (heute Talsperre Neustadt) durchwandern.

Exkursion durch das Selketal

Das Gebiet ist durch die Bundesstraße 242, nach den spätmittelalterlichen Aufenthaltsorten von christlichen Eremiten (Clausen oder Clusen) auch Claus-Straße genannt, gut erschlossen. Der geologische Streifzug sollte wegen der Entfernungen zwischen den Punkten per Auto oder Fahrrad durchgeführt werden und bietet eine Reihe von leicht zugänglichen Aufschlüssen. Hier können vulkanische Ganggesteine des Unterperms, Kalksteine („Herzynkalke"), Tonsteine, Grauwacken des Devons/Unterkarbons und Zeugnisse des früheren Gangbergbaus studiert werden.

Wir beginnen unseren Streifzug am westlichen Punkt, dem Druidenstein, einer prähistorischen Kultstätte in Trautenstein (**12**). Auf einer steil aufragenden Felsrippe mitten im Ort steht ein zu den Mittelharzer Vulkanit-Gängen gehörender, NNW-SSE streichender Rhyolith-Gang an (Abb. 2.11). Darauf wurde auch 1701 in Fachwerk-Bauweise die Dorfkirche des Ortes errichtet. Die sofort ins Auge fallende Zerklüftung des bräunlich verwitternden massigen Gesteins ist durch thermische Spannungen infolge der Abkühlung der Gesteinsschmelze entstanden und richtet sich streng nach der Geometrie der gefüllten Gangspalte aus. Durch die Verschneidung mehrerer Kluftscharen bildeten sich säulenförmige Kluftkörper, deren Achsen mit ca. 60° nach SSW (nach links) eintauchen. Die Kluftsäulen stehen senkrecht zu der mit 30–40° nach ENE einfallenden, ca. 10 m mächtigen Spalte, in welcher der magmatische Gesteinsgang durch allmähliches Aufreißen Platz genommen hat. Im Handstück, noch deutlicher unter der Lupe, sind einzelne Einsprenglinge von grauem Quarz, von kaolinisierten hellen Feldspäten und von dunklen Hornblenden innerhalb einer feinkörnigen Grundmasse zu erkennen.

Kaolinisierung: Umbildung von Kalifeldspäten unter feuchtheißem Klima zu Al-haltigen Zweischicht-Tonmineralen, vor allem zu weißlichem Kaolinit (Porzellan-Rohstoff).

Die Mittelharzer Gänge durchsetzen einen ca. 8 km breiten Geländestreifen zwischen Wernigerode im Norden und Ilfeld-Stolberg im Süden mit darin auftretenden zahlreichen NNW-SSE-Spaltenintrusionen. Diese durchtrennten ohne nen-

Abb. 2.11: Querschnitt eines Mittelharzer Ganges (Rhyolith) an der Dorfkirche von Trautenstein (Druidenstein). Blick nach NNW. Die mit ca. 60° nach links (WSW) geneigten Kluftsäulen stehen senkrecht zum Einfallen der mit erstarrter Lava ausgefüllten Spalte, welche (nicht aufgeschlossen) mit ca. 30–40° nach ENE (rechts) einfällt.

nenswerte Verschiebungen die zuvor im Oberkarbon bereits gefalteten devonischen und unterkarbonischen Gesteine des Mittelharzes. Durch die tiefer als im Südharz eingreifende junge Erosion im nördlichen Teil des Harzes sind die vermutlich an der damaligen unterpermischen Landoberfläche ausgetretenen Vulkane abgetragen. Deshalb sind hier nur noch deren zuführende Spaltenzüge, wie hier am Druidenstein, an der heutigen Oberfläche angeschnitten.

Auf der B 242 von Trautenstein nach Hasselfelde fährt man auf der im Tertiär entstandenen Rumpffläche des mittleren Harzes (450–500 m NN). Diese Verebnungsfläche wird um bis zu 600 m von den Härtlingen des Brockens, des Wurmbergs bei Braunlage und der Hohneklippen südlich von Wernigerode überragt. In Stiege überschreitet man nach Osten die Wasserscheide zwischen der Hassel und Bode und der Selke, der unsere Exkursion nun auf anhaltischem Gebiet weiter folgt.

Von der Kirche in Güntersberge aus, erbaut aus Plattenschiefern und Grauwacken der Tanner Zone, erreichen wir über eine kleine Brücke den östlichen Uferweg der Selke, dem wir nach rechts (talaufwärts) weiter zur Dammkrone des Mühlteichs ca. 250 m folgen (**13**). In den Gesteinsanrissen entlang des Hangwegs neben dem Bahngleis der Selketalbahn finden sich kleine verlassene Steinbrüche, in denen graue Kalksteine abgebaut wurden (Abb. 2.12). Diese werden von flaserigen Tonschiefern mit darin eingelagerten Grauwacken-

und Diabas-Linsen umschlossen. Die devonischen bis tiefunterkarbonischen Kalkstein-Einlagerungen zwischen einhüllenden Tonschiefern und Grauwacken sind im östlichen Harz weit verbreitet und werden dort als Herzynkalke bezeichnet. Da der Harz arm an anderen Kalksteinvorkommen ist, wurden diese zumeist nur kleinen Herzynkalk-Klippen früher in zahlreichen kleinen Steinbrüchen abgebaut. Wegen ihres guten Aufschlussgrades und des Fossilreichtums stehen die Herzynkalke seit 150 Jahren auch im Blickpunkt der Paläontologen. Die Kalksteine bildeten sich auf Schwellenregionen des Devonmeeres. Im Unterdevon dominierten geringe Wassertiefen, zum Mitteldevon hin senkte sich der Meeresboden immer weiter ab. Dies lässt sich anhand von sedimentologischen Kriterien und der Fossilführung detailliert nachvollziehen. Im Oberdevon erfolgte dann eine starke Zergliederung des Sedimentbeckens und die teilweise Zerstörung vorhandener Kalksteinvorkommen durch Wellenschlag und Hanggleitung. Als Folge davon bildeten sich um die größeren Kalkstein-Vorkommen (Iberg bei Bad Grund, Elbingerode) herum seit dem oberen Mitteldevon auch Schuttkalklagen mit eingeschalteten Tonsteinen, welche auch als Flinzkalke oder auch als Kalkturbidite (entstanden aus Trübeströmen am Meeresboden) bezeichnet werden.

Das Alter der Kalksteine des Vorkommens von Güntersberge konnte anhand von Fossilien, zumeist von Mikrofossilien (Conodonten) als Unterdevon bis Oberdevon bestimmt werden, die einhüllenden Tonschiefer und Grauwacken werden dem Unterkarbon zugewiesen. Die Aufschlüsse weisen außerdem noch biostratigraphisch belegte Schichtwiederholungen auf, welche auf die tektonische Aufstapelung (Verschuppung) mehrerer altersgleicher Schichten entlang von gekrümmten Scherbahnen hinweisen.

Im unteren Abschnitt liegen körnige Zorgensis-Kalke (höheres Unterdevon, Ems) und an Styliolinen reiche Flaserkalke vor (tieferes Mitteldevon, Eifelium). Das infolge stratigraphischer Kondensation (stark verminderte Kalkausscheidung im Meer) äußerst geringmächtige Oberdevon liegt, gekennzeichnet durch an Conodonten reiche Lagen, in der Fazies dunkelgrauer plattiger Kalksteine vor. Im oberen Abschnitt ist ein Lager mit groben Kalkgeröllen von 4 m Mächtigkeit entwickelt. Die darin enthaltenen Kalkbrocken weisen relativ geringe Kantenrundungen auf, sodass dieser Horizont einem

Styliolinen: Nur wenige mm große Mikrofossilien unsicherer Stellung, die zu den Tentakuliten gehören und vom Kambrium bis zum Devon vorkommen.

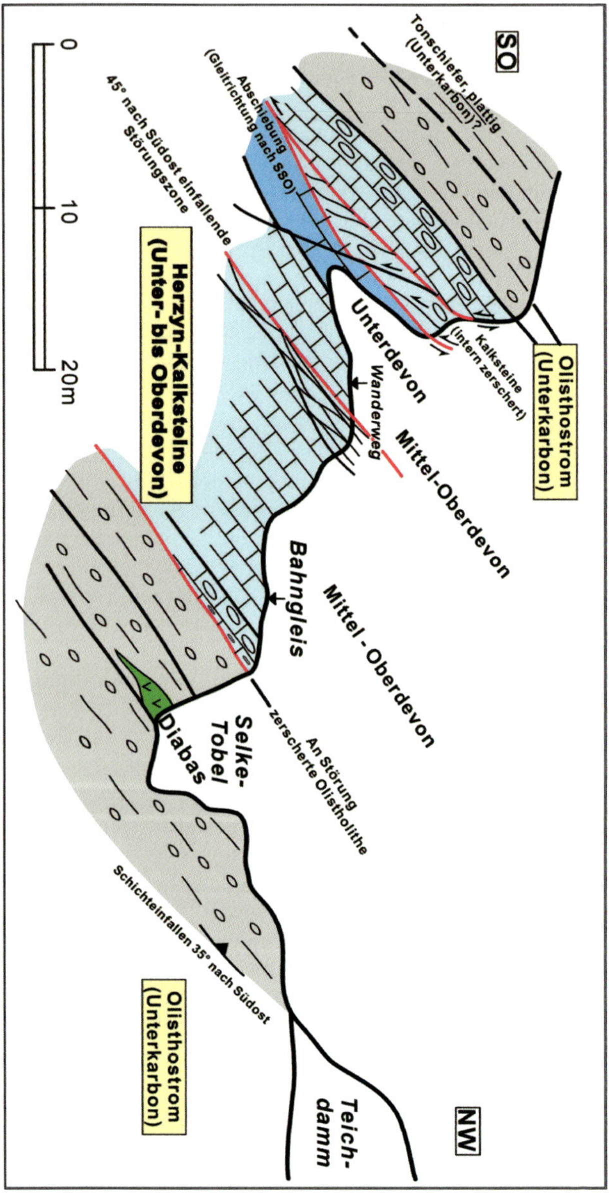

Abb. 2.12: Querprofil der Klippen an der Dammkrone des Teichdamms des Mühlteichs von Güntersberge. Die Herzynkalke bilden ein auf wenige Meter ausgedünntes („kondensiertes“) Devon-Profil, das in einer Abfolge von zerglittenen Grauwacken und Tonschiefern des Unterkarbons eingeschlossen ist.

nicht weit transportierten submarinen Schuttstrom entstammen könnte.

Typisch für die hier angeschnittene Sedimentserie sind Rutschprozesse im Schichtverband zu einem Zeitpunkt, als die Sedimente noch nicht vollständig verfestigt waren. Dieses Zergleiten auf dem leicht geneigten Meeresboden wurde durch den starken Porenwasserdruck in den noch nicht entwässerten Sedimenten erleichtert. Auslöser waren vermutlich Erdbeben. Hinzu kommt, dass die Gesteine durch die dann einsetzende variszische Tektonik entlang von mechanischen Ablöseflächen noch intensiv durchgeschert wurden. Solche Gesteinskomplexe werden auch als Olisthostrome bezeichnet. Sie bildeten sich an der Stirn von tektonischen Decken, vor deren Front auf dem geneigten Meeresboden sie als Massenströme abglitten. Vergleichbare Gesteinsbildungen findet man auch in den jungen Orogen-Zonen, wie den Alpen, den Karpaten oder dem Nördlichen Appenin.

Olisthostrome: Vom Geröllbestand (Olistholithe) und den Korngrößen her komplex zusammengesetzte, massig oder auch undeutlich geschichtet submarin abgelagerte Suspensionsströme an der Front von Orogenzonen.

Von Güntersberge aus geht es auf der B242 weiter nach Osten bis nach Siptenfelde und über eine Stichstraße nach Straßberg und, der Beschilderung im Ort folgend, zum Besucherbergwerk Glasebach.

Die Mineral- und Erzgänge der Grube Glasebach bei Straßberg (14)

Die Grube Glasebach liegt am östlichen Ortsrand von Straßberg. Dort haben Bergleute seit dem 18. Jahrhundert Pyrit (FeS_2) und etwas Bleiglanz (PbS), später vor allem Fluorit (Flussspat, CaF_2) abgebaut.

Erzgang: Spaltenfüllung mit metallhaltigen Mineralen (Erzen).

Auf der Grube Glasebach konnten durch Erkundungsarbeiten in den 1950er Jahren, abgebrochen durch einen verheerenden Wassereinbruch im September 1956 (6 tote Bergleute), bis zur 7. Sohle (ca. 200 m Teufe) über 300.000 Tonnen Fluorit-Vorräte nachgewiesen werden. Es zeigte sich jedoch ein Nachlassen der Fluoritführung der Gänge nach der Tiefe zu (330-m-Sohle), sodass sich der Abbau auf die Bereiche zwischen ca. 100 m bis 300 m Teufe beschränkte (Abb. 2.14).

Die Lagerstätte wurde von den Harzer Spatgruben vom Fluorschacht, dem Hauptschacht des Betriebes, von Norden her mit einem ca. 2 km langen Querschlag (Glasebach-Querschlag) im Niveau der 9. Sohle (330-m-Sohle) unterfahren und in diesem Niveau weiter erkundet (Anfang der 1970er

Querschlag: Bergmännische Auffahrung, welche quer zum Verlauf einer aufzusuchenden Mineralkonzentration ausgerichtet ist.

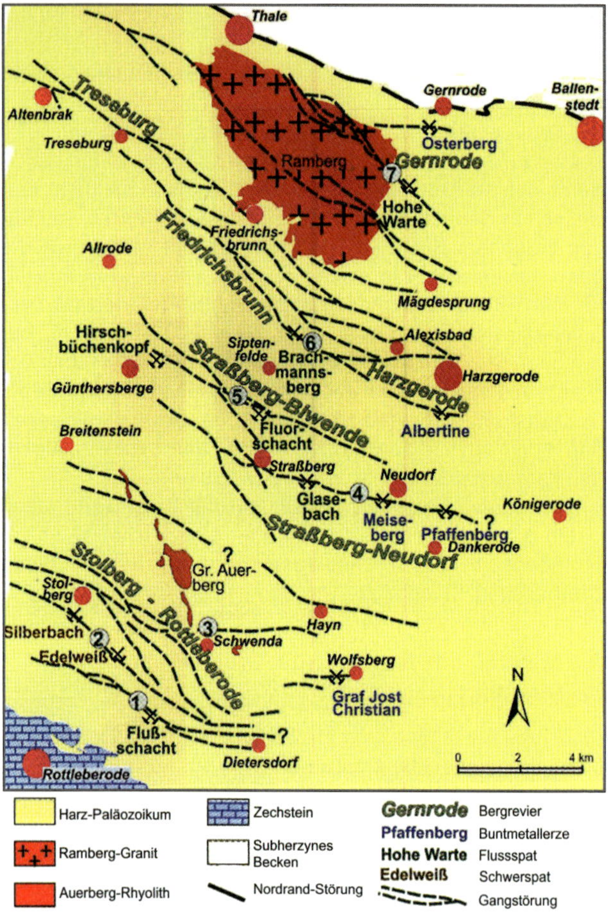

Abb. 2.13: Die Mineral- und Erzgänge des „Ramberg-Reviers" im Unterharz. Die Ziffern 1 bis 7 markieren ehemals wichtige Gruben. Das Besucherbergwerk „Glasebach" liegt am Südostrand von Straßberg (Abb.: Franzke & Zerjadtke (1993)).

Jahre). Der Flussspat wurde über den Glasebach-Querschlag zur zentralen Aufbereitung neben dem Fluorschacht abtransportiert und dort zu verkaufsfähigen Fluorit-Konzentraten angereichert.

Bis 1990 waren die Vorräte im bis dahin bergmännisch aufgefahrenen Bereich der Grube Glasebach weitgehend erschöpft, sodass die Grube geschlossen wurde. Die heute im

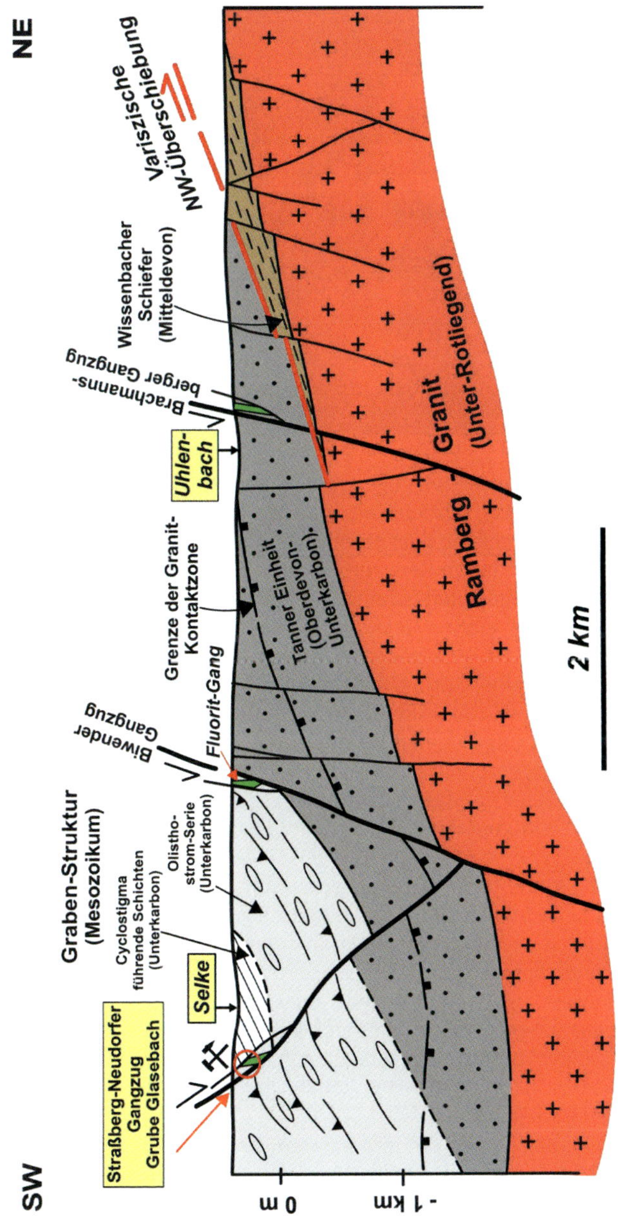

Abb. 2.14: Querprofil durch die sogenannte „Zentrale Harzstörung" mit den beiden nach der Teufe zu konvergierenden Straßberg-Neudorfer- und Biwender Störungen.

Abb. 2.15: Querschnitt durch einen 15 cm mächtigen Gang aus dem Ostfeld der Grube Glasebach. Die Füllung besteht aus der ältesten Abfolge mit dunklem Wolframit, weißem Calcit und Quarz sowie bräunlichem Siderit.

Bergwerksmuseum zugänglichen obersten beiden Sohlen wurden im 19. Jahrhundert aufgefahren.

Zusammen mit dem nördlich folgenden Biwender Gangzug ist das auflässige Bergwerk Teil der „Zentralen Harzstörung". Beide Gänge fallen aufeinander zu ein, sodass sie einen grabenartigen großen Gesteinskeil einschließen. Der Biwender Gangzug fällt steil nach SW, der Straßberg-Neudorfer Gangzug mittelsteil (um 45°) nach NE ein.

Auf der Grube Glasebach ist eine bis 60 m breite Gang- bzw. Störungszone entwickelt, die aus einem komplizierten, flach-bogenförmig sich verschneidenden Störungssystem mit girlandenartig dazwischen aufgespannten mineralisierten steilen Klüften (Fiedern) besteht. Es sind sowohl die Störungen (Scherspalten) als auch die Fiederspalten mineralisiert. Aus vorher nicht mineralisierten Störungen wurde durch die Mineral-Auskleidung von tektonisch geöffneten Sektoren von Klüften und Störungen ein in sich verschachteltes System von Mineralgängen. Es ist eine mehrphasige, durch tektonische Bewegungen unterbrochene Reihe von Mineralparagenesen, zusammengefasst zu größeren Mineral-Abfolgen, entwickelt. In einer Vorphase der Vererzung, die sich vom unterlagernden Ramberg-Granit herleiten könnte, tritt auch etwas Wolframit auf (Abb. 2.15).

Mineralgänge: Spalten oder Störungen, die von Mineralen erfüllt sind.

Gangart: In Erzgängen die nichtmetallhaltigen Minerale (z.B. Quarz, Calcit).

Darauf folgen die in mehreren Stadien abgesetzten „Polysulfid-Erze" mit Pyrit, Magnetkies, Markasit, Bleiglanz, Zinkblende und Kupferkies, dazu als Gangarten Siderit und

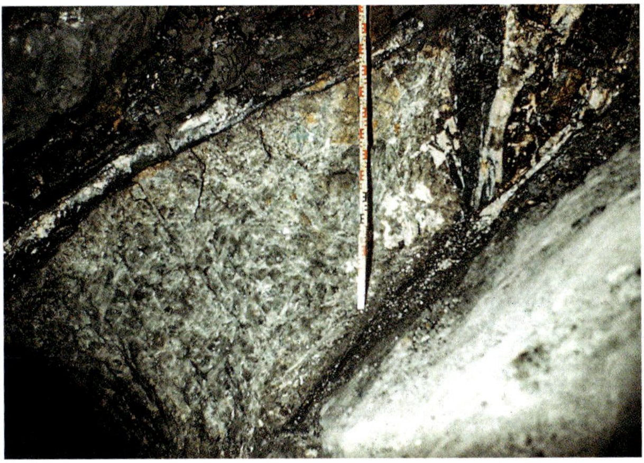

Abb. 2.16: Mit 45° nach N einfallender 0,8 m mächtiger Flussspat-Gang mit glatten Ablöseflächen („Salbändern") im Hangenden und Liegenden sowie Girlanden-artigem „Fiederbau".

Salband: Begrenzungen im Liegenden und Hangenden eines Erz-/Mineralganges gegenüber dem Nebengestein.

Quarz. Die für den Fluorit-Bergbau des 20. Jahrhunderts wichtige jüngere Mineral-Paragenese besteht aus Calcit und Fluorit (Abb. 2.16). Nach dem zweiten Weltkrieg wurden 253.000 t Fluorit-Haufwerk mit einem CaF_2-Gehalt von 66 % abgebaut (auf dem 2 km nördlich gelegenen Biwender Gang/Fluorschacht zum Vergleich 593.000 t mit 70 % CaF_2).

Grubenfahrt im Besucherbergwerk Glasebach

An der Grube Glasebach steht über Tage bergbautechnisches Gerät sowie ein Stahlförderturm, der den baufälligen originalen Holzturm ersetzt hat. In kleinen Kauen- und Verwaltungsgebäuden wird eine sehenswerte kleine Ausstellung zur Bergbaugeschichte und zur Geologie und Mineralogie der Ganglagerstätte Glasebach präsentiert. Die Befahrung beginnt unterhalb der Halde auf der Stollensohle, an deren Mundloch ein originalgetreuer Nachbau des 9,50 m großen oberschlächtigen Wasserrades der Grube Glasebach aus dem 18. Jh. zu besichtigen ist. Die erste Sohle besteht im Wesentlichen aus einem Querschlag (Strecke quer zum Verlauf der Gänge) mit einigen kleinen Gangaufschlüssen. Am Schacht steht eine Nachbildung der zur Hebung der Grubenwässer entwickelten Straßberger Schwingenkunst.

Von der Stollensohle steigt man im Schacht ca. 15 m hinab zur 2. Sohle, auf der die komplette Zone der Gangvererzung des Straßberg-Neudorfer Gangzugs aufgeschlossen ist

Abb. 2.17: Geologische Karte (Grundriss) der 2. Sohle des Besucherbergwerks Glasebach.

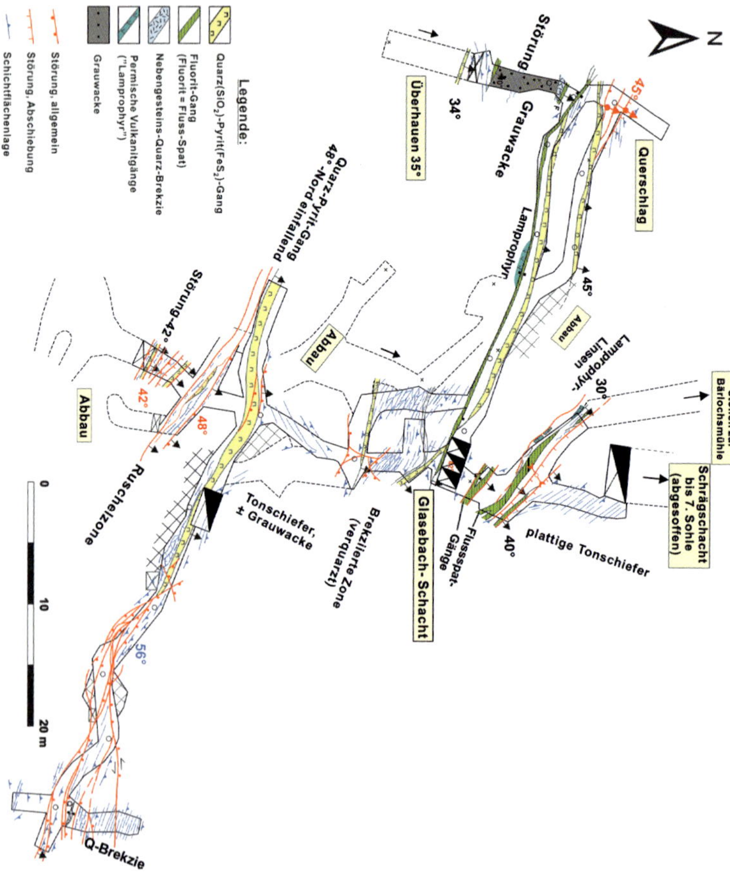

(Abb. 2.17). Neben Flussspatgängen im Schachtbereich sind mehrere, bis etwa 1 m mächtige, flach nach Nord einfallende Pyritgänge aufgeschlossen. Auf diese konzentrierten sich die bergmännischen Aktivitäten im 18. und 19. Jahrhundert. Neben altem Streckenausbau sind offene und auch mit Gestein wieder verfüllte (versetzte) Abbaue sowie technische Einrichtungen (Haspel, Bohrer, Förderwagen u. a.) in Arbeitsposition aufgestellt. Einige Meter unterhalb der 2. Sohle, sichtbar

im Schacht, ist der Wasserspiegel des darunter abgesoffenen großen Grubenfeldes zu sehen.
Zurück nach Übertage erreicht man an der Südseite des Birnbaum-Tals nach dem Passieren eines Steinbruchs mit Herzynkalken (nachgefertigter Brennofen) den Alten Glasebach-Stollen, dessen Auffahrungen noch mit Schlägel und Eisen, also noch nicht mit Sprengarbeit vorgetrieben wurde und deshalb als die älteste zugängliche bergmännische Auffahrung im Bereich der Grube Glasebach gelten kann.

Ähnlich wie im Oberharz, jedoch in kleinerem Maße, gibt es auch im Straßberg-Neudorfer Gebiet ein Teich- und Grabensystem, das Wasser zu den Gruben leitete und in künstlich aufgestauten Teichen speicherte, um möglichst kontinuierlich die auf Wasserkraft beruhenden Pumpensysteme, Fördereinrichtungen der Schächte und die Frischluftzufuhr („Bewetterung“) zu betreiben, welche zum Betrieb der Gruben nötig waren. Einen Teil des Graben- und Teichsystems (Lehrpfad C, Beginn am Poetenweg in Straßberg) kann man SW von Straßberg an der Südseite des Rödelbach-Tals zum Malinius-Teich, Franken-Teich und Kilians-Teich in ca. 2 Stunden ablaufen.

Östlich der Bergschänke in Straßberg befindet sich südlich der Selke der ehemalige Hüttenplatz mit Resten der alten Schmelze, daneben die „Freiheit“, eine Straße welche an die von den anhaltischen und preußischen Landesherren zur Förderung des Bergbaues gewährte Bergfreiheit (Steuerfreiheit der Bergleute) erinnert.

Exkursion im Unteren Selketal

Von Straßberg aus folgen wir nun der L234 im Selketal abwärts und erreichen nach der Ortsdurchfahrt Silberhütte nach weiteren 2 km wieder die B242, der wir nach rechts in Richtung Harzgerode folgen. Nach etwa einem km talaufwärts besteht nach einer Straßenkurve Parkmöglichkeit. Am östlichen Talhang führt ein Wanderpfad mit kleinen Aufschlüssen von mittelsteil nach SE einfallenden Plattenschiefern der Tanner Zone (Unterkarbon) nach Süden. Dabei überquert man die hier nicht aufgeschlossene NW-Aufschiebung der Harzgerode-Zone (Punkt 2 in Abb. 2.18) auf die Tanner Zone und gelangt neben dem Bahngleis zum Steinbruch Schneckenberg (Abb. 2.18).

Im Steinbruch Schneckenberg (**15**) und weiteren benachbarten Brüchen wurden, ähnlich wie in Güntersberge, mehrere Typen von Herzynkalken aus dem Unter- und Mitteldevon abgebaut. Die basalen massigen Princeps-Kalke, benannt nach dem Armfüßer *Uncinulus princeps*, stellen massige Schwellenkalke dar. Die drei jüngeren Abfolgen des Zorgensis-, des Dalmaniten-Knollenkalks und der Styliolinen-Kalke zeigen nach der darin gefundenen Fauna und den eingelagerten dunklen Tonsteinen zum Mitteldevon hin immer größere Wassertiefen an. Mit den an dieser Stelle nicht aufgeschlossenen Tiefwasser-Sedimenten der Wissenbach-Schiefer erreichte die Beckenvertiefung im Mitteldevon und tiefsten Oberdevon innerhalb des Rhenoherzynischen Sedimenttroges ihr Maximum. Die Kalksteine werden von flach nach SE einfallenden Gleitschuppen-Bahnen durchsetzt, welche als Zweigstörungen der unterhalb des Steinbruchs verlaufenden Überschiebung über die Tanner Zone verlaufen (Abb. 2.19, unten).

Zurück auf der B 242 fahren wir nach Osten und folgen dann der B 185 nach Alexisbad. Oberhalb der Petruskapelle am rechten Ufer der Selke (Brücke) suchen wir das Mundloch des Schwefelstollens (**16**), der im „Reichen Davidsgang“ aufgefahren wurde, auf. Ein in Ortsmitte gelegener Brunnen wird von den Wässern des Schwefelstollens gespeist. Die Eisen- und Sulfat-führenden sauren Wässer entstehen durch Verwitterung von Pyrit. Im Stollen wurde ein Pyritgang (FeS_2) mit Quarz als Gangart, sporadischen Pb-Zn-Sulfiden und etwas Fluorit angetroffen. Die an der Felswand oberhalb des Mundlochs sichtbare 15 m mächtige aufgeblätterte Gangzone besteht fast ausschließlich aus Quarztrümern. Eine Schau-

Abb. 2.18: Profil der devonischen Herzynkalke am Steinbruch Schneckenberg 1 km W von Harzgerode (oben). Der Schnitt darunter zeigt die Einbindung des Aufschlusses in die von Olisthostromen geprägte Harzgeröder Zone (Punkt 1) sowie die variszische NW-Überschiebung auf Gesteine der Tanner Einheit (Tanne-Formation) (Punkt 2).

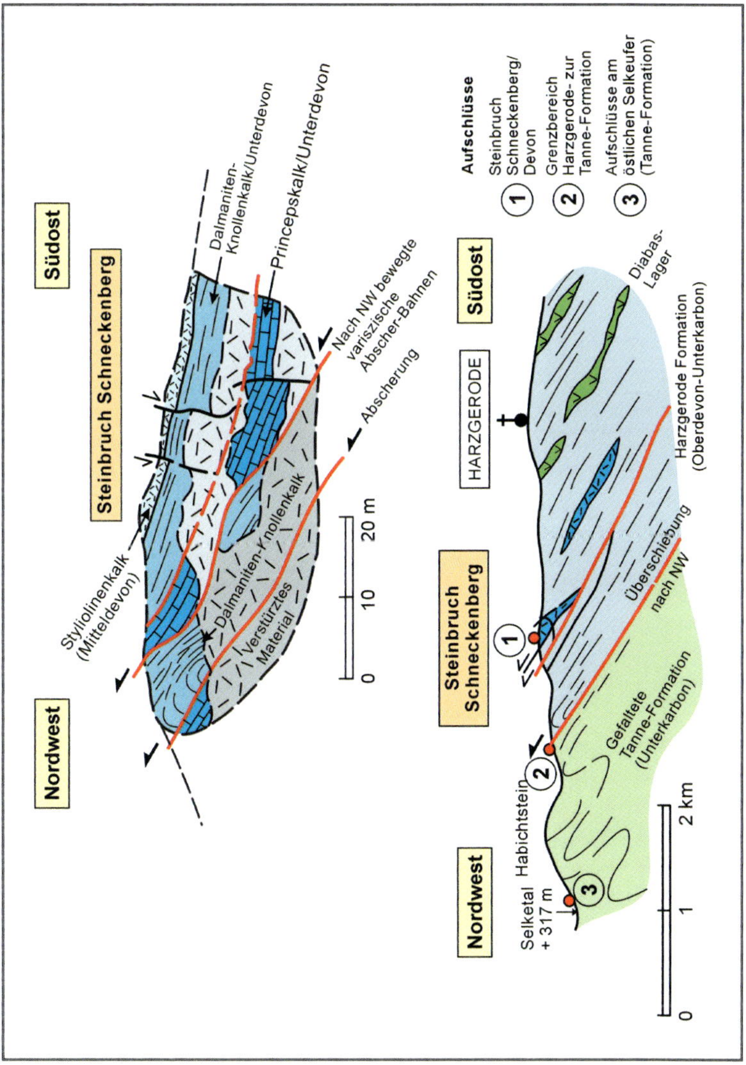

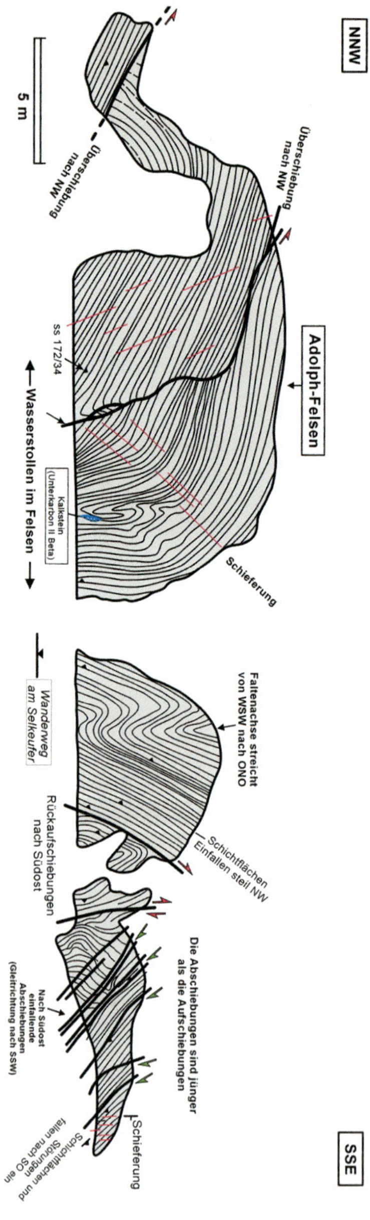

Abb. 2.19: Schemaskizze der gefalteten Plattenschiefer der Tanner Einheit am Adolphfelsen am nördlichen Ortsausgang von Alexisbad.

Abb. 2.20: Trockenmauer der Umfassung des Rondell des Fürst-Friedrich-Albrecht-Denkmals in Mägdesprung aus Plattenschiefern der Tanner Einheit..

tafel vermittelt weitere Informationen zur Bergbaugeschichte der Grube.

Von hier wandern wir auf dem Wanderweg am rechten Selke-Ufer zum Adolphfelsen (kleiner Stollendurchgang) (**17**). Dort findet sich eine konzentrische Falte in den Plattenschiefern der Tanner-Einheit (Unterkarbon), welche im Verlauf der variszischen Verformungen der Gesteine noch von einer schwachen Schieferung durchsetzt wurde. Abscherflächen zeigen, dass der Gebirgsverband während der variszischen Tektonik nach NW verschoben wurde (Abb. 2.19).

Zwischen Alexisbad und Mägdesprung durchquert die B 185 den 2 km breiten Ausstrich der Tanner-Einheit (Tanne-Formation, Unterkarbon). An den Talhängen der Selke sind zahlreiche weitere Aufschlüsse zu studieren. In Mägdesprung erinnern mehrere Bauwerke an die Verwendung der Plattenschiefer als Baumaterial (Abb. 2.20) und an die frühere Eisenverarbeitung. Besondere Erwähnung verdienen das Rondell (**18**) mit dem Obelisken des Fürst-Friedrich-Albrecht-Denkmals.

In Mägdesprung biegt die Selke fast rechtwinklig nach Osten ab. Direkt am Abzweig der B 185 mit der schmalen Kreisstraße, die dem Verlauf der Selke folgt, trifft man auf der rechten Seite auf den großen Backsteinbau des Carlswerks (**19**). Er gehört zu einer Gruppe von Werken zur Eisenverhüttung und -verarbeitung, die im Selketal um Mägdesprung angesiedelt waren. Diese Anlagen wurden bereits ab 1646 gegründet und dienten mit wechselndem Erfolg zur Verhüttung der Eisenerze

Abb. 2.21: Ausstellung im Gebäude des Carlswerks bei Mägdesprung

aus der weiteren Umgebung, später zu Herstellung von Kunstguss und auch zur Herstellung von Maschinen. Die Gebäude stehen unter Denkmalschutz; die Sammlung zur Geschichte des Werks ist sehenswert (Abb. 2.21).

Der weitere Wegabschnitt entlang der Selke wird durch die vier Friedrichshämmer gegliedert, denen die Wasserkraft der Selke zur Energiegewinnung (1. Friedrichshammer) und zur Zerkleinerung der Erze aus dem Bergbau der Umgebung diente.

Der schmale Pfad rechts der Selke, zwischen Mägdesprung und Meisdorf, gehört zu den schönsten Wanderwegen, die der Harz zu bieten hat. Er führt zunächst durch steile Hänge, bestehend aus Gesteinen der Tanner Einheit (Abb. 2.22).

Im Bereich des Schiebecks-Tal, dort wo die Selke die weniger verwitterungsresistenten Tonschiefer der Harzgeröder Einheit erreicht, erweitert sich das Tal deutlich. Ca. 200 m südlich der Selkebrücke im Schiebecks-Tal erreicht man das Mundloch des „Herzog Alexis Erbstollens (**20**). Sein Portal ist im Stil eines dorischen Tempels gestaltet (Abb. 2.23). Die gusseiserne Namensplatte wurde im Carlswerk hergestellt. Der Stollen wurde 1830 begonnen und sollte neben der Erkundung weiterer Erzgänge vornehmlich der Entwässerung der Harzgeröder Erzgruben „Hoffnung Gottes“ und „Albertine“ dienen. Als am 26. Mai 1862 der Durchschlag zur Grube „Hoffnung Gottes“ erfolgte, waren die Erzvorräte im Harzgeröder Revier aber bereits weitgehend erschöpft.

Abb. 2.22: Felsrippen von Schiefern der Tanner Einheit am Rand des Selke-Wanderwegs zwischen Carlswerk und Schiebeckstal.

Hier endet unsere Exkursion zwischen Trautenstein und dem Schiebecks-Tal.

Abb. 2.23: Mundloch des Herzog Alexis Erbstollens im unteren Schiebecks-Tal beim Forsthaus Scheerenstieg.

Geologische Exkursion im Altpaläozoikum des westlichen Südharzes zwischen Zorge und Bad Lauterberg

Das Odertal zwischen Bad Lauterberg und dem Oderhaus wird von einer Gesteinsfolge eingenommen, die zur Tanner Einheit (Tanne-Formation, Unterkarbon) gehört. Sie entstand in einen eigenen Sedimenttrog, dessen Sedimente sich heute als S-förmig geschwungene Zone zwischen Bad Lauterberg und Gernrode durch den Harz verfolgen lassen. Darin hat sich eine aus einer Wechselfolge von Grauwacken und Tonsteinen aufgebaute Flyschfolge abgesetzt, welche aus submarinen Schuttströmen (Turbiditen) entstanden ist. Diese haben sich in immer neuen Schuttfächern aus Hochgebieten im Südosten (Mitteldeutsche Kristallinzone) in den im Nordwesten vorgelagerten Rhenoherzynischen Sedimenttrog ergossen.

Im Odertal gibt es auflässige Steinbrüche und Felsanschnitte an der B27, die an der Westseite des Odertals nach Braunlage hinaufführt. Die am besten zugänglichen Aufschlüsse beginnen 200 m oberhalb der Sperrmauer der Odertalsperre (Parkplatz) (**21**). Am Nordende des Parkplatzes und weiter an der Straße aufwärts (Abb. 2.24) steht eine mit 30° nach SE einfallende Wechselfolge von Grauwacken mit darin eingelagerten Tonschiefern an. Einzelne Schichtflächen, vor allem zwischen Grauwacken und Schiefern sind infolge der variszischen Tektonik durchbewegt (zerschert), sodass die Schichtfolge in zahlreiche Gleitbretter zergliedert ist.

Grauwacken-Steinbruch in Wieda

Von Braunlage aus erreicht man über die L601 die Ortschaft Wieda. 200 m ab dem Abzweig der L601 am südlichen Ortsausgang von Wieda in Richtung Zorge befindet sich nördlich der Straße ein auflässiger Steinbruch (**22**). Darin sind mit ca. 30° nach N einfallende Bänke der oberdevonischen Südharz-Grauwacke aufgeschlossen. Die 10 m mächtige Abfolge führt an der Basis der Grauwacken-Bänke jeweils grobkörnige Grauwacken, deren Korngrößen sich nach oben zu immer weiter verkleinern (gradierte Schichtung), bevor eine dünne Tonlage diese Entwicklung abschließt. Nach einem Bearbeiter solcher submarinen Sedimentfolgen (Flysch-Folgen) werden diese zyklisch, von grob nach fein, gegliederten Sedimente

Abb. 2.24: Aufschluss an der B27, 200 m NE der Sperrmauer der Odertalsperre. Tanner Einheit (Unterkarbon), bestehend aus 30° nach SE (rechts) einfallenden Grauwacken (oben) und Tonschiefern (uterer Teil).

auch Bouma-Zyklen genannt. Nach dem Schwermineralbestand, die Grauwacken führen in Spuren Granat, Zirkon und Epidot und sogar Glaukophan, ist ein Gebiet mit kristallinen Grundgebirgs-Gesteinen als Abtragungsgebiet für diese Grauwacken anzusehen. Es ist naheliegend, die südlich liegende Mitteldeutsche Kristallinzone (Kyffhäuser, Kristallin von Ruhla im NW-Thüringer Wald) als Liefergebiete anzusehen. Diese Gesteine gehören zum oberen Bereich des stratigraphischen Profils der variszischen Ostharz-Decke, deren untere Bereiche wir auch im Ludetal bei Stolberg besuchen können (siehe oben, Fußexkursion in die Ostharz-Decke bei Stolberg).

Das Bergbaurevier zwischen Bad Lauterberg und Sieber

In der Umgebung von Bad Lauterberg über Sieber bis zum Eisensteins-Berg W von Sankt Andreasberg gibt es eine Fülle von Mineral- und Erzgängen, die seit dem Mittelalter zunächst auf Eisen und Kupfer, später auf Schwerspat abgebaut wurden. Durch den Erlass von 1521 zur Bergfreiheit wurde der Bergbau wesentlich belebt, auch, da er einen nachhaltigen Zuzug von erfahrenen Bergleuten aus dem sächsischen und böhmischen Erzgebirge auslöste. Diese siedelten sich in dem damaligen Flecken Lauterberg und alsbald auch nahe den Silbergruben in Sankt Andreasberg an.

In Bad Lauterberg wurden zunächst Eisenstein, derber Hämatit, und etwas Kupfer gewonnen, bis der 30-jährige Krieg eine längere Unterbrechung verursachte. Erst 1770 erbrachten neu erschlossene Kupfervorkommen einen regelrechten Kupferboom mit etwa 15 betriebenen Kupfergruben, vor allem am Mittelberg (Hoher Troster Gangzug). Im Lauterberger Revier treten die Kupfererze als „Kupfersand“ auf, der aus einem Gemenge von lockeren Quarzkörnern mit darin eingelagertem Kupferkies ($CuFeS_2$) und diversen Kupferoxiden und -Karbonaten besteht. Diese Erze ließen sich sehr leicht abbauen. Von 1705–1826 wurden die Erze in der Hütte am Zusammenfluss der beiden Lutter-Täler (heutiges Forstamt) verhüttet und in dieser Zeitspanne 1.620 t Kupfermetall von bester Qualität erschmolzen. Als Flussmittel für die Verhüttung, also zur Verflüssigung der sonst zu zähen Erzschmelze, wurde zwischen 1665 und 1830 auch Flussspat, ebenfalls aus den lokalen Lagerstätten der „Flussgrube“ im Großen Andreasbach-Tal und der „Flussspatgrube Barbis“ (bis 1959), verwendet. Um 1830 war die Blütezeit des Kupferbergbaus vorbei und eine nochmalige Intensivierung des Eisenerz-Abbaus begann. Die bedeutendste Grube war die „Knollengrube“ im Geraden Luttertal unterhalb des Gipfels des Großen Knollen (+687 m), die bis 1925 ca. 25.000 t Eisenerz förderte. Die Erze wurden in der Königshütte in Bad Lauterberg aufbereitet.

Mit Beginn des 20. Jahrhundert konzentrierten sich die bergmännischen Aktivitäten zunehmend auf den Abbau der zahlreichen und z.T. sehr mächtigen (‹ 5 m) Schwerspat-Gänge. Dies ließ den Bergbau im Gebiet zwischen Bad Lauterberg und Sieber noch 100 Jahre fortleben. Schwerspat wird vor allem als Farbträger (Farben, Lacke), als Spülungszusatz in der Bohrindustrie und als chemischer Grundstoff verwendet, sodass ein ständiger Absatz des weißen Schwerspats des SW-Harzes (Weißspat) gewährleistet war. Die Schwerspat-Gänge führen neben Baryt vor allem noch Ca-Mg-Fe-Karbonate, Hämatit und Quarz, sodass sie zunächst auch gefragte Eisenerz-

Lagerstätten waren. Nach dem Schließen mehrerer kleinerer Gruben hat sich der Abbau von Schwerspat immer stärker auf die Gruben „Hoher Trost“ (Förderung ca. 2 Mio. Tonnen) und „Wolkenhügel“ im Tal der Krummen Lutter und die Königsgrube, 3 km östlich von Sieber (250.000 t) gelegen, konzentriert. Die Grube Wolkenhügel produzierte bis zu ihrer Schließung um die Jahrtausendwende ca. 4 Mio. t hochwertigen Schwerspat, der in der Aufbereitung in Bad Lauterberg verarbeitet wurde.

Auswahl einiger Punkte für Exkursionen:

1. Der Aurora-Gang (23)

Auf der L521 erreicht man im Siebertal aufwärts nach 2,0 km die Gaststätte „Paradies“. Die ehemalige Schwerspat-Mühle liegt dahinter. 500 m abwärts die Sieber entlang, kann man im Bachbett einen 2,8 m mächtigen, diagonal durch das Bachbett hindurchsetzenden rosafarbenen Schwerspat-Gang erkennen, den „Aurora Gang“. Dieser aus zwei Barytgängen bestehende Gangzug wurde nur sporadisch abgebaut (2.000 t).

2. Die Luttertäler in Bad Lauterberg

Am Sportplatz von Bad Lauterberg biegen wir zur westlichen Talflanke ein und erreichen auf einem kleinen Plateau (ehemalige Halde, „Wassertreten“ für den hiesigen Kurbetrieb) das gemauerte Mundloch des Kupferrose-Stollens (24), dessen austretendes Wasser auch als Augenquelle bezeichnet wird. In einem kleinen Seitental aufwärts erreichen wir das technische Denkmal des „Kupferroser Neuen Schachtes“, eine der zwei wichtigsten Kupfergruben des Reviers. Der im Einfallen des Ganges (tonnlägig) abgeteufte zweitrümige Schacht ist als Besonderheit mit einer soliden Ausmauerung aus Anhydrit-Bausteinen versehen.

Talaufwärts am Forstamt bei dem Zusammenfluss der beiden Lutter-Arme erinnert eine Tafel daran, dass hier die Hütte stand, welche die in der Umgebung gewonnenen Kupfererze verarbeitete.

Nach ca. 1,5 km erreicht man im Tal der Krummen Lutter das Gelände der ehemaligen **Schwerspatgrube „Hoher Trost“** (25). Der Ausbiss des Hohe Troster Gangzuges ist anhand von

Pingen und Halden über den Mittelberg hinweg nach NW zu bis in das Tal der Geraden Lutter zu verfolgen. Am Westabhang des Mittelbergs bauten mehrere Kupfergruben.

Nach weiteren 2,5 km talaufwärts der Krummen Lutter erreichen wir die vor einigen Jahren geschlossene letzte Schwerspat-Grube des Südwestharzes, die **Grube „Wolkenhügel"**. Auch hier ziehen sich Halden und abbaubedingte Einsturzpingen nach NW die Schadenbeeks-Köpfe hinauf, wo der Abbau stattfand. Direkt am östlichen Ufer der Krummen Lutter ist ein ca. 1 m mächtiger, steil stehender, sekundär verquarzter Barytgang des „Wolkenhügeler Gangzugs" aufgeschlossen.

Zurück zum Forstamt und darauf die Gerade Lutter talauf erreicht man nach 3 km die Halde des Lutterstollens, über welchen die Eisenerze der **Knollengrube** gefördert wurden. Auf der Halde findet man Hämatit-Erz als Roten Glaskopf und damit verwachsenen Schwerspat. Wir folgen dem nach Westen vom Luttertal abschwenkenden Knollental und passieren weitere Bergbauspuren (Grube „Frische Lutter"/Kupfer, Schwerspat) und steigen, zuletzt direkt den Suchpingen und einem kleinen Tagebauversuch des Knollengangs folgend, von SE kommend, direkt zum Gipfel des **Großen Knollens** hinauf (+687 m). Der Gipfel besteht aus einem deckenartigen Erosionsrest einer unterpermischen Alkali-Rhyolith-Lava, die durch ihre kugelige Absonderung bekannt ist.

3. Wiesenbeker Teich (26)

Die Teichanlage liegt 2 km südöstlich von Bad Lauterberg am Wiesenbeker-Tal. Der 1714/15 erbaute, heute 14,5 m hohe Damm besitzt eine im Oberharz erstmalig verwendete Kernabdichtung aus Rasen. Das Stauvolumen beträgt 480.000 m³. Das Wasser trieb bis zu 10 Wasserräder an und wurde nach der Einstellung des Bergbaus ab 1738 von der Königshütte weiter genutzt.

4. Besucherbergwerk Scholmzeche am Südhang der Oder (Kurpark von Bad Lauterberg) (27).

Eine Befahrung des Besucherbergwerks (250 m Stollen) mit interessanten Ganganschnitten und Beispielen von klassischer Schlägel- und Eisenarbeit beim Streckenvortrieb und einem hölzernen (Wasser-) Gerenne ist sehr zu empfehlen (in Kureinrichtung nachfragen).

Vom Parkplatz am Haus des Gastes gehen wir durch das Haus des Gastes (mit angeschlossenem Museum) in den Kurpark, überqueren die Brücke über die Oder und begeben uns am SE-Ufer zum Stollenmundloch der Eisenerzgrube „Scholmzeche". In dem Felsanriss hinter dem Stollenmund ist eine an dieser Stelle nicht mineralisierte, mit 45° nach NE einfallende Gangstörung zu erkennen, die sich in einer durchgescherten Schichtfläche der Tanner Grauwacken des Unterkarbons herausgebildet hat. Vom Stollenmund der Scholmzeche erreichen wir auf einem Pfad bergauf eine planierte Halde mit dem Mundloch des „Aufrichtigkeiter Tiefen Stollens" (1733–1738), der das SE gelegene Grubenfeld der Kupfergrube „Aufrichtigkeit (Blütezeit von 1686–1737) entwässerte. Das aufgebaute Fördergerüst stand ursprünglich auf dem Ostschacht der Grube Wolkenhügel im Tal der Krummen Lutter.

5. Schwerspat-Gänge am Königsberg E von Sieber

Im Sieber- und Kulmketal, E Sieber, befinden sich am Südhang des Königsbergs bis hinab zum Siebertal diverse Stollenmundlöcher und Halden, welche zum auflässigen Grubenfeld der Königsgrube gehören (**28**). Hier wurden zunächst Eisenerzgänge (Hämatit, Siderit) abgebaut. Mit dem raschen Aufstieg des Schwerspat-Bergbaus wurde die Königsgrube zu Beginn des 20. Jahrhunderts zu einem der wichtigsten Schwerspat-Bergwerke. Von dem hier auf mehreren Gängen linsenförmig, bis zu 8 m mächtigen Mineralgängen rötlichen Baryts („Rotbaryt") wurden bis in die 70er Jahre des letzten Jahrhunderts ca. 250.000 t abgebaut. Im Bereich des ehemaligen Tagebaus (begonnen 1971) ist noch ein vollständiges Gangprofil vom Gang 1 der Baryt-Gangzone des Königsbergs angeschnitten (Abb. 2.25).

Ausgangspunkt für den Aufstieg zum Tagebau ist der Parkplatz am Abgang des Großen Sonnentals von der L521 (Sieber-St. Andreasberg). Vom Parkplatz aus geht es ca. 800 m talauf bis zu einer Schutzhütte, von der aus man über eine Wegschleife aufwärts nach ca. 100 m den kleinen Tagebau erreicht.

*Abb. 2.25: Anschnitt eines Schwerspat-Ganges (oben) und ein schematischer Grundriss (unten) des Ganges I (Linse A) im auflässigen Tagebau oberhalb der Königsgrube am Königsberg, 3 km E Sieber (**28**).*

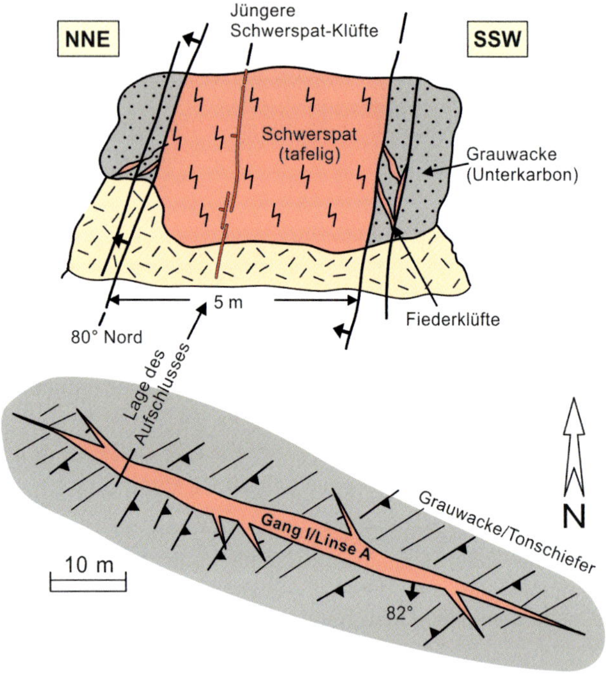

6. Eisenerz-Bergbau und Verhüttung zwischen Wieda und Zorge

In schriftlichen Quellen des Zisterzienserklosters Walkenried wird bereits für das Jahr 1249 auf bergmännische Aktivitäten in Wieda und Zorge, die unter der Aufsicht des Klosters standen, hingewiesen. Im Heimatmuseum Zorge sind Sachzeugen des Bergbaus und der Verhüttung der Eisenerze zusammengetragen.

Der Eisenerz-Bergbau konzentrierte sich auf das bergige Gelände zwischen Wieda und Zorge. Dort kündet ein Gewirr von Pingenzügen, Halden, verfallenen Stollen- und Schachtzugängen sowie Wassergräben von einem ehemals intensiven Bergbau. Stollenmundlöcher sind gegenüber dem Heimatmuseum in Zorge und oberhalb von Zorge („Carler Stollen“, 1744, mit großer planierter Halde) zu besichtigen (Abb. 2.26). Nach

*Abb. 2.26: Stollenmundloch des Eisenerzbergbaus am Fuß des Zachariaskopfs gegenüber dem Museum von Wieda (**29**).*

älteren Aktivitäten entwickelte sich seit der Mitte des 16. Jahrhunderts bis zum Ende des 19. Jahrhunderts ein florierendes Eisenerzrevier mit den beiden Verhüttungsorten Wieda und Zorge (Schautafeln). Das Besondere an diesem Erzrevier ist, dass hier sowohl schichtgebundene (stratiforme) Eisenerz-Lager, als auch die sogenannten „Felsenlager", an mineralisierte Störungen gebundene Eisenerz-Gänge, zusammen auftreten. Letztere sind den Gängen von Bad Lauterberg und Sieber ähnlich.

Die stratiformen Felsenlager bilden sehr unregelmäßig geformte, zumeist linsenförmige Erzanreicherungen innerhalb der mitteldevonischen Abfolge vulkanischer Gesteine der Ostharz-Decke. Das Eisen wurde am Meeresboden aus diesen Muttergesteinen durch heiße Wässer ausgelaugt und in unregelmäßigen Vertiefungen als Erzschlämme ausgefällt. Infolge der variszischen Tektonik wurden sie teilweise noch steil aufgerichtet, zerbrochen, gelegentlich auch etwas verfaltet, sodass sie mit steil einfallenden Erzgängen verwechselt werden können. Sie waren meist nur 0,5–1 m mächtig, konnten aber auf 4–6 m mächtige Erzlinsen anschwellen. Es sind Quarz-Hämatit-Lager mit 14–30 % Fe_2O_3 („Kieselei-

Abb. 2.27: Mundloch des Carler Stollens oberhalb von Zorge

senstein“). Die damit erzeugten Schmelzen waren sehr zäh („strengflüssig“), was unerwünschtes „kaltbrüchiges“ Eisen ergab, sodass beim Verhüttungsprozess Kalkstein zugegeben werden musste. Solche Karbonate standen glücklicherweise in den eng benachbart auftretenden Erzgängen neben derben Hämatit-Erzen (Roter Glaskopf) auch zur Verfügung.

kaltbrüchig: Aus phosphorreichen Eisenerzen erschmolzenes sprödes Roheisen.

Einige Gruben bauten sowohl Felsenlager als auch Erzgänge ab. Im Unterschied zu den Felsenlagern sind diese das Produkt der spät- bis nachvariszischen Bruchtektonik. Hier bildeten sich ebenfalls durch die Zirkulation heißer Wässer auf den weiträumigen Störungen die Eisenerz-Mineralisationen. Infolge ihres jüngeren Alters durchkreuzen die im Allgemeinen steileren Erzgänge die Felsenlager und können sie auch verwerfen. Die Erzgänge verlaufen um die NW-SE-bis E-W-Richtung und sind anhand der Abbaurinnen (Pingenzüge) bis auf 1000 m Länge bekannt. Die Störungen sind meist nur auf kleinen Flächenanteilen, manchmal aber auch auf einige hundert Meter Länge und Tiefe von plattenförmig abgesetzten Erzkörpern erfüllt, welche aber zumeist nur bis 1 m, seltener auch bis zu bis 3 m mächtig waren. Wichtig waren der Hülfe Gotteser- und der Meisterzecher-Zug (beide in NW-SE-

Abb.2.28: Kieseliges Roteisenerz von der planierten Halde des Carler Stollens.

Richtung) und der in E-W-Richtung verlaufende Mainzenberger Zug.

Wer eine Fußexkursion zu solchen Vorkommen unternehmen möchte, fahre zum nördlichen Ortsausgang von Zorge in Richtung Braunlage (Landstraße 600) und beginne die Wanderung am ehemaligen Forsthaus Staufenberg (Westseite Parkmöglichkeit) und folge dem beschilderten Wanderweg zum gemauerten Mundloch des „Carler Stollens" (**30**) (Länge: 1300 m), heute für Trinkwasser genutzt (Abb. 2.27). Auf der planierten Fläche (ehemalige Halde) sind noch Erzbrocken zu finden (Abb. 2.28). Weiter aufwärts finden sich am Südhang des Waesch-Kopfs bis zum Kaiserweg am Westhang zahlreiche Spuren des Eisenerzbergbaus, auch die trichterförmige Restpinge des Wilhelmer Hauptschachts, der 100 m Teufe erreicht hat. Den Rückweg nach Zorge kann man über den Kirchberg nach SE nehmen, wo man den Bergbau-Spuren des in NW-SE-Richtung verlaufenden Hülfe Gotteser Gangzuges und dann dem Hüttenweg weiter nach Zorge zum Endpunkt der Exkursion folgt.

Roteisenerz: Eisenerz, bestehend aus Hämatit (Fe_2O_3)

Schutthalden des variszischen Gebirges: Die Rotliegend-Becken am Süd- und Südostrand des Harzes

Die Rotliegend-Zeit kann man aus heutiger Sicht als eine nur mühsam zu entwirrende Periode des Umbruchs in der Erdgeschichte bezeichnen. Erst mit der Transgression des Zechstein-Meeres im Oberperm beginnt in unserem Raum eine lange Phase einer eher ruhigen geologischen Entwicklung, die schließlich zu dem heutigen Bild Mitteleuropas überleitet.

In unserem Exkursionsgebiet sind es vor allem zwei Gebiete mit Rotliegend-Ablagerungen, mit denen wir uns näher befassen können: das große Saale-Becken am Südostrand des Harzes und das kleinere Ilfelder Becken, zwischen Neustadt, Bad Sachsa und Nordhausen gelegen (Abb. 3.1). Hinzu kommen das Meisdorfer Rotliegend-Becken am Nordrand des Harzes und ein kleineres Rotliegend-Vorkommen am äußersten Nordwestrand des Harzes zwischen Seesen und Neuekrug.

Allerdings kommen im Harz zusätzlich eine ganze Reihe von magmatischen Gesteinsvorkommen vor, die ebenfalls aus der Rotliegend-Zeit stammen. Dazu gehören die beiden großen Granit-Intrusionen des Brockens (mit dem kleinen Oker-Granit) und des Rambergs und eine ganze Reihe von schmalen, meist NNW-SSE verlaufenden, steilstehenden Gängen unterschiedlicher Zusammensetzung, die man als „Mittelharzer Gänge“ zusammenfasst. Hinzu kommt der Auerberg-Rhyolith bei Schwenda, der als Rest eines vulkanischen Doms auf seiner alten Rotliegend-zeitlichen Landoberfläche erhalten geblieben ist, sowie die vulkanischen Vorkommen des Ravensbergs bei Bad Sachsa und der Große Knollen bei Bad Lauterberg und eine Reihe von kleineren gangförmigen Vorkommen zwischen Bad Lauterberg und Herzberg.

Das Ilfelder Becken – Ein Super-Vulkan?

Der Tag, an dem die Hölle losbrach in dem Gebiet, das man heute, ganz unspektakulär, das Ilfelder Becken nennt, begann wie immer. Die wenigen Reptilien, die sich in dieser lebensfeindlichen Umwelt behaupten konnten, erholten sich in

Abb. 3.1: Oberkarbon- und Rotliegend-Becken (in hellbraun) in der Umgebung des Harzes und die wichtigsten magmatischen Gesteinsvorkommen aus der Rotliegend-Zeit im Harz.

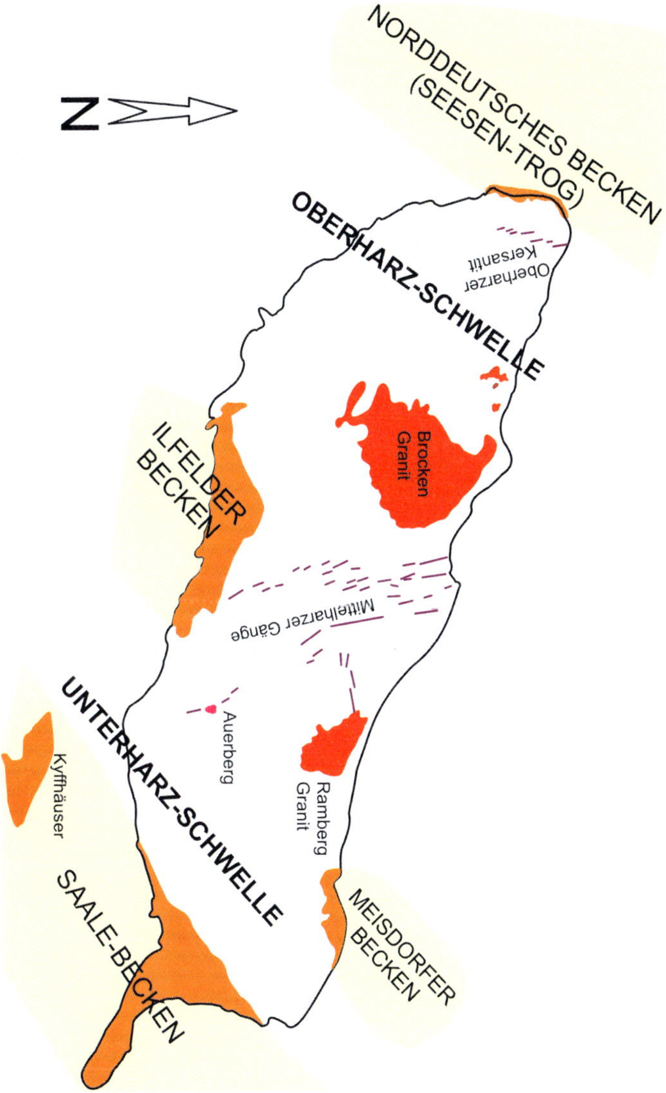

Abb. 3.2: Schematisierte Geologische Karte und Geologischer Schnitt durch das Ilfelder Becken.

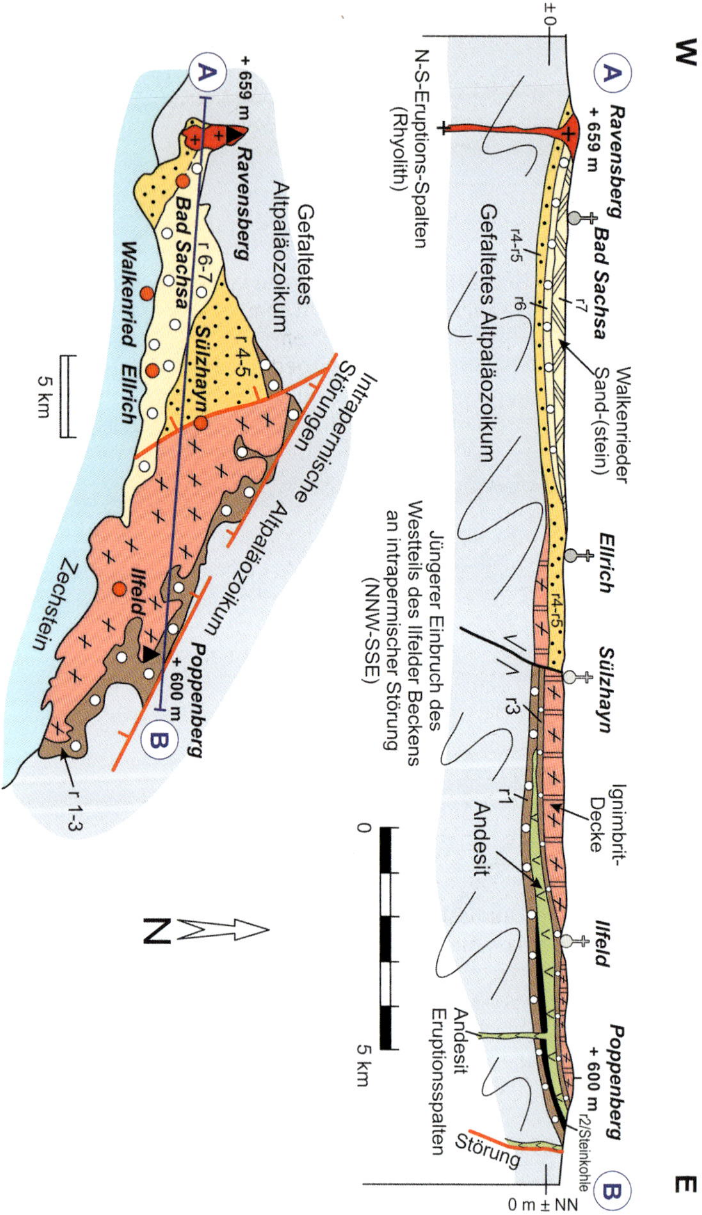

Abb. 3.3: West-Ost-Panorama des Ilfelder Becken. Vorne rechts liegt die Stadt Ilfeld, dahinter der steile Anstieg zum Poppenberg (Blick nach Norden).

der Morgensonne von der kalten Nacht. Schon bald würde die Sonne das Land unter dem Äquator wieder verbrennen. Wasser gab es nur in einigen wenigen Tümpeln in den breiten Wadis, die nur selten, wenn es in den benachbarten Bergen regnete, von heftigen Sturzfluten überschwemmt wurden. Längst vorbei waren die Zeiten, als die Umweltbedingungen noch lebensfreundlicher waren. Warmes und feuchtes Klima hatte in den Tälern des Berglandes Flüsse, Seen und Moore entstehen lassen, die von dichten Wäldern aus Schachtelhalmen, Farnen (Abb. 3.4), und Bärlappgewächsen, wie Schuppenbäume und Siegelbäume umgeben waren. So üppig war der Pflanzenwuchs, dass umgestürzte oder abgestorbene Bäume in den moorigen Tümpeln nicht mehr zersetzt werden konnten; sie wurden zu Torf und später, unter dem Druck des stetig anwachsenden Sedimentstapels, schließlich zu Kohlelagen.

Dieses Ökosystem bildete einen idealen Lebensraum für die sich explosionsartig entwickelnden Insekten. Die Evolution schuf Riesenlibellen mit Flügelspannweiten bis über 70cm. In den Flüssen und Tümpeln lebten Amphibien und Fische und die Eroberung des Landes durch Reptilien war in vollem Gange. Allmählich aber verschlechterten sich die Verhältnisse: Es wurde trockener und heißer.

Doch auch von anderer Seite begann sich Unheil anzukündigen. Die gewaltigen Verschiebungen der Erdplatten Gondwanas und Laurussias waren zwar schon seit langem zum Stillstand gekommen. Doch nur wenige Kilometer südlich, heute unter mächtigen Decksedimenten versteckt in der Goldenen Aue zwischen Harz und Kyffhäuser, lag eine der alten Nahtlinien. Die Plattenfragmente hatten sich hier bis zum später Unterkarbon übereinander geschoben und verzahnt und so die Erdkruste verdickt. In der Folgezeit, im Oberkarbon, fanden heftige Ausgleichsbewegungen, isostatische Hebungen, in anderen Bereichen Senkungen, statt. Dadurch hat sich die durch die variszische Gebirgsbildung aufgewulstete

Isostasie: Gemäß ihrer unterschiedlichen spezifischen Gewichte steigen leichtere Krustenblöcke auf, schwerere sinken ein.

Abb. 3.4: Annularia sp. *(oben), unten: Farnlaub (*Pecopteris sp.*) (Slg. TU Clausthal) (Seitenlänge ca. 12 cm)*

Abb. 3.5a: Tetrapodenfährte aus dem Rotliegenden des Lodéve, Frankreich (Slg. Brauckmann) (Seitenlänge ca. 12 cm)

Tetrapoden: Landwirbeltiere mit 4 Gliedmaßen (Amphibien, Reptilien, Vögel, Säugetiere)

Abb. 3.5b: Rest eines Branchiosauriers aus der Rotliegendzeit (Saar-Nahe Becken, Seitenlänge 10 cm).

Branchiosaurier: kleine, noch im Perm ausgestorbene Amphibien

und verdickte Erdkruste wieder ausbalanciert. Dies war auch mit starken Erdbeben verbunden. Außerdem wurden in der Erdkruste in 15–20 Kilometer Tiefe Gesteinsschmelzen generiert, die nun, getrieben von dem Auftrieb ihres geringeren spezifischen Gewichtes, als Magmen unaufhaltsam nach oben drängten.

Wahrscheinlich ohne große Vorwarnung kam es dann zu einer ersten Phase vulkanischer Eruptionen, während derer aus mehreren kleineren Eruptionszentren zunächst große Mengen dunkler blasiger Schlacken ausgespuckt wurden und sich zu kleinen kegelförmigen Vulkanen aufbauten. Später, wenn ein Großteil der sich aus der Schmelze freisetzenden Gase entwichen war, konnte der überwiegende Teil der Schmelze als Lava andesitischer Zusammensetzung ausfließen. Die dünnflüssigen Laven füllten allmählich die flachen Talböden mit einem Schwerpunkt zwischen dem heutigen Sülzhayn und Hermannsacker am Südharz aus. Dann beruhigte sich die Erde zunächst wieder. Doch es war eine trügerische Ruhe. Die vulkanische Aktivität hatte auch andere Bereiche erfasst, so z.B. den Thüringer Wald im Süden bis in den Raum von Halle, den Saar-Nahe-Trog im Südwesten oder den Flechtinger Höhenzug im Norden. Immer wieder regnete es vulkanische Aschen von weit entfernten Ausbrüchen, die das Leben in der heutigen Südharz-Region beeinträchtigten. Man findet ihre Hinterlassenschaften heute noch in den roten Decksedimenten der Andesite in Form von hellen feinkörnigen rhyolithischen Tufflagen, in denen man gelegentlich so-

Bimssteine: Hochporöse, sehr leichte Vulkanite, die bei plötzlicher Abkühlung von im Flug durch plötzliche Druckentlastung aufschäumenden Lavafetzen entstehen.

gar noch Bimsstein-Abdrücke erkennen kann. Dass sich im Untergrund etwas zusammenbraute, manifestierte sich wahrscheinlich vorher in Form von Warnsignalen, wie Austritten von heißen Quellen, hochschießenden Geysiren oder Schwefel-Aushauchungen. Möglicherweise war es das gleiche aktive Magmenreservoir, aus dem auch die Andesit-Laven gefördert worden waren, welches weiter aktiv blieb. Doch was jetzt nach oben kam, war ungleich gefährlicher. Die übrig gebliebenen Schmelzen waren nun reicher an dem Hauptbaustein SiO_4^{4-} und deshalb weitaus zähflüssiger. Gelöste Gase entmischen sich beim Aufsteigen der Schmelze durch die Druckentlastung, ähnlich wie auch Kohlendioxid-Gas beim Öffnen einer Mineralwasserflasche. Können die Gase aber aus dem zähen geschmolzenen Brei nicht einfach entweichen, so bauen sie einen enormen Innendruck auf. Irgendwann übersteigt er die Kohäsion der Schmelze und auch die Last des noch auflagernden Gesteinsdaches und dann kommt es zu einer verheerenden Explosion. Die plötzliche Druckentlastung erfasst auch andere Teile der aufgedrungenen Schmelze und stößt eine Kettenreaktion von immer heftiger werdenden Explosionen an. Riesige Mengen eines Gemisches aus zerfetzten und zerriebenen Nebengesteinsmaterials und von aufgeschäumten Lavabomben werden in Eruptionssäulen kilometerweit in die Atmosphäre geblasen. Feine Stäube der Aschen können vom Wind über Hunderte von Kilometern verdriftet werden und das Sonnenlicht zu finsterer Nacht verdunkeln.

Wenn der Gasdruck, der die Eruptionssäulen antrieb, schließlich nachlässt, dann sacken sie in sich zusammen und über 600 °C heiße, verdichtete Aschewolken rasen als pyroklastische Ströme über die Landoberflächen und zerstören alles, was sich ihnen in den Weg stellt. Gleichzeitig sinkt das Ausbruchsgebiet durch den Volumenverlust des herausgeschleuderten Materials nach unten ein und bildete eine Struktur, die wir heute als „Großcaldera“ bezeichnen.

So oder ähnlich mag sich das Geschehen im heutigen Ilfelder Becken vor etwa 290 Mio. Jahren abgespielt haben. Als die vulkanische Tätigkeit schließlich abflaute und sich die dichten Staubwolken verzogen hatten, war die alte Südharzer Landschaft ein für alle Mal und das bis heute von dem vulkanischen Ereignis gezeichnet. Solche Großausbrüche von Vulkanen hat es in der Erdgeschichte immer wieder gegeben. Zuletzt war es wohl der letzte Ausbruch der Yellowstone-Cal-

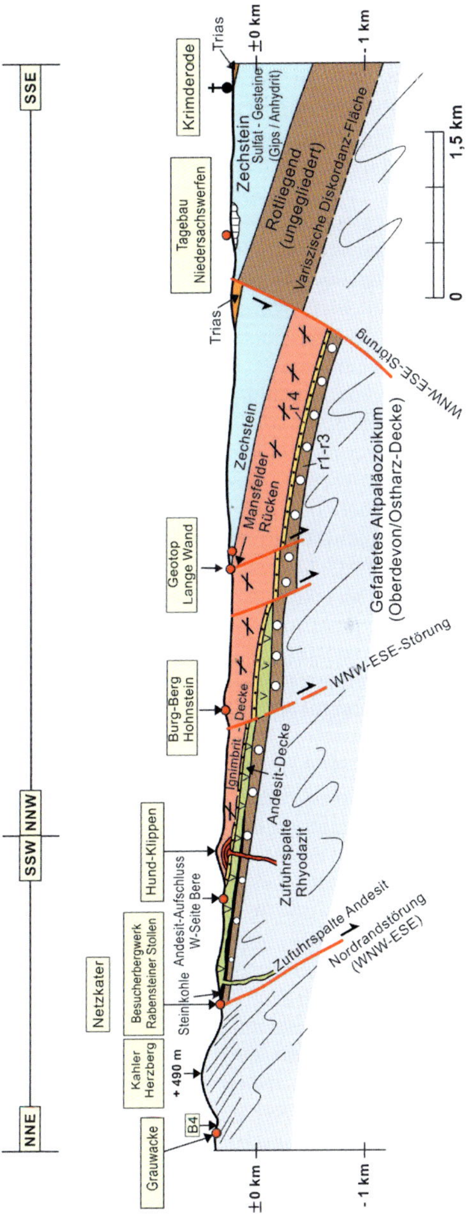

Abb. 3.6: Geologischer Nord-Süd-Schnitt durch das Ilfelder Becken zwischen Netzkater und Krimderode

dera in USA, deren Folgen vor etwa 670.000 Jahren die frühe Menschheit an den Rand der Ausrottung brachte.

Als Supervulkane bezeichnet man, wenn auch nicht genau definiert, solche Ausbruchsformen, die mehr als das 10-fache der ausgeworfenen Masse des Mount St. Helens aus dem Jahr 1980 gefördert haben. Ob der Ilfelder Vulkan tatsächlich dazu zählt, lässt sich heute nicht mehr klar belegen, denn es ist nur noch ein kleiner Teil der ausgeworfenen Produkte erhalten. So lassen sich auch nur noch wenige Aspekte des damaligen Geschehens rekonstruieren, denn die bereits nach der vulkanischen Aktivität einsetzende Abtragung hat den größten Teil der Vulkanbauten längst wieder zerstört und lässt Raum für Spekulationen.

Selbst Form und Ausdehnung des Vulkangebiets des heutigen Ilfelder Beckens sind nicht mehr genau rekonstruierbar. Die nördliche Grenze der Ignimbrit-Vorkommen ist durch eine deutliche Störungszone zwischen Neustadt und Sülzhayn markiert, die möglicherweise dem Nordrand der Rotliegend-zeitlichen Einbruchsstruktur entspricht.

Ignimbrit: Aus pyroklastischen Strömen entstandene Ablagerungen, die durch heiße Gase sekundär verschweißt werden können.

Die Abb. 3.6 zeigt einen etwa N-S-verlaufenden Schnitt durch den Schichtverlauf des Ilfelder Beckens. Die in Rot eingezeichneten Ignimbrite sind südlich von Ilfeld durch die jüngeren Ablagerungen des Zechsteins verdeckt und setzen sich aber etwa bis Niedersachswerfen fort. Diese noch erhaltenen Gesteine sollten im ursprünglichen Förderzentrum liegen. Die Verbreitung der Ignimbrite an der heutigen Oberfläche stellt jedoch nur noch einen kleinen Teil des tatsächlich ausgeworfenen Materials dar. Zudem ist der Ilfelder Vulkan nicht das einzige Eruptionszentrum im Harz, das zur Rotliegendzeit aktiv war. Die meisten vulkanischen Zeugen im Harz sind selbst aber längst der Erosion zum Opfer gefallen. Im Unterharz dürfte die heutige Lage der Hochfläche infolge der seitherigen Erosion in etwa wieder der Landoberfläche zur Rotliegendzeit entsprechen. Davon zeugen die rhyolithischen Gesteine des Auerbergs, NE von Stolberg, wo der Sockel eines größeren domförmigen Vulkans auf der damaligen Landoberfläche noch erhalten ist. Der obere Teil dieses Auerberg-Vulkanes ist erodiert. Steilstehende rhyolithische Gänge (Dykes) lassen sich sowohl NW des Domes wie auch SE davon, bei Schwenda, nachweisen und gehören sicherlich zu den Zufuhrspalten des Vulkans.

Fast am nördlichen Harzrand, bei Thale, trifft man auf ein weiteres Relikt der magmatischen Geschichte des Harzes, den großen Intrusivkomplex des Ramberg-Granits. Diese Gesteine sind nun nicht an der Erdoberfläche entstanden, sondern in einer Tiefe von etwa 5 Kilometern aus einer Schmelze erstarrt. Anders als der eher plattenförmige (lakkolithisch) ausgebildete Brockengranit im Westharz, ist der Ramberg-Pluton ein steil eintauchender und tiefreichender Körper. Aus geophysikalischen Messungen weiß man, dass er sich wie eine breite Mauer in der Tiefe in südlicher Richtung durch den gesamten Unterharz fortsetzt. Sowohl nach seinem Alter von 295 Mio. Jahren als auch nach seinen geochemischen Charakteristika weist er Ähnlichkeiten zu den Laven des auf der Landoberfläche ausgelaufenen Auerbergs und zahlreichen gangförmig auftretenden Rhyolithen auf.

Wie kann man nun diese Beobachtungen deuten? Ein genetischer Zusammenhang dieser magmatischen Erscheinungsformen, die etwa zur gleichen Zeit entstanden sind, liegt nahe. Mit etwas Vorsicht kann man dieses Gebiet als ein großes vulkanisches Zentrum verstehen, das an der heutigen Oberfläche durch die stärkere Hebung und Abtragung am Nordharz in verschiedenen Tiefenlagen schräg angeschnitten ist. Diese Besonderheit, ein „Abfallprodukt" der jungen Hebungstektonik des Harzes, ermöglicht es, zu verstehen, wie solche Systeme funktionieren.

In einer Magmakammer stauten sich die von unten hochdrängenden Schmelzen auf und verblieben zum Teil auch dort, kühlten langsam ab und erstarrten zu Granit. Ein solches Beispiel könnte der Ramberg-Granitkomplex sein.

Teile der Schmelzen stiegen aber auch an Spalten, die wir in Form der Mittelharzer Gänge noch erhalten haben, rasch Richtung Erdoberfläche auf.

Was nun an der Erdoberfläche geschah, haben wir schon gesehen, bleiben die Fragen nach der Art des Vulkans und warum er ausgerechnet hier im Ilfelder Becken ausgebrochen ist. Beides ist schwer zu beantworten, denn direkte Beobachtungen fehlen. Die weit fortgeschrittene Erosion hat vieles zerstört, zusätzlich ist der südliche Teil des Ilfelder Beckens von jüngeren Ablagerungen des Zechsteins und der Trias verdeckt. Eine rundlich-ovale Einbruchsstruktur, wie man sie an vielen der jüngeren Calderen der Erde beobachten kann, ist somit nicht mehr nachzuweisen.

Untersuchungen an Caldera-Strukturen an anderen Stellen der Erde deuten aber darauf hin, dass diese gewaltigen Vulkanformen nicht zufällig entstehen, sondern an besondere Bereiche innerhalb der Erdkruste gebunden sind, in denen starke Dehnungskräfte wirken. Die Einsenkung des Ilfelder Beckens kann grundsätzlich mit der Wirkung großregionaler Störungen und ihres Bewegungsverhaltens erklärt werden.

In Zusammenhang mit regionalen Bruchstrukturen konnten in der Kruste Zugspalten entstehen, in denen unsere zahlreichen N-S-verlaufenden Mittelharzer Gänge Platz gefunden haben. Das Ilfelder Rotliegendbecken wurde hierbei möglicherweise durch Ost-West-Dehnung eingesenkt und würde dann nach der strukturgeologischen Terminologie als sogenanntes „Pull-Apart-Becken" (Aufreiß-Becken) zu bezeichnen sein.

Geologische Wanderungen im Vulkangebiet des Ilfelder Beckens

Im Folgenden sollen hierzu Vorschläge zu Exkursionen gemacht werden, die einen Eindruck über ein solches System ermöglichen.

Die Distanzen zwischen den einzelnen Exkursionspunkten sind allerdings recht groß, sodass sie am besten mit einem Fahrzeug zu erreichen sind.

Die Basis der Rotliegend-Abfolge am Rabensteiner Stollen (31)

Das direkte Auflager von Rotliegend-Sedimentgesteinen auf oberdevonische Grauwacken der variszischen Ära – die bereits erläuterte variszische Diskordanz – ist im Ilfelder Becken nicht aufgeschlossen. Die ältesten Gesteine des Perms findet man in der Umgebung des Besucherbergwerks Rabensteiner Stollen im Bere-Tal bei Netzkater. Hier grenzen entlang einer WNW-ESE-streichenden Abschiebung die basalen Ablagerungen des Rotliegenden gegen mittel- und oberdevonische Schiefer, Grauwacken und Diabase. Im Bereich der Auffahrt zum Hotel- und Gaststättengelände Hufhaus durchschlägt auch ein heller rhyolithischer Gang – Teil der Mittelharzer Gangschar – die älteren Gesteine und verliert sich dann S der Störung im Ilfelder Becken.

Abb. 3.7: Fanglomerat aus den basalen Schichten des Rotliegenden des Ilfelder Beckens am Rabensteiner Stollen. (Lange Bildkante ca. 80 cm)

Die Rotliegend-Abfolgen bestehen hier zunächst an der Basis aus groben, chaotisch geschichteten Konglomeraten („Fanglomerate", „Fan" von engl. Fächer). Sie zeichnen sich durch graue, sehr schlecht aufbereitete Lagen von Geröllen Harzer Gesteine mit meist wenig gerundeten Körnern und sehr unterschiedlicher Größen (Abb. 3.7) aus. Solche Gesteinsbildungen sind typisch für alluviale Schuttfächer, die sich murenartig an den Ausgängen von Gebirgstälern absetzen.

Alluvial nennt man aus Schuttströmen entstandene Sedimentfächer.

Mure: Bei starken Niederschlägen oder bei plötzlichem Tauwetter in Gebirgen sich bildendender, oftmals sehr schnell fließender Schuttstrom aus Geröll und Wasser.

Dazwischen und darüber findet man Abfolgen ebenfalls grauer sandig-siltiger Ablagerungen, die zum Teil als Fluss- teils als See-Sedimente aus einem breiten Tal zu deuten sind. In diese Gesteine schalten sich schwarze, kohlige Lagen ein, die zunächst nur wenige Millimeter, dann mehrere Dezimeter mächtig werden. Sie sind Bildungen aus ehemaligen Mooren oder verlandeten Seen, in denen unter Wasser bei Sauerstoffmangel keine Zersetzung der organischen Substanzen abgestorbener Pflanzen stattfinden konnte. Sie wurden zunächst zu Torf und dann, bei zunehmender Auflast der überlagernden Gesteine und, nicht zu vergessen, durch die Wärmeeinwirkung der abkühlenden darüber geflossenen Laven,

Abb. 3.8: Abbaukammer im Rabensteiner Stollen (Foto: Besucherbergwerk Rabensteiner Stollen)

allmählich zu Steinkohlen umgewandelt. Diese Kohlen waren im 18., 19. und frühen 20. Jahrhundert immer wieder Ziel mehr oder weniger erfolgreicher Abbauversuche, deren Relikte man rund um den Poppenberg bei Ilfeld in Form von Halden und verstürzten Stollenmundlöchern finden kann. Von einer begrenzten ökonomischen Bedeutung war eines dieser Flöze, das bis zu 2 m mächtig ist. Durch die unregelmäßige Durchmischung des kohligen Materials mit Sandlagen („Aschegehalt“) und -linsen ist der Brennwert dieser Kohlen jedoch nur bescheiden. Am östlichen Talhang der Bere, beim Netzkater, befand sich die wichtigste Bergbauanlage auf die Ilfelder Kohlen. Der noch gut intakte Rabensteiner Stollen ist dort zu einem Besucherbergwerk ausgebaut worden, wo man sich unter kompetenter Führung mit weiteren Informationen zu Geologie und Bergbau versorgen kann (Abb. 3.8).

Ein Wasserlösungsstollen dieser Anlage führt unter dem Beretal hindurch nach Süden und entwässert die Grubenanlage aus einem Mundloch, das S des Ilfelder Freibads liegt. Ca. 200 m N des Viaduktes der B4 über die Harzer Schmalspurbahn, knapp W der Straße steht ein verschlossener Wetterschacht (Richterschacht) auf dem Wasserlösungsstollen.

In seiner Halde sind versteinerte Pflanzenreste aus der Rotliegendzeit und auch fossile Reste von Insekten gefunden worden. Doch Vorsicht, die Halde ist schlecht zugänglich.

Die Magmenkammer: Der Ramberg-Granit

Sowohl nach ihrer Zusammensetzung als auch nach Altersdatierungen sind die Ignimbrite des Ilfelder Beckens denen des Ramberg-Granits geochemisch ähnlich. Daher liegt es nahe, diesen als Magmenherd in der Tiefe anzusehen, von dem auch die Eruptionen im Ilfelder Becken ausgegangen sein könnten. In der unmittelbaren Umgebung unseres Exkursionsgebiets sind diese Granite nicht aufgeschlossen; sie liegen 20 Kilometer nordöstlich, dort wo tiefere Bereiche der Erdkruste durch die Harzaufkippung aufgeschlossen sind. Wer sie besuchen will, muss also an den Nordrand des Harzes. Im Bode-Tal bei Thale gibt es viele sehenswerte Aufschlüsse, in denen der Ramberg-Granit ausstreicht. Für nähere Angaben sei auf den Wanderführer von Meyenburg (2017) verwiesen.

Die Aufstiegskanäle der Rotliegend-Vulkane: Die Mittelharzer Gänge

Zwischen dem Magmenreservoir in der Tiefe und den vulkanischen Eruptionszentren an der damaligen Erdoberfläche muss es Aufstiegskanäle gegeben haben, in denen die Schmelzen noch oben vordringen konnten. Hierzu bieten sich die bereits erwähnten Mittelharzer Gänge an.

Ebenso wie es an der Oberfläche unterschiedliche Lavatypen, von rhyolitischer bis rhyodazitischer und andesitischer Zusammensetzungen gibt, treten auch zwei unterschiedlich zusammengesetzte Gangfüllungen auf.

Im zweiten Kapitel wurde bereits ein markanter Rhyolith-Gang in Trautenstein beschrieben. Er steht beispielhaft für die graue Variante dieser Gänge. Auch hier sei für nähere Informationen auf Meyenburg (2017) verwiesen.

Abb.3.9: Panorama des Auerbergs von Schwenda aus. (Blick nach N)

Der Rest eines Rhyolith-Doms auf der alten Landoberfläche: Der Große Auerberg (32)

Fast alle Vulkane, die vermutlich auf der ehemaligen Landoberfläche zur Rotliegendzeit tätig waren, sind mittlerweile der Erosion zum Opfer gefallen. Nur einer ist im Unterharz noch in Resten vorhanden: der Große Auerberg bei Schwenda. Markant ragt er über die Unterharzer Hochfläche hinaus (Abb. 3.9). Schon von Ferne ist er leicht zu erkennen durch das 38 m hohe Josephskreuz, eine Stahlkonstruktion in Form eines Doppelkreuzes, das im 19. Jahrhundert auf der Josephshöhe errichtet wurde.

Zum Auerberg gelangt man am besten mit dem Auto von Stolberg aus nach Norden auf der L236 oder auf der gleichen Landstraße von Schwenda aus. Zum Aufstieg gibt es zwei Varianten. Zum einen vom Feriendorf Forsthaus Auerberg an der Gabelung der L235 mit der L236. Von dort aus kann man den ausgeschilderten Fußwegen zum Josephskreuz folgen. Zum anderen kann man wenige hundert Meter weiter am Harzhotel im Schindelbruch parken. Der Abzweig von der L236 ist ausgeschildert. Direkt S des Hotelparkplatzes findet man einen kleinen Geologischen Lehrpfad mit großen Gesteinsbrocken von typischen Harzgesteinen. Über einen gut ausgeschilderten Wanderweg kann man zum Gipfel des Großen Auerbergs aufsteigen und von dort aus zum Josephskreuz gelangen.

Leider sind am Auerberg gute Aufschlüsse eher spärlich. Kleinere alte Steinbrüche sind meist überschüttet und zugewachsen oder nur schwer zu erreichen. Auf dem Weg zur Josephshöhe findet man allerdings immer wieder Lesesteine, die einen guten Eindruck der anstehenden Gesteine vermitteln. Ein kostenpflichtiger Aufstieg zur Plattform des Josephskreuzes (Abb. 3.10) (**32**) ist bei gutem Wetter sehr empfeh-

Abb. 3.10: Das Josephskreuz auf dem Gipfel des Auerbergs.

lenswert, da man von hier aus eine wunderbare Aussicht über dem Südharz und sein Vorland hat.

Der Auerberg ist ein heute weitgehend von seinen pyroklastischen Hüllgesteinen freigelegter Rhyolith-Dom mit einer rundlich-ovalen, NNW-SSE gestreckten Form, der aus zwei petrographisch etwas unterschiedlichen Lavatypen aufgebaut wird. Zusätzlich werden beide Varietäten noch von jüngeren rhyolithischen Gängen durchschlagen. Petrographisch handelt es sich um porphyrische Alkali-Rhyolithe, die als Einsprenglinge in einer dichten hellen Grundmasse Alkalifeldspat und (Hoch-) Quarze führen (Abb. 3.11). Sie un-

Abb. 3.11: Angeschnittenes Handstück eines Auerberg-Rhyoliths (Foto: H. Knappe)

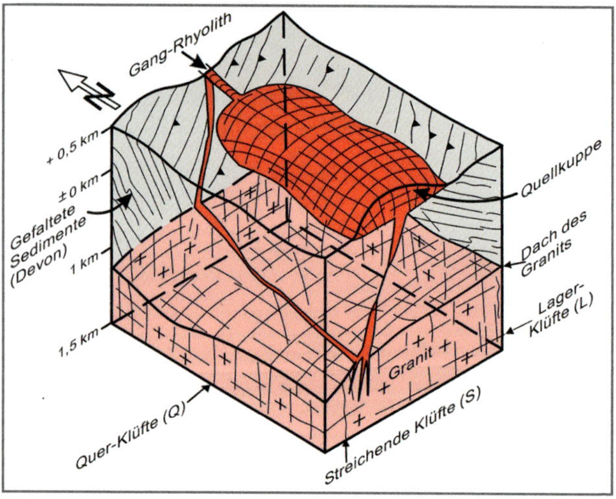

Abb.3.12: Schematische Blockdarstellung des Auerberger Rhyoliths als Quellkuppe

terscheiden sich lediglich durch Größe und Anteile der Einsprenglinge. Nach seiner geochemischen Zusammensetzung sind die drei Varietäten sehr ähnlich, unterscheiden sich aber vom Ramberg-Granit und den Vulkaniten des Ilfelder Beckens. Bereichsweise sind die Gesteine intensiv hydrothermal alteriert mit Neubildungen von Turmalin.

Generell kann man den Auerberg-Rhyolith als Quellkuppe, einer Art von vulkanischen Domen, deuten (Abb. 3.12). Diese entstehen, wenn zähflüssige Laven an die Erdoberfläche

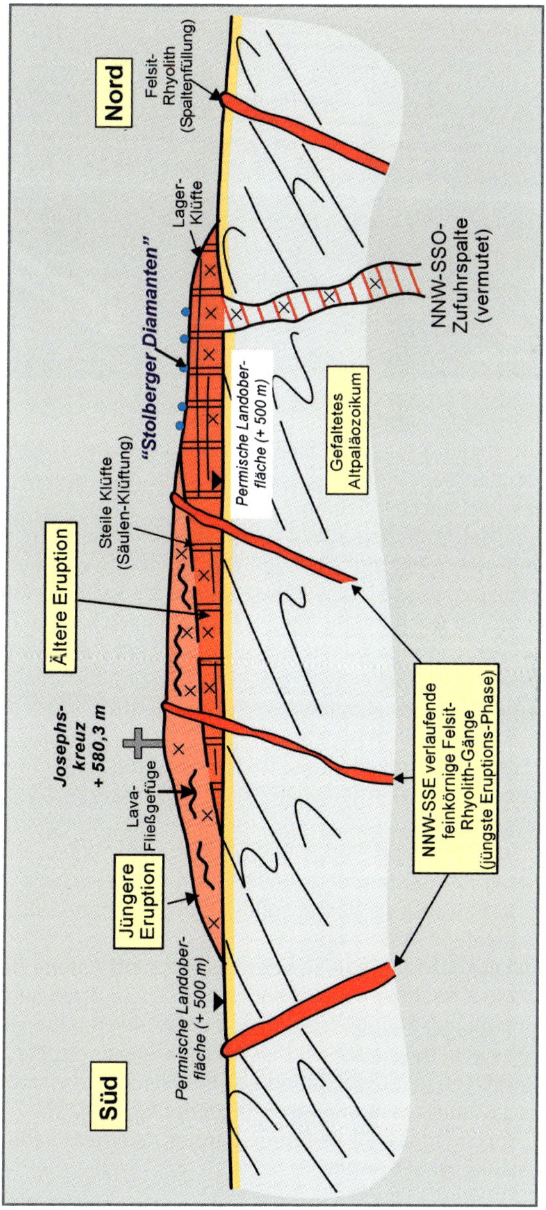

Abb.3.13: Querprofil durch die Rhyolithkuppe des Auerbergs bei Schwenda

*Abb. 3.14: Aufgelassener Steinbruch in Auerberger Rhyolith mit einer mittelsteil nach E (rechts) einfallenden Gangspalte an der Harzschützenstraße, N des Auerbergs (**33**).*

Hochquarz: Quarz-Modifikation, die oberhalb von 573 °C aus trigonal kristallisierendem (Tief-) Quarz hervorgeht.

Phänokristalle: In einem vulkanischen Gestein gegenüber einer dichten Grundmasse deutlich größere Kristalle (Frühkristallisate, Einsprenglinge).

aufdringen, kaum noch fließfähig sind und in noch wenig verfestigten Deckschichten, eventuell sogar ihren eigenen Pyroklastiten stecken bleiben.

In den spärlichen Aufschlüssen kann man anhand von Säulenklüftung und Fließgefügen in der Lava aber doch schließen, dass die Rhyolithe zumindest zum Teil keine symmetrische Domstruktur bilden, sondern nach SSE auf der damaligen Landoberfläche ausgeflossen sind (Abb. 3.13). Solche asymmetrischen vulkanischen Spezialformen von Domen nennt man auch „Coulees“.

Sowohl südlich als auch nördlich des Auerbergs kommen steilstehende rhyolithische Gänge vor (Abb. 3.14), die augenscheinlich zu den jüngsten Phasen des Auerberg-Vulkanismus gehören.

Folgt man dem Pfad, der auf der Ostseite der Josephshöhe wieder nach unten führt, findet man mit etwas Glück in dem Verwitterungsgrus des Rhyoliths die bekannten „Stolberger Diamanten“ (Abb. 3.15).

Dabei handelt es sich um ideal auskristallisierte hexagonale Hochquarz-Kristalle, die sich als Frühkristallisate (Einsprenglinge, Phänokristalle) in der Lava des Auerberger Rhyoliths gebildet hatten und als Verwitterungsprodukte an der Oberfläche herauspräpariert wurden. Sie können im Idealfall bis 13 Millimeter groß und perfekt erhalten sein.

Verschiedene Pfade führen um den Auerberg herum zum Ausgangspunkt zurück.

Panoramablick von der Burg Hohnstein nach Süd auf Neustadt und den im Hintergrund aufragenden Zechstein.

Abb. 3.15: „Stolberger Diamant". Hochquarz-Kristall (Dihexaeder) als Verwitterungsrest des Auerberger Rhyoliths. Originalgröße ca. 3 mm Längsdurchmesser

Sowohl das Forsthaus Auerberg als auch die Hotelanlage im Schindelbruch am Fuße des Auerbergs sind auf einer heute leicht anmoorigen Hochfläche angelegt, die gleichzeitig auch die Basisfläche des Auerberg-Vulkans bildete. Die heutige Erosion im Harz hat also hier wieder am Fuße des Auerbergs die ehemalige Landoberfläche der Rotliegend-Zeit erreicht.

Andesit: dunkelgefärbtes vulkanisches Gestein mit mittleren Gehalten an SiO_2

Andesitische Laven am Westhang des Bere-Tals

An vielen Lokalitäten, vor allem zwischen Ilfeld und Neustadt entlang des Fußes des Poppenbergs, kann man in den steilen Hängen Aufschlüsse der andesitischen Laven des Ilfelder Beckens studieren. Gut zu erreichen sind diese Gestei-

Abb. 3.16: Feinkörnige dunkelgraue Andesite. Die flache Lagerung ist gut an der parallelen Abkühlungsklüftung zu erkennen. Pfad am Westhang des Beretals, zwischen Waldbad Ilfeld und Richterschacht (Blick nach West). Lage des Aufschlusses siehe Abb. 3. 6.

ne vor allem im Bere-Tal, zwischen dem Waldbad von Ilfeld und Netzkater, wo diese Gesteine an beiden Talhängen aufgeschlossen sind.

Vom Parkplatz am Waldbad (**34**) kann man zunächst einem Weg in das Tal nach W folgen und dabei die Strecke der Harzquerbahn überqueren. Dann quert man das Tal nach N und folgt einem Pfad auf der Westseite der Bere. Hier sind die Gesteine der bis 90–100 m mächtigen Andesitlage nahezu durchgängig aufgeschlossen (Abb. 3.16).

Es handelt sich um einen flach lagernden Vulkanit-Strom, der aus mindestens drei Lavadecken besteht. Darin kommen überwiegend feinkörnige grüngraue, sehr fein geklüftete harte Gesteine vor, die im frischen Anschlag mit der Lupe hellgraue Kristalle (Plagioklase) und grünlich verfärbte dunkel Minerale (chloritisierte Hornblenden) erkennen lassen. Flach mit 15° nach SE einfallende Absonderungsflächen zeigen die Lagerung des Lavastroms an. Kurz bevor der Pfad die Brücke der B4 über die Bere erreicht, stehen auch blasige Varianten des Andesits, zum Teil mit Quarz- oder Achatfüllungen an. In dieser Zone kommen auch Pyroklastite verschiedener Typen vor. Sammeltätigkeit ist an dem steilen Hang unbedingt zu unterlassen. Das kleine Plateau, an dem der Pfad endet, liegt auf der Halde des Richter-Schachts, der zum Bergwerk des Rabensteiner Stollens gehört (**35**).

Der Bornberg bei Osterode/Südharz: Ein vulkanischer Dom (36)

Hier ist in einem auflässigen Steinbruch die Flanke einer rhyodazitischen Quellkuppe aufgeschlossen. Das Fließgefüge wird durch charakteristische, nach rechts (SE) zu abtauchende geschwungen verlaufende Kluftflächen nachgezeichnet. Die zugehörigen Laven sind an steilen Spaltenzügen aufgestiegen und im Basisbereich der sich etwa gleichzeitig bildenden Ignimbrit-Decke pilzförmig eingedrungen (Abb. 3.17). Den Aufschluss erreicht man, indem man von der Hauptstraße, von Ilfeld kommend, etwa in der Mitte des Orts scharf nach links in den „Bornrasen“ abbiegt. Nach etwa 300 m erreicht man auf der rechten Seite den Eingang zu dem kleinen Steinbruch.

Dom: Vulkanische Erscheinungsform, in der sehr zähflüssige Laven nicht weit fließen, bereits im Nebengestein stecken bleiben können und kuppelförmige Vulkanbauten bilden.

Abb. 3.17: Wand des auflässigen Steinbruchs am Bornberg in Osterode/Neustadt im Südharz (Blick nach E). Die gewölbten Flächen folgen dem Fließgefüge und zeigen das Abtauchen des südlichen Randes einer (rhyodazitischen) Quellkuppe an. Senkrecht dazu ist eine Abkühlungssäulung zu erkennen.

Burgruine Hohnstein: Eine Felsenburg in Ilfelder Ignimbrit bei Neustadt (37)

Vor dem Aufstieg zur Burgruine kann man sich über die rötlichen Naturbausteine aus dem Rotliegenden an der Kirche im Zentrum von Neustadt und am Stadttor einen Eindruck verschaffen und daneben den „Roland", das Symbol der städtischen Gerichtsbarkeit, besichtigen.

Die malerische Burgruine Hohnstein, auf einer Bergkuppe 0,5 km N der Stadt gelegen, wurde erstmalig im Jahr 927 erwähnt. Sie ist zum Teil in die anstehenden Ignimbritfelsen hineingebaut, zum Teil aus dessen Bausteinen errichtet (Abb. 3.18). Die Felspartien im Bereich des Eingangstors bis zur heutigen Gaststätte schließen einen ca. 8 m mächtigen Teil eines flach nach S einfallenden verschweißten pyroklastischen Stroms auf. Dieser wird im oberen Teil der Burg von einem ca. 4–5 m mächtigen, flach nach Ost einfallenden Strom überlagert.

Ignimbrit, auch „Schmelztuff" genannt, ist ein Ausdruck, der heute nicht mehr gern verwendet wird. Es handelt sich dabei um Pyroklastite, die aus bis zu 1000 °C heißen Aschenströmen abgesetzt wurden. Durch ihre hohe Temperatur können ihre Komponenten, Glasstaub, Bimssteinfragmente, Kristalle, Nebengesteinsfragmente, miteinander verschweißt werden, sodass sie echten Laven zum Verwechseln ähnlich sehen. Im Ilfelder Ignimbrit kommen beide Gesteinstypen,

Abb. 3.18: Eingangsbereich (Südseite) der Burgruine Hohnstein nördlich von Neustadt/Südharz. Die Burg steht auf ignimbritischen Gesteinen aus der Rotliegend-Zeit. Sie weisen eine fast vertikal stehende Abkühlungssäulung und zusätzlich lagerungsparallele Klüfte auf, die hier flach nach SE einfallen. Anhand dieser Klüfte rund um den gut aufgeschlossenen Innenhof der Burgruine kann man erkennen, dass es sich bei der Bergkuppe, auf der die Ruine steht, ebenfalls um eine rundliche Dom-Struktur handelt.

sowohl Aschenströme als auch kleinere kuppelförmig aufgewölbte Laven (A 33, Bornberg) vor, die als Schmelzen in die Ignimbrite eingedrungen und dann abgekühlt sind. Ihre Zusammensetzung ist rhyodazitisch.

Das Felsentor bei Neustadt (38)

Einen besonders sehenswerten Aufschluss in Ignimbriten des Ilfelder Beckens findet man am NE-Rand von Neustadt, ca. 300 m NE des Grillplatzes Zapfkuhle. Hier liegt der schmale Durchgang des Felsentors an dem ehemaligen Postweg von Neustadt nach Bennekenstein (Abb. 3.19).

Hier sind Felsrippen aus der flach lagernden Ignimbritdecke des östlichen Ilfelder Beckens aufgeschlossen. Die flache Lagerung ist durch die steilstehende Säulenklüftung mit 75° nach NE und die flachliegenden Fließstrukturen und Blasenzüge mit 15° nach SW erkennbar. Zonen von Kristall-Anreicherungen mit erkennbarer Gradierung der Korngrößen und unterschiedliche Verschweißungsgrade der Ignimbrite belegen die Ablagerung von mehreren pyroklastischen Strömen. Im Dünnschliff sind durch die starke Rekristallisation die für Ignimbrite typischen Flammen-Strukturen jedoch nur noch undeutlich nachweisbar.

Durch die Verschneidung von mehreren steil einfallenden Kluftscharen entsteht auch in flach lagernden Ignimbritde-

Abb. 3.19: Felsentor in Neustadt. Steil stehende säulenförmig absondernde Kluftkörper in der flachgelagerten Ignimbrit-Decke des Ilfeld-Beckens.

cken, wie auch in anderen vulkanogenen Gesteinen („Basaltsäulen“) durch thermische Spannungen beim Abkühlen eine säulenartige Klüftung, welche senkrecht zu den Fließgefügen steht.

Die im Aschestrom einer relativ niedrig temperierten Glutwolke (‹500–600 °C) entstandenen ignimbritischen Gefüge (ignis lat. Feuer), weisen geringere Verschweißungsgrade der Bimslapilli und der plastisch deformierten Glasscherben auf als Quarz- und Feldspatkristalle, die in einem schmelzflüssigen Lavastrom mit der Grundmasse stärker verbunden sind. Die am Felsentor aufgeschlossenen Ignimbrite haben sich aus rasch aufeinander folgenden Einzelströmen (‚Fließeinheiten’) abgesetzt oder haben sich aus periodisch ausgestoßenen „Feuerregen“ von zerstäubten Lavafetzen zu Abkühlungseinheiten sedimentiert, welche erst am Boden verschweißt wurden. Dies führte zur lagenförmigen Anordnung der Partikel und auch zur flachen Bankung, aber auch bei der Abkühlung zur steilen Säulenbildung der Ignimbrite. Es entstehen wegen dieser markanten Klüftung häufig bizarre Felsformen. Die Mächtigkeit der Ignimbritdecke von Ilfeld mit den eingedrungenen Rhyodazit-Domen erreicht über 300 m.

Bereits 200 m vom Felsentor nach NE trifft man am Wegrand auf kleine Halden und Schürfe als Reste von Abbauversuchen im Neustädter Kohlerevier. Hier hat man schon die Basis der Rotliegend-Abfolgen erreicht.

Die „Lange Wand" und das Kupferschiefer-Schaubergwerk bei Ilfeld (39)

Die Ignimbrite des östlichen Ilfelder Beckens sind schwach mit 10–15° nach SSW geneigt. Sie werden daher nach Süden allmählich in einzelnen Erosionsresten, dann gänzlich von den jüngeren Ablagerungen des Zechsteins überlagert. Dies geschieht hier kontinuierlich, ohne dass ein merklicher Lagerungsunterschied zwischen beiden Gesteinseinheiten erkennbar wäre – ein Zeichen dafür, dass sich hier im höheren Perm keine größeren Krustenverschiebungen mit Schichtverstellungen mehr abgespielt haben.

Ein besonders bemerkenswerter Aufschluss, der diese Situation in idealer Weise zeigt, kann am südlichen Ortsausgang von Ilfeld besucht werden. Hier ist an einem Prallhang der Bere auf natürliche Weise eine mehr als hundert Meter lange Aufschlusswand entstanden, die als „Lange Wand" in die geologische Fachliteratur eingegangen ist (Abb. 3.20). Neben der geologischen Situation über Tage kann man hier ein ehemaliges Kupferschiefer-Bergwerk besichtigen.

Man erreicht die Lange Wand, indem man von der B4 aus am südlichen Ortseingang von Ilfeld am Bahnhaltepunkt Schreiberwiese nach SE den Hinweisschildern zum Schaubergwerk folgt. Nach 0,8 km findet man Parkmöglichkeiten und einen Fußweg über eine Brücke der Bere zum Stollenmundloch.

Der Exkursionspunkt am Steilhang der Bere (Lange Wand) befindet sich etwa 200 m südlich des Besucherbergwerks. Dort ist die Ignimbritdecke des Ilfelder Beckens, überlagert vom basalen Zechstein bis zum Werra-Karbonat, aufgeschlossen. Die Grenzfläche zwischen Rotliegendem und Zechstein repräsentiert eine durch Erosion während des Rotliegenden bedingte Zeitlücke von ca. 35–40 Mio. Jahren. Zwischen dem Kupferschiefer und dem Ilfelder Ignimbrit liegt, etwas variierend in seiner Mächtigkeit ein bis zu 1 m mächtiges Konglomerat, das lokalen Detritus aus dem unterlagernden Rotliegenden und dem Altpaläozoikum führt. Dieser Aufarbei-

Abb. 3.20: Aufschluss „Lange Wand" am Prallhang der Bere, S von Ilfeld. Das Profil beginnt im Niveau der Bere mit der rötlich-violett gefärbten, vergrusten und kaolinisierten Ignimbritdecke des Ilfelder Beckens. Der Grenzbereich zum auflagernden basalen Zechstein (Konglomerat, Kupferschiefer und Zechstein-Kalk) ist durch das vom Kupferschiefer ausgehende reduzierende Milieu gebleicht. Darüber sind noch 6–7 m des gelblich verwitternden Zechsteinkalks aufgeschlossen.

tungshorizont der Transgression des Zechstein-Meeres oder sogar schon aus der Rotliegend-Zeit gleicht kleine Unebenheiten der oberpermischen Landoberfläche aus und wird traditionell als „Zechstein-Konglomerat" bezeichnet. Er wird vom marinen Schwarzschiefer des „Kupferschiefers" überlagert, der über mehr als 800 Jahre Gegenstand des Mansfelder Kupferbergbaus am südlichen Harzrand war. Die flachmarinen Kalksteine des Werra-Karbonats (Zechsteinkalk) bilden den oberen Teil der Felswand (6–7 m).

Transgression: Vordringen des Meeres auf festländische Bereiche

Im vorderen (nördlichen) Bereich der Aufschlusswand sind sowohl im Kupferschiefer als auch im Zechsteinkalk synsedimentär-frühdiagenetisch durch submarines Gleiten entstandene, aufrechte bis nach SW-geneigte Gleitfalten entstanden (Abb. 3.21, 3.22). Daraus entwickelten sich Gleitflächen, die den Kupferschiefer um einige Dezimeter versetzen, im auflagernden Zechsteinkalk jedoch als Schichtverbiegung ausklingen. Die Kluftflächen wurden später teilweise mit hydrothermalem Baryt ausgekleidet.

In dem Besucherbergwerk an der Langen Wand (Abb. 3.23) wurden das flach nach W einfallende, ca. 0,3–0,5 m mächtige Kupferschieferflöz sowie störungsgebundene, steil NNE und SSW einfallende „Rückenvererzungen" von Nickel- und Ko-

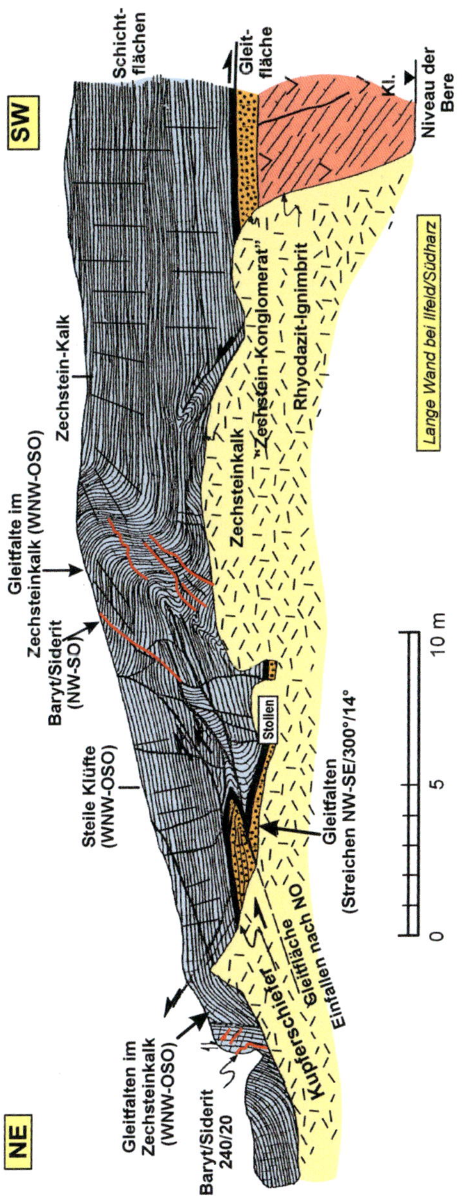

Abb. 3.21: Geologische Skizze zur Erläuterung der Abbildung der Langen Wand (Abb. 3.20)

Abb. 3.22: Gleitfalten (Slump fold), eingerahmt von Gleitflächen im Bereich des Kupferschiefers. Nordbereich der Langen Wand bei Ilfeld

baltmineralen, sowie Schwerspat ($BaSO_4$) abgebaut. Als Rückenvererzungen bezeichnet man hydrothermal mineralisierte Störungen (Abschiebungen), welche fein verteilt Ni-Co-Erze führen. Untertage ist ein Profil des basalen Zechsteins mit dem basalen Konglomerat, Kupferschiefer und Werra-Karbonat aufgeschlossen. Das Alter der Barytmineralisation konnte am benachbarten Kyffhäuser mit ca. 100 Mio. Jahren (Beginn Oberkreide) zeitlich festgelegt werden

Das Stollensystem wurde ab 1982 schrittweise für die Öffentlichkeit zugänglich gemacht und schließt das Kupferschieferflöz in einem rechtwinklig angelegten Streckennetz auf (streichende und fallende Strecken), von welchen aus die Abbaukammern („Strebe“) vorgetrieben wurden. Modifiziert wird die Grube durch kleine Abbauversuche auf die steil nach NNE und SSW einfallenden „Rückenvererzungen“.

Neben dem Kernbereich der Kupferschiefervorkommen in der Mansfelder- und Sangerhäuser Mulde ziehen sich zahlreiche kleinere Abbaureviere entlang des Harzrandes bis in den Bereich von Ilfeld und darüber hinaus über den ganzen Südharz-Rand bis Neuekrug, nördlich Seesen. Nur das Hochgebiet der Eichsfeldschwelle führt keinen Kupferschiefer.

Abb. 3.23: Stollenmundloch des Besucherbergwerks Lange Wand am Osthang der Bere bei Ilfeld/Südharz. Das Mundloch steht in der Ignimbrit-Decke des Unterrotliegend, überlagert von einer Lage des basalen Aufarbeitungshorizonts („Zechstein-Konglomerat“), dem Kupferschiefer (beide überrollt von Schutt) und der Steilwand des Zechstein-Karbonats (Werra-Dolomit).

Erste Abbauversuche sind an der Langen Wand seit dem 16. Jahrhundert überliefert, längere Abbauperioden waren von 1698 bis 1760 und von 1846–1860.

Mangan-Vererzungen am Braunsteinhaus im Leimbach-Tal, NW von Ilfeld (40)

Das Manganerzrevier um das Braunsteinhaus erreicht man über die L 1073 von Ilfeld in Richtung Appenrode. 2,0 km W von Ilfeld führt an einer Straßenkehre ein befestigter Fahrweg nach NW zum Braunsteinhaus (Parkplatz).

300 m vor Erreichen dieses ehemaligen Zechenhauses finden sich am rechten Berghang Halden, Schürfe und verschlossene Stollenmundlöcher als Relikte des Abbaus auf Eisen-Mangan-Erze (Abb. 3.24).

Haldenproben zeigen, dass die Mineralisation in aufgelockerten Kluftzonen oder in von Eisen-Mangan-Oxiden ummantelten Gesteinsbrekzien anzutreffen ist. Eisen- und Mangan-Oxide sind durch jüngeren Quarz, Karbonate und Baryt verheilt. Die eckig-brekziösen Gangtexturen deuten auf hydraulisches Zerreißen der Nebengesteine und damit auf ehemals hohe Fluiddrücke im Umfeld von heißen Thermen hin,

Abb. 3.24: Stollenmundloch und verstürzte Abbaurinne im nördlichen der beiden NW-SE streichenden Eisen-Manganerz-Gänge unterhalb des Braunsteinhauses. Blick nach SE.

Abb. 3.25: Gängchen mit einer Füllung von Calcit (weiß) und Mangan-Mineralen (dunkel) am Kontakt zum Nebengestein am Pfad entlang des Westhangs des Beretals.

Abb. 3.26: Manganit-Kristalle ($MnO(OH)$) aus den Abbauen am Braunsteinhaus bei Ilfeld (Seitenlänge ca. 10 cm).

deren Energie offenbar noch durch vulkanische Restwärme bereitgestellt wurde. Die Hämatit-Mangan-Oxidvererzung ist permischen Alters, da sie sich im Unterschied zur jüngeren kretazischen Baryt-Mineralisation nicht in die Klüfte und Störungen des auflagernden Deckgebirges (Zechstein) hinein fortsetzt. Sie ist durch hydrothermale Laugung der Nebengesteine durch die heißen spätvulkanischen Fluide mobilisiert und in einem komplizierten Netz von Klüften, Störungen und Brekzienzonen abgeschieden worden.

Der Bergbau auf Eisenerze begann am Mönchsberg unmittelbar westlich des ehemaligen Braunstein-Zechenhauses im Jahre 1535. Im 18. Jahrhundert folgte der Abbau von Mn-Erzen („Braunerz“) für die Fertigung von braunen und schwarzen Glasuren. Der Bergbau wurde 1922 eingestellt.

Am Braunsteinhaus (Schautafel am Braunsteinhaus) beginnt ein sehenswerter ca. 2 km langer Lehrpfad durch das Pingenfeld des ehemaligen Bergbaureviers.

Kleine Versuchsabbaue und Schürfe auf Eisen-Mangan-Mineralisationen erstrecken sich über eine Entfernung von mehr als 2 km nach Osten und treten auch noch in den Andesiten am Westhang des Beretals (s. o.) auf (Abb. 3.25).

Abb. 3.27: Ausschnitt aus der Aufschlusswand am Cleysingsberg zwischen Werna und Ellrich. An der Basis des Profils stehen deutlich schräggeschichtete, hell gebleichte Sandsteine des obersten Rotliegend (Walkenrieder Sand) an. Darüber folgen graue und braune Konglomeratbänke, die man früher als „Zechsteinkonglomerat" bezeichnet hat. Als deutliche schwarze Lage folgt im Hangenden davon der Kupferschiefer, der schließlich von Zechsteinkalk der Werraserie überlagert wird.

Alter Sandabbau am Cleysingsberg zwischen Ellrich und Werna (41)

Das Ilfelder Becken entwickelte sich im Laufe der Rotliegendzeit asymmetrisch weiter. Während seine ältesten Sedimente im Ostteil um Ilfeld abgelagert wurden, verlagerte sich der Sedimentationsraum allmählich nach Westen. Daher findet man die jüngsten Bildungen des Beckens im Raum zwischen Bad Sachsa und Ellrich.

Der früher weit sichtbare Anschnitt der ehemaligen Sandgrube am Cleysingsberg südlich der L 2073 zwischen Ellrich und Werna ist einer der besten Aufschlüsse aus dieser Zeit. In ihm sind Walkenrieder Sand (Walkenried-Formation, Oberrotliegendes), Basis-Konglomerat, Kupferschiefer und lokal der Werra-Dolomit (Zechstein-Kalk) aufgeschlossen (Abb. 3.27, 3.28).

Die Walkenried-Formation bildet im Westteil des Ilfelder Beckens eine bis zu 150 m mächtige, gering verfestigte, fossilfreie, mittel- bis feinkörnige und gut sortierte Quarz-Sandstein-Folge. Zum Rand des Beckens schalten sich darin Fanglomerate ein, welche als randlich eingetragene Schwemmfächer gedeutet werden. Charakteristisch ist die großbogige Schrägschichtung der Sande. Ungeklärt ist, ob es sich um Dünenbildungen oder um fluviatile Sande han-

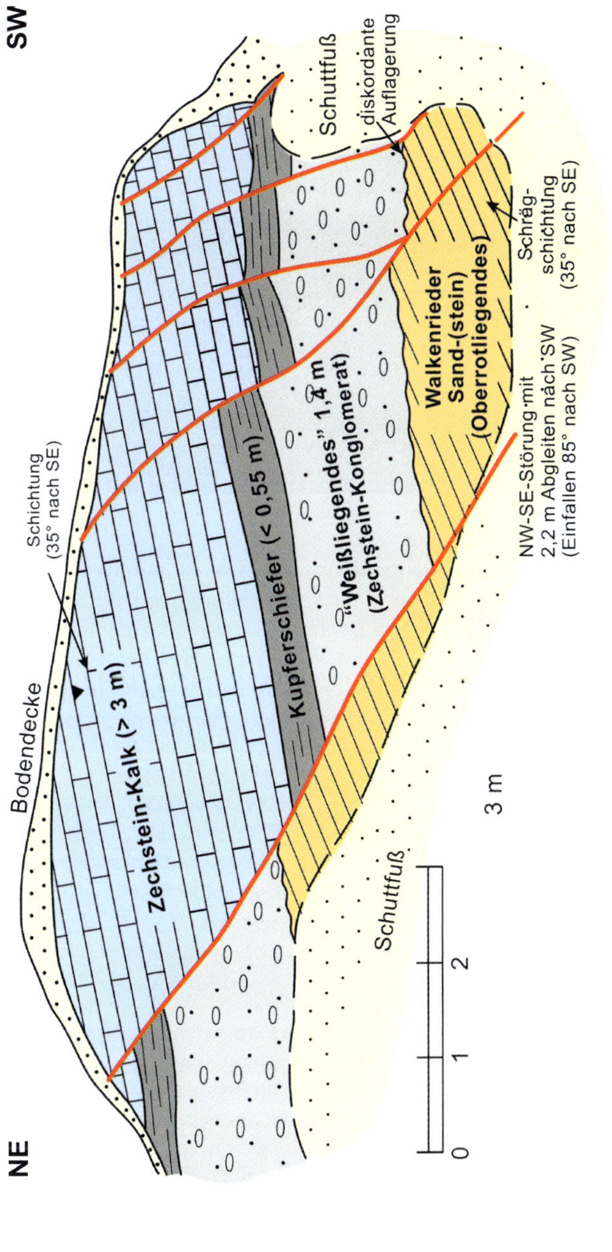

Abb. 3.28: Geologisches Detailprofil eines Ausschnittes der Abbauwand am Cleysingsberg (vgl. Abb. 3. 27)

Abb. 3.29: Bachanschnitt der Wieda unmittelbar E des Zisterzienser-Klosters Walkenried mit Walkenrieder Sand und darüber als schwarzes Band erkennbar der Kupferschiefer. Blick nach Ost.

delt. Im Hangenden der Walkenried-Formation folgt nach einer Schichtlücke und einer schwachen Erosionsdiskordanz die Zechsteintransgression mit dem basalen Aufarbeitungshorizont des Zechstein-Konglomerats, dem Kupferschiefer (0,3 m) und Zechstein-Kalk (2,0 m erhalten). Rotliegendes und Zechstein wurden infolge der jungmesozoischen Hebung des Harzblocks gemeinsam um ca. 20° nach S eingekippt und an kleinen NW-SE-Störungen geringfügig versetzt.

Einen weiteren guten Aufschluss, der diesen Ausschnitt der Zechstein-Basis auf Walkenrieder Sand zeigt, findet man unmittelbar östlich des Geländes des Zisterzienser-Klosters Walkenried im Bachbett der Wieda (Abb. 3.29) (**42**)

Rhyolith-Dome zwischen Bad Lauterberg und Bad Sachsa: Ravensberg und Großer Knollen

Im Westteil des Ilfelder Beckens kommen ebenfalls noch rhyolithische Vulkanite vor. Sie können sowohl in Form steilstehender schmaler Gänge, wie zum Beispiel am Ostrand des Parkplatzes vor der HELIOS-Klinik bei Herzberg (Abb. 3.30) (43) oder auch als größere domförmige Vorkommen auftreten. Ein Beispiel für letztgenannte Vorkommen ist der N-S-gestreckte Rhyolith-Komplex des Ravensbergs (44), der sich

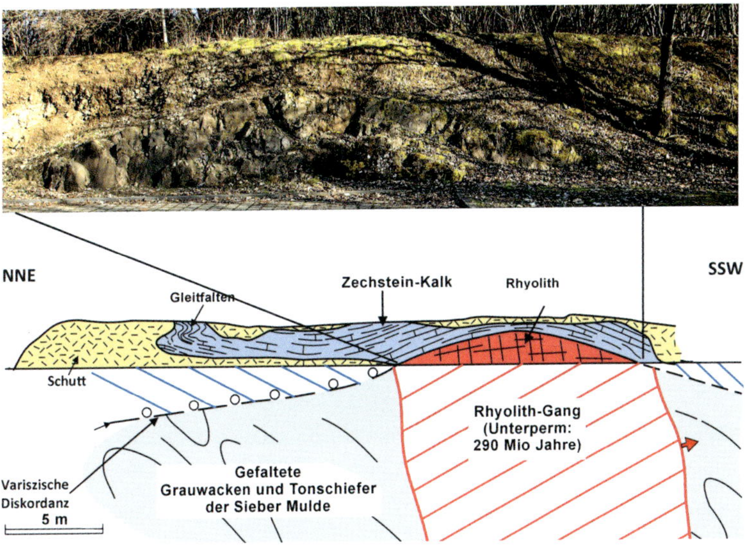

Abb. 3.30: Steilstehender rhyolitischer Gang (Rotliegend), überdeckt von Kupferschiefer und Zechsteinkalk der Werra-Serie am Parkplatz des Krankenhauses in Herzberg. Der sehr feinkörnige, dichte, helle Rhyolith-Gang streicht, wie einige andere Vorkommen dieser Art im Bereich des westlichen Randes des Ilfelder Beckens, in NW-SE-Richtung. Der Gang bildete einen flachen Härtling, der vor der Transgression des Zechstein-Meeres überlagert wurde.

vom nördlichen Ortsausgang von Bad Sachsa bis zum Gipfel des Ravensbergs erstreckt (Abb. 3.31). Gute Aufschlüsse findet man in den Tälern und auch entlang der Auffahrt zum Ravensberg. Zwei weitere kleinere domartige Vorkommen liegen im Gipfelbereich des Großen und Kleinen Knollens, nördlich von Bad Lauterberg.

Diese Gesteine dürften Ergebnisse der mit einem Alter von 290 Mio. Jahren jüngsten vulkanischen Ereignisse im Umfeld des Ilfelder Beckens sein. Die Rhyolithe sind deutlich feinkörniger und auch etwas anders zusammengesetzt als die Rhyodazite bei Ilfeld. In den domförmigen Vorkommen am Ravensberg und bei Bad Lauterberg kann man oft ein sehr deutlich ausgebildetes Fließgefüge in Form dünner Fließlaminae der zähen Lava beobachten. Gelegentlich findet man auch kleinere und größere kugelig ausgebildete Aggregate (Abb. 3.32). Hierbei handelt es sich um für solche Gesteine typische sphärolithische Gefüge. Sie entstehen dann, wenn höhere Glasanteile in der Grundmasse des Vulkanites vorhanden waren, die im Laufe der Jahrmillionen „entglasen“, d. h. um einen Kristallisationskeim herum kugelförmig rekristallisieren.

Abb. 3.31: Das Rhyolith-Vorkommen des Ravensbergs, Blick von Barbis nach NE

Abb.3.32: Kugelige, „sphärolithische" Gefüge in einem Rhyolith vom Großen Knollen bei Bad Lauterberg. Die helleren Streifen in dem Gestein sind durch die Entglasung etwas überprägte Fließgefüge entstanden. Seitenlänge des Stückes: ca. 1 m, (Sammlung des Instituts für Geologie und Paläontologie, TU Clausthal).

Der Nordwestrand der Saale-Senke: Der Übergang des variszischen Südostharzes zur permokarbonen Mansfelder Mulde

Das klassische Gebiet des Bergbaues auf Kupferschiefer ist das Mansfelder Revier am Ostrand des Harzes. Die Basis des Zechsteins mit dem nur ca. 0,5 m mächtigen Flöz des Kupferschiefers überlagert hier am bogenförmigen Westrand der flach-schüsselförmigen Mansfelder Mulde die steil lagernden und verfalteten Schichtfolgen des Variszischen Gebirges des Harzgebirges. Der Bergbau auf Kupfer, Silber und weitere Metalle begann vor 800 Jahren am Ausgehenden des Kupferschiefers mit zahllosen kleinen Tagebauen und erfasste im Tiefbau fortschreitend schließlich die gesamte westliche Hälfte der flach-schüsselförmigen Mansfelder Mulde bis in maximal fast 1.000 m Tiefe. 1969 wurde in der Mansfelder Mulde die letzte Grube wegen der Erschöpfung der wirtschaftlich gewinnbaren Erzreserven geschlossen. Im Mansfelder Bergbaubezirk wurde die gewaltige Menge von ca. 2 Mio. Tonnen Kupfer und mehr als 11.000 Tonnen Silber gewonnen. Ein Kranz von heute auflässigen Schachtanlagen folgt der Westflanke der Mansfelder Mulde und weiter nach Süden dem Übergang zur Nordostflanke des Hornburger Sattels mit dort ausstreichenden permokarbonischen Sedimenten und Vulkaniten. Der Hornburger Sattel trennt die im Osten davon gelegene Mansfelder Mulde von der Sangerhäuser Mulde Im Westen. In der Sangerhäuser Mulde begann der Bergbau erst Mitte des 14. Jahrhunderts und dauerte bis 1990 an (vgl. Exkursionsgebiet Röhrigschacht und Umgebung).

Im Mansfelder Bergbaubezirk gibt es eine Fülle von technischen Hinterlassenschaften (Schächte, Stollen, Verhüttungsstätten) des Bergbaus und acht Museen. Stellvertretend für die anderen Museen werden wir das Mansfeld-Museum Schloss Hettstedt vorstellen. Die übrigen Exkursionspunkte zeigen lagerstättenkundliche Aspekte und sind auf die geologisch-strukturelle Entwicklung dieses Gebietes ausgelegt. Wegen der Entfernungen zwischen den Aufschlusspunkten ist die Benutzung von Fahrzeugen anzuraten.

Die Klippmühle im Wipper-Tal westlich von Vatterode (45)

Die Anfahrt zur Klippmühle erfolgt von der B242 über Biesenrode oder der B80 von Sangerhausen und der B86 von Halle/Saale her.

Von der ehemaligen Klippmühle führen uns 150 m Fußweg zum Bahnhaltepunkt Klippmühle. Im Bahneinschnitt (nicht begehbar) ist ein Profilanschnitt im Klippmühl-Quarzit (Ordovizium) aufgeschlossen. Am Trafo-Haus davor erreichen wir einen Felsanschnitt am Fahrweg zur Haltestelle.

Hier findet man Gesteine aus dem variszischen Unterbau der permokarbonen Saalesenke aufgeschlossen. Es stehen metamorph veränderte Tonsteine (Phyllite) mit eingelagerten dünnen Quarziten an. Es handelt sich um ehemalige Tonsteine mit sandigen Einlagerungen, die in ihrer damaligen Position auf der Südhalbkugel in einem weitläufigen kalten Schelfmeer abgelagert wurden (Ordovizium/Arenig-Llanvirn, ca. 470 Millionen Jahre).

Die dem Aufschluss gegenüberliegende Klippmühle ist der namengebende Ort für die hier anstehende Klippmühl-Quarzit-Formation der Wippraer Einheit (Abb. 3.33, vgl. S. 46 ff.).

Diese Sedimente wurden nach ihrer Ablagerung tief in der Erdkruste versenkt (ca. 10 km), wodurch sie in ein Temperaturfeld von ca. 300 °C bei 2 Kilobar Auflastdruck gerieten. Hierdurch wurden die ehemaligen Tonminerale der Tonsteine zu Hellglimmern (Muskovit) umgewandelt und durch den gerichteten Auflastdruck zueinander parallel ausgerichtet sowie durchbewegt. Dabei freiwerdende heiße Lösungen setzten ihre gelösten Stoffe in hellen, linsenförmigen Quarz-Albit-Lagen ab, die später von den Faltungen miterfasst wurden und deshalb heute zumeist als knollenförmige Quarzknauern vorliegen.

Durch die tektonische Einspannung, aber insbesondere durch die Wirkung der bis zum Unterkarbon auf ca. 10 km angewachsenen Gesteinssäule, entstand durch internes Gesteinsgleiten zunächst ein Lagenbau, welcher etwa parallel zu den durch die Sedimentation entstandenen Schichtflächen verläuft und deshalb auch als Parallelschieferung bezeichnet wird. Die gesamte Schichtfolge und mit ihr auch die Schicht- und Schieferungsflächen wurden dann in enge Falten gelegt. Da dies die erste nachweisliche Verfaltung ist, wird diese als B1-Faltung bezeichnet. Die Faltenschenkel wurden aber durch

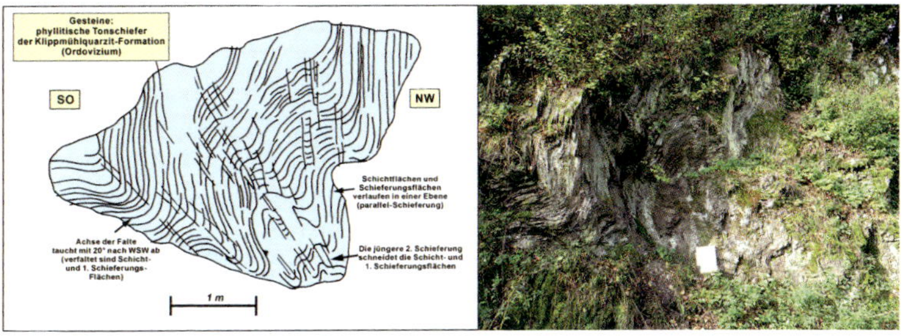

Abb. 3.33: Aufschluss der Klippmühl-Quarzit-Formation (Ordovizium) am Zugang zum Haltepunkt Klippmühle im Wippertal (20 m nördlich des Trafohäuschens). Metamorphe Tonschiefer (Phyllite) wurden in einer ersten Phase geschiefert und dann intensiv in enge Falten gelegt. Dabei bildete sich eine steil einfallende zweite Schieferung heraus.

die sich fortsetzende tektonische Einengung in einem zweiten Stadium weitgehend abgeschert (abgequetscht), sodass nur noch einzelne, schwer erkennbare Reste von Faltenkernen erhalten geblieben sind. Bei diesen Verformungen wurde das Schichtpaket noch weiter eingeengt und in enge Falten gelegt und von einer zweiten, die Schichtflächen nun schneidenden Schieferung durchdrungen. Da es sich um eine zweite Faltengeneration handelt, wird diese als B2-Faltung, die Schieferung analog als 2. Schieferung bezeichnet. Diese Elemente der 2. Verformung überlagern und verwischen die älteren Gesteinsgefüge und dominieren das heutige Aufschlussbild.

Da die Mittelebenen der Falten, die Achsenebenen, nach SE eingekippt sind, spricht man von SE-Vergenz der Faltung. Innerhalb der Wippraer Zone haben wir an deren SE-Seite, wie hier an der Klippmühle, stets diese SE-Vergenz, auf der NW-Flanke dagegen NW-Vergenz. Dadurch bekam die Wippraer Zone, im Querprofil betrachtet, einen fächerartigen Bau. Dies deutet darauf hin, dass dieser mehrere Kilometer mächtige Gesteinsstapel einer erheblichen Quereinengung unterlag, die den Gesteinsverband etwa auf die Hälfte seiner ursprünglichen Breite eingeengt hat, wodurch ein Überquell-Effekt zu beiden Flanken hin erfolgte.

Bahnhaltepunkt in Vatterode (46)

200 m N des Bahn-Haltepunktes, unterhalb einer über die Bahnstrecke führenden Brücke, ist ein Profil von flach lagernden Oberkarbon-Sedimenten aufgeschlossen. Die Brücke erreicht man von der Dorfkirche in Vatterode aus.

Von der Brücke kann man im Bahneinschnitt sehr flach nach SE einfallende, im Gegensatz zu den Gesteinen an der

Abb. 3.34: Aufschluss am Bahneinschnitt bei Vatterode mit einer Abfolge aus roten Ton- und Siltsteinen (unten) und roten Fanglomeraten im Hangenden (Mansfelder Schichten) Maßstab: 1 m.

Klippmühle aber ungefaltete rote geschichtete Sedimentgesteine einsehen, die zu den unteren bis mittleren Mansfelder Schichten (Stefan B/C) gehören (Abb. 3.34). Es ist eine Wechselfolge von roten Ton- und Schluffsteinen mit eingelagerten, z.T. sehr grobkörnigen Konglomeraten aufgeschlossen. Deren Gerölle erreichen bis zu mehreren Zentimeter Größe und sind größtenteils nur kantengerundet. Die geringe Abrundung deutet auf kurze Transportwege der Konglomerate hin, die hauptsächlich aus Kornfragmenten von wieder abgetragenem Material aus der gleichen Gesteinsserie (Mansfelder Schichten) und nur zu einem kleineren Teil aus den verfalteten Gesteinen der benachbarten Wippraer Zone herzuleiten sind. Die Gerölle sind in einer Matrix von sehr feinkörnigen Sedimenten eingebettet (Abb. 3.35).

Die roten Gesteinsfarben rühren von fein verteiltem Hämatit her, was neben anderen Sedimentstrukturen darauf hindeutet, dass zu dieser Zeit ein warmes und trockenes (arides) kontinentales Klima herrschte. Dies wird auch belegt durch helle Krustenkalke, die einer der Konglomeratlagen auflagern. Kalkkrusten dieser Art entstehen auch heute unter ariden Klimabedingungen. Sie werden je nach ihrem Chemismus als Silcrete (Quarz-reich), Calcrete ($CaCO_3$-reich), Dolcrete (Dolomit-reich) etc. bezeichnet. Synonym dazu wird auch der Begriff Caliche verwendet. Hier handelt es sich um Calcrete.

Abb. 3.35: Fanglomerat mit ungeregelten kantengerundeten Geröllen in einer feinsandigen Matrix aus der am Haltepunkt Vatterode (Abb. 3.34) aufgeschlossenen Sedimentabfolge. Die Gerölle stammen größtenteils aus umgelagertem Oberkarbon, nur wenige Gerölle aus dem direkt darunter lagernden gefalteten Altpaläozoikum.

Diese Gesteine wurden während des Stefan B/C (Mansfelder Schichten, ca. 300 Mio. Jahre) als kontinentale Schwemmfächer in weitläufigen Tälern zwischen einrahmenden Hochländern abgelagert. Die Kalkkrusten weisen auf Zeiträume hin, in welchen der Sedimenttransport erlahmt war und durch den aus der Tiefe aufsteigenden Kapillarstrom an der Oberfläche durch Verdunstung Krustenkalke ausgeschieden wurden.

Rundwanderung am Schloss Mansfeld

Von Vatterode nach Mansfeld bis zum Abzweig nach Klostermansfeld und von dort weiter zum Parkplatz am Schloss Mansfeld. Anschließend Fußwanderung (ca. 2 km).

Am Parkplatz steht eine Infotafel zur Geschichte des Schlosses, an der Eingangsbrücke im Schloss (**47**) eine geologische Tafel mit Erläuterungen zu den im Schlossgraben anstehenden flach lagernden Sedimenten des Oberrotliegend/Eislebener Schichten (Zugang über eine Treppe, Nachfragen in der Verwaltung). Es handelt sich um flach lagernde Schluff- und Sandsteine mit Konglomerat-Lagen, welche in einem kontinental-ariden Milieu aus gelegentlich auftretenden heftigen Schichtfluten infolge von Starkregen abgelagert wurden.

Vom Parkplatz am Schloss beginnt der Rundwanderweg. Nach ca. 500 m öffnet sich rechter Hand eine Wiese. Hier überschreitet man auf dem Weg von E nach W die plattig ausgebildeten Gesteine des basalen Zechsteins (graue Platten von Zechsteinkalk, darunter gelbgraue Sande (Zechstein-Konglomerat) und schließlich im Liegenden (unterhalb) der Zechsteinbasis rötliche Konglomerate des Oberen Rotliegenden. Der zwischen Zechsteinkalk und Zechsteinkonglomerat liegende Kupferschiefer ist hier überschottert und nicht aufgeschlossen.

Nach einem längeren Wegabschnitt entlang dem Westhang des Schlossbergs erreicht man mehrere Felsklippen eines ehemaligen kleinen Steinbruchs mit 2–3 m mächtig anstehendem Gips. Das Gipslager liegt dem Zechsteinkalk auf und bildet am Südrand des Harzes das jüngste erhaltene Schichtglied des Werra-Salinarzyklus des Zechsteins. Durch Subrosionsvorgänge, also durch die teilweise Gipsauflösung durch Oberflächenwasser, bildeten sich chaotische Karst-Bruchmassen. Diese lösen sich hier mit noch intakten Gipslagen und darin eingeschlossenen dünnen Kalkstein-Bänkchen (Zechstein-Kalk) ab.

Dann folgt man einem steilen Pfad 30 m abwärts nach Süden in ein kerbartiges Tal – die verlassene Eisenbahntrasse der „Elektrischen" –. Durch den steilen Nordabhang der Bahntrasse ziehen sich beiderseits einer dort aufgestellten Informationstafel gleichmäßig mit 10–15° nach SE einfallende, ca. 4 m angeschnittene Kalksteinbänke des Zechsteinkalks hindurch. Der graue Kalkstein wird im Bereich des Schuttfußes des ehemaligen Bahneinschnitts vom vollständig abgebauten, nur anhand von wenigen Lesesteinen noch nachweisbaren Kupferschiefer (ursprünglich ca. 0,3–0,5 m) unterlagert. Ca. 15 m talabwärts der Tafel sind an einer kleinen N-S verlaufenden und flach E einfallenden Störung (Abschiebung) die den Zechstein unterlagernden und mit 15° nach SE einfallenden rotgefärbten Sedimente leicht angehoben und erscheinen deshalb wieder im Hangprofil. Sie gehören, wie die Sedimente des zuvor besuchten Schlossgrabens, zu den Eislebener Schichten (Oberrotliegendes) und bestehen hier vor allem aus schräggeschichteten Sand- und Schluffsteinen mit einigen dünnen Lagen von Konglomeraten. Die Schrägschichtung zeigt, dass die Sedimente von Norden her in den Aufschlussbereich eingeschüttet wurden. Von hier aus nehmen wir den Rückweg zum Parkplatz am Schloss Mansfeld.

Mansfeld-Museum in Hettstedt

In einem kleinen Barockschloss aus dem Jahre 1721 im südlichen Stadtteil Burgörner-Altdorf ist heute das Mansfeld Museum eingerichtet (Abb. 3.36). Dort ist eine sehenswerte Sammlung zur Sozial- und Technikgeschichte und auch zur Geologie und Mineralogie des Mansfelder Kupferbergbaues ausgestellt. Besonders hervorzuheben sind Mineralstufen und Fischfossilien aus dem Kupferschiefer, z. B. der *Palaeoniscus freieslebeni* sowie die größeren *Pygopteris humboldti*. Auf dem Freigelände steht als Attraktion der originalgetreue deutsche Nachbau der englischen Dampfmaschinen Watt'scher Bauart, die erstmals im hiesigen Kupferbergbau im Jahre 1785 eingesetzt wurden.

Abb. 3.36: Portal des Mansfeld-Museums

Steinbruch im Tal der Heiligen Reiser in Hettstedt (48)

Auf der Bundesstraße 86 von Hettstedt in Richtung NE nach Oberwiederstedt erreicht man am Schwimmbad Hettstedt einen Parkplatz. Von dort aus kann man zu Fuß die Wipper überqueren und nach rechts (Süden) der Promenade folgen. An der Kreuzung mit der Talstraße unterquert man darauf die Bahnstrecke. Danach folgt man einem Pfad aufwärts zum ehemaligen Steinbruch „Heilige Reiser".

Die eindrucksvolle Steinbruchswand schließt im unteren Teil 2–3 m dunkelrote Tonsteine mit Glimmersandeinschaltungen auf. Diese gehören zu den Unteren Mansfeld Schichten des Stefans. Es sind undeutlich geschichtete kontinentale Ablagerungen aus ehemaligen sehr breiten Tal-Schwemmfächern, in welche auch lokale Seeablagerungen eingeschaltet sein können.

Die flach nach rechts (SE) verkippten Mansfeld Schichten werden nach einer Sedimentations-Unterbrechung von ca. 40–45 Mio. Jahren von einem nahezu horizontal lagerndem, ca. 5 m mächtigen Paket von hellen groben Konglomeraten, dem Porphyr-Konglomerat (Eisleben-Formation, Oberrotliegendes, 260 Mio. Jahre) überlagert. Das Oberrotliegende enthält auch feinere helle Lagen und ist teilweise schräggeschichtet. Es besteht zu 80 % aus Quarz-Klasten, zu denen Gerölle von Rhyolithen, Andesiten, dunklen Melaphyren sowie Gneise aus dem Unterbau hinzukommen. Es handelt sich dabei um Absätze von Schuttfächern, die nach oben in dünnschichtige Sandsteine übergehen, die den oberen Bereich der Eisleben-Formation bilden und in diesem Gebiet das Rotliegend-Profil nach oben abschließen (Abb. 3.37). Nach einer weiteren Schichtlücke folgt der unmittelbar diesem Profil auflagernde Zechstein.

Dieser Aufschluss ist deshalb so interessant, weil jüngere Schichten (Porphyr-Konglomerat, ca. 260 Mio. Jahre) nach der genannten Zeitlücke diskonform die Mansfeld Schichten überlagern. Es fehlen damit einige hundert Meter an Sedimenten (Siebigeröder Sandstein und Hornburger Schichten), die hier entweder nicht oder nur geringmächtig abgelagert wurden oder aber nach der Ablagerung wieder gänzlich abgetragen wurden. In dieser Zeitspanne zwischen dem späten Oberkarbon und dem Oberrotliegenden hat sich auch die leichte Verkippung der Mansfelder Schichten ereignet, bevor das jüngere Porphyr-Konglomerat die zuvor verkippten

Locus typicus: (lat) Ort, an dem ein geologisches Objekt erstmalig und als typisch beschrieben wurde.

Abb. 3.37: Aufgelassener Steinbruch „Heilige Reiser" an der Talstraße in Hettstedt. Blick nach NE. Horizontal lagerndes Porphyr-Konglomerat (Eisleben-Formation, Oberrotliegendes) überlagert diskordant die nach SE einfallende Schichten des Oberkarbons. Die dadurch dokumentierte Zeitlücke umfasst etwa 40 Mio. Jahre. Diese Schichtlücke wurde früher als die „Saalische Diskordanz" bezeichnet.

Schichten wieder überdeckten. Dieser Aufschluss gilt seit der Beschreibung durch Beyschlag & v. Fritzsch als *locus typicus* für die „Saalische Diskordanz". Darunter versteht man einen Lagerungsunterschied zwischen beiden Schichtpaketen, der auf eine zwischenzeitliche regionale tektonische Verstellung zurückgeht. Dieser Befund wird aber auch kontrovers diskutiert, da bei kontinentalen Ablagerungen periodisch geschüttete und dachziegelartig vorgreifende Schuttfächer, dabei entstandene Schrägschichtung und auch Gleitvorgänge mit lokalen Schichtverstellungen recht häufige sedimentologische Phänomene sind und echte tektonisch Diskordanzen so auch vorgetäuscht werden können. Es wird deshalb auch diskutiert, ob es sich um eine einfache Erosionsdiskordanz handelt, die zustande kommen kann, wenn nach einer Abtragungsphase eine morphologisch gegliederte Landschaft durch eine erneute Sedimentationsphase wieder überschüttet wird.

Der kleine Harz: Das Kyffhäuser-Gebirge

Südlich des Harzes, jenseits der Goldenen Aue, liegt eingerahmt zwischen den Ortschaften Kelbra, Tilleda und Bad Frankenhausen das kleine Kyffhäuser-Gebirge. Schon von weitem ist es erkennbar an dem Barbarossa-Denkmal und dem Fernsehturm W davon (Abb. 4.1).

Ähnlich wie am Harz wurde auch hier an einer Bruchstufe an seinem Nordrand der zur größeren Hermundurischen Scholle gehörende Bereich des Kyffhäusers seit der Oberkreide stark angehoben und gleichzeitig abgetragen. Infolgedessen treten auf einer Fläche von nur 1,5 km^2 in den steil eingeschnittenen Tälern am Nordrand des Kyffhäusers metamorphe Gesteine des kristallinen Variszischen Grundgebirges an die Oberfläche (Abb. 4.2). Sie bestehen hauptsächlich aus magmatischen Gesteinen (Dioriten, Gabbros, Syeniten und stockförmigen bis gangförmigen Graniten bis Granodioriten), die im Unterkarbon (vor 345–333 Mio. Jahren) in eine Sedimentserie des Ordoviziums eingedrungen sind. Durch die thermische Beeinflussung und tektonische Durchbewegung entstanden daraus mittelgradig metamorphe Gesteine (Gneise) in Amphibolit-Fazies (**siehe Einschubtext Metamorphose**). Die ehemaligen Sedimente liegen heute als Biotit-Plagioklas-Gneise vor und sind aus ehemaligen Grauwacken und Tonsteinen mit Kalksteinlagen entstanden. Daneben gibt es Gneise, die sich von metamorph überprägten magmatischen Gesteinen (Hornblende-Gneise) ableiten. N des Kyffhäuser-Denkmals im Borntal und noch weiter östlich an den Bärenköpfen tritt eine ganze Gruppe von in sich verschachtelten Kleinintrusionen auf.

Variszisch: Bezeichnung für langzeitlich wirksame geologische Vorgänge, die seit dem Oberdevon-Karbon durch plattentektonische Prozesse in der Bildung des Variszischen Gebirges im Oberkarbon gipfelten.

Die Gneise und Magmatite des Kyffhäusers gehören zur Mitteleuropäischen Kristallinzone, welche bereits zur Saxothuringischen Zone der Variszischen Gebirgszone gerechnet wird. Zwischen dem Grundgebirge des Kyffhäusers und den metamorphen Gesteinen der Wippraer Einheit des Südostharzes liegen heute zwar nur wenige Kilometer, dazwischen befindet sich aber eine Grenze von Variszischen Plattenspänen, sogenannten Terranes (Abb. 4.3).

Aus radiometrischen Datierungen von Zirkon- und Apatit-Kristallen in Biotit-Plagioklas-Gneisen des Kyffhäusers ergab sich, dass sie vor ca. 475 Mio. Jahren im Ordovizium als

Metamorphe Gesteine im Harz und am Kyffhäuser

Neben Sedimenten und magmatischen Gesteinen gibt es eine dritte Gesteinsgruppe, die metamorphen Gesteine, auch Metamorphite genannt wird.

Die Auswirkungen der Wärmeübertragung von Gesteinsschmelzen auf Gesteine ihrer unmittelbaren Umgebung fällt in das Feld der Kontaktmetamorphose. Die dabei entstehenden Gesteine werden allgemein als Hornfelse bezeichnet. Die Wärmeabgabe und auch der Austritt flüchtiger Bestandteile (Fluide) aus dem erstarrenden Magmakörper führen dabei in den angrenzenden Nebengesteinen, besonders wenn Karbonatgesteine betroffen sind, zu vielseitigen Mineralneubildungen (Kalksilikat-Felse und Skarn-Erzlager), zumeist aber nur zur statischen Umkristallisation der Nebengesteine. Das Diagramm zeigt die Hornfels-Fazies im unteren Teil des Diagramms im Bereich geringer Drucke aber hoher Temperaturen.

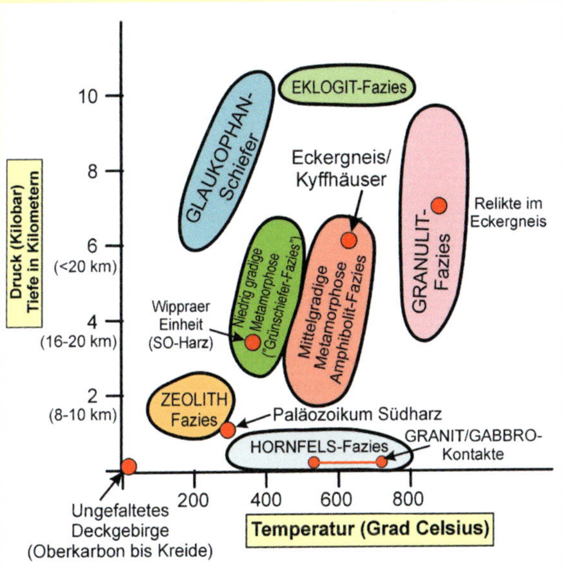

Das Diagramm zeigt in der vertikalen Achse die Versenkungstiefe von Gesteinseinheiten (in km oder umgerechnet in Druckbeträge/Kilobar). Auf der horizontalen Achse sind die Temperaturen dargestellt. Das ungefaltete Deckgebirge der Umgebung von Harz und Kyffhäuser liegt außerhalb der Gesteinsmetamorphose (roter Punkt links unten). Die regional- und kontaktmetamorph geprägten Gesteine des Kyffhäusers und des Harzes bewegen sich im Feld der Hornfels-, Grünschiefer- und der Amphibolit-Fazies (rote Punkte).

Wenn ganze Gesteinsserien oder Sedimentbecken im Zuge von weiträumigen plattentektonischen Prozessen in höhere Temperatur- und Druckbereiche der Erdkruste abgesenkt werden, entstehen regionalmetamorphe Gesteinseinheiten. Diese treten im Harz in der Wippraer Einheit des SE-Harzes (niedriggradige Metamorphose), im Eckergneis westlich des Brockens und am Nordrand des Kyffhäusers zutage (mittelgradige Gneise und Glimmerschiefer, mesozonal).

Der Bildungsraum der Regionalmetamorphose beginnt ab ca. 8–10 km Tiefe, bei ca. 250–300 °C und ab ca. 2 Kilobar Umschließungsdruck und reicht bis in die untere Erdkruste (25–30 km) und den oberen Erdmantel hinab.

Mit zunehmender Krustentiefe entstehen so aus tonigen Ausgangsgesteinen bis in ca. 10 km Tiefe intensiv geschieferte, in der Hauptsache Muskovit- und Chlorit führende, seidig glänzende Phyllite, in größerer Tiefe, in der Mesozone bei erhöhten Temperaturen und Drucken grobkörnigere Glimmerschiefer und bei noch weiter steigenden pT-Bedingungen schließlich durch die Neubildung von Feldspäten und weiteren fazieskritischen Mineralen schließlich körnige Gneise. Unter den „trockenen“ Bedingungen in der Unterkruste und dem oberen Mantel bilden sich dann hochmetamorphe Granulite sowie aus basaltischen Gesteinen entsprechend Eklogite.

Sedimente abgelagert wurden. Sie sind damit etwa gleichaltrig mit den ältesten bekannten Sedimenten der Wippraer Einheit im Südostharz. Die Metamorphose hat die Gesteine des Kyffhäusers vor ca. 345 Millionen Jahren erfasst und bei Tem-

Abb. 4.1: Blick vom Südharzrand nach S zum Kyffhäuser am Horizont.

peraturen um 700 °C und unter hohen Drücken (6–8 Kilobar) in Amphibolit-Fazies aus den Magmatiten Orthogneise, aus den Sedimenten Paragneise geschaffen. Durch tektonische Scherprozesse wurden sie intensiv bis in den Kornbestand hinein geschiefert, man spricht dann von „metamorpher Foliation". Diese metamorphen und kinetischen Prozesse der Variszischen Gebirgsbildung endeten am Kyffhäuser mit den Intrusionen von Leukograniten vor ca. 333 Mio. Jahren. Man unterscheidet innerhalb des Kristallinaufbruches von West nach Ost den Westlichen Magmatisch-Metamorphen Komplex, den Borntal-Intrusiv-Komplex und den Bärenkopf-Granit.

Die Gesteine des Grundgebirges wurden nach Abschluss der metamorphen Gesteinsumwandlungen innerhalb von nur etwa 30 Mio. Jahren aus ihrer ursprünglichen Bildungstiefe von ca. 20 km bis an die damalige oberkarbonische Landoberfläche angehoben. Dies erforderte neben starken Hebungsraten in der Erdkruste auch eine entsprechend wirkende Erosion.

Noch im Oberkarbon hatten Hebung und Erosion das kristalline Grundgebirge erreicht. Es trat an der damaligen Landoberfläche aus und bildete eine flache Hügellandschaft mit dazwischenliegenden breiteren Talzügen. Diese nahmen den Gesteinsschutt der benachbarten Geländeschwellen auf, die natürlich vor allem Gesteinsbruchstücke aus den dort anste-

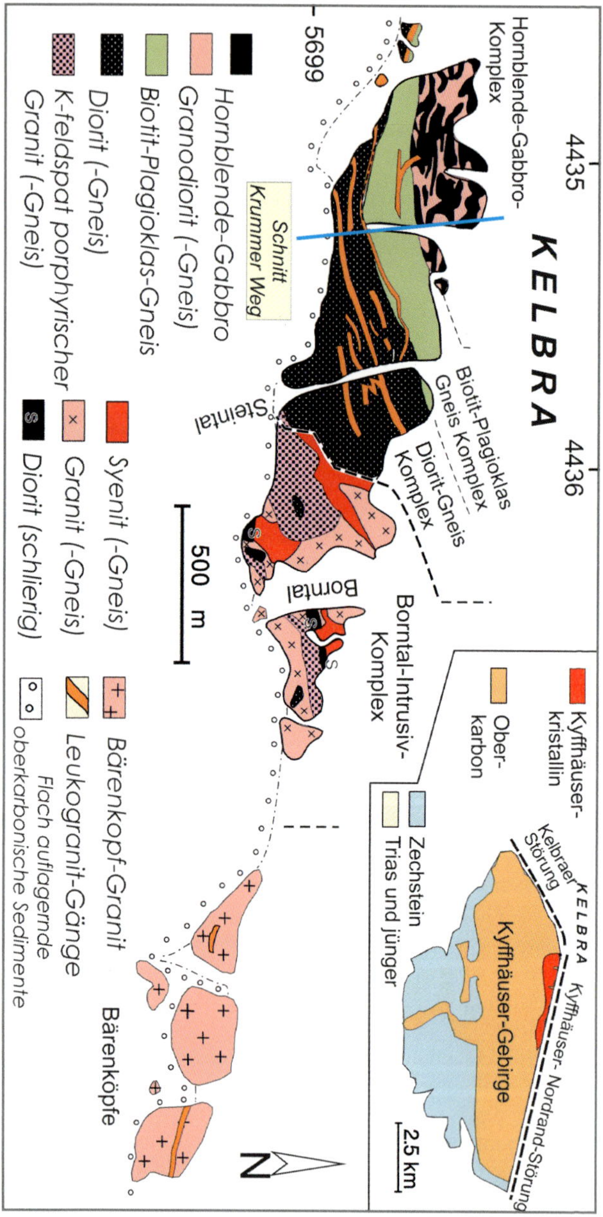

Abb. 4.2: Geologische Übersicht zur Geologie des Kyffhäusers. Oben rechts: Verteilung von Grund- und Deckgebirge, darunter: interne Aufgliederung des Variszischen Grundgebirges des Kyffhäusers (A. Zeh, in Franzke et al. 2007)

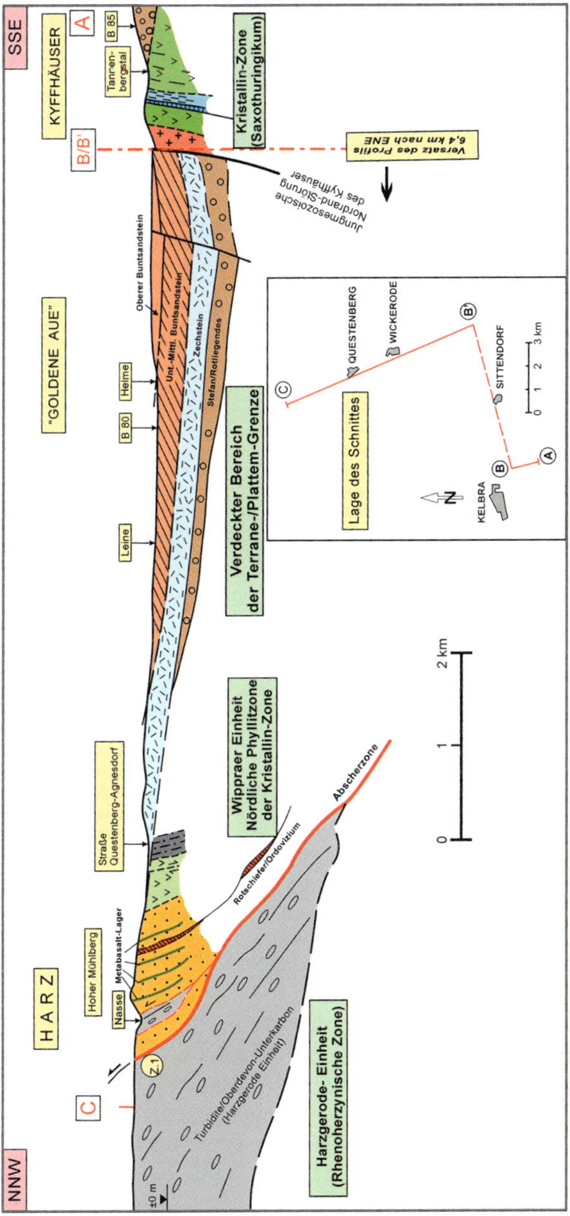

Abb. 4.3: Geologisches Querprofil durch den Übergangsbereich des südlichen Harzes (Rhenoherzynikum) und Kyffhäuser (Mitteldeutsche Kristallinschwelle)

henden Grundgebirgsgesteinen, aber auch von weiter her transportierte Gesteinsbruchstücke enthielten. Infolge des semiariden Klimas und der nur lückenhaften Vegetation wurden die Schuttfächer vor allem durch periodische Niederschläge weiter umgelagert und dabei nach Korngrößen klassiert und entsprechend ihres Widerstands gegen Abrieb bis zu Quarz-Sandsteinen und zu feinkörnigen Schluff- und Tonsteinen aufbereitet. Dieser weitläufige Sedimenttrog in der Zeit des Oberkarbons bis Rotliegend wird nach der Thüringischen Saale als Saaletrog bezeichnet. Diese darin abgelagerten kontinentalen Sedimente werden im Bereich des Kyffhäusers als Kyffhäuser Schichten bezeichnet, gehören dem obersten Karbon (Stefanium, ca. 650 m) und, nach einer Sedimentationslücke, dem oberen Rotliegenden an („Porphyrkonglomerat"). In den Sedimenten des Oberkarbons wirr eingelagerte Cordaitenstämme (*Dadoxylon schrollianum*) zeigen die Zerstörungskraft der damaligen Schichtfluten. Sie belegen aber auch, dass in dem Gebiet zumindest lokal Pflanzen wachsen konnten, die mit den Schichtfluten aus den benachbarten Bergzügen in die Täler eingeschwemmt wurden. Früher glaubte man, dass es sich um Reste von Galeriewäldern innerhalb der Talzüge handeln würde. Dies gilt wegen der ständigen Verlagerung der Flussläufe innerhalb der breiten Talzüge jedoch als wenig wahrscheinlich. Diese noch heute flach lagernden Sedimente sind nicht mehr von der Verfaltung, Schieferung und Metamorphose der Variszischen Gebirgsbildung betroffen. Die Grenze zwischen gefaltetem Grundgebirge und dem Deckgebirge wird durch die flach lagernde Basisfläche der ehemaligen oberkarbonischen Landoberfläche angezeigt, die auch als variszische Diskordanz bezeichnet wird (Abb. 4.4). In dieser Fuge liegt außerdem eine Zeitlücke von ca. 30 Mio. Jahren verborgen, da die jüngsten Gesteine des metamorphen Unterbaues ca. 335 Mio. Jahre, die flachdiskonform darauf auflagernden Umlagerungssedimente jedoch ca. 305 Mio. Jahre alt sind.

Saaletrog (auch Saale-Senke): Oberkarbonisch-permisches kontinentales Sedimentbecken im Südosten des Harzes.

Dadoxylon (auch Agathoxylon): Nadelhölzer aus Bergland- und Galeriewäldern des Oberkarbon-Unterperms.

Auf den kontinentalen Sedimenten des Oberkarbons haben sich ab dem Zechstein nochmals bis zu 2 km mächtige Sedimente des Oberperm und des Mesozoikums abgelagert. Das hatte zur Folge, dass die Gneise bis zur Oberkreide vor ca. 100 Mio. Jahren allmählich wieder bis in ca. 2 km Tiefe abgesenkt wurden. Analog zum Harzblock wurde dieses Sedimentpaket infolge der Hebung der Hermundurischen Scholle,

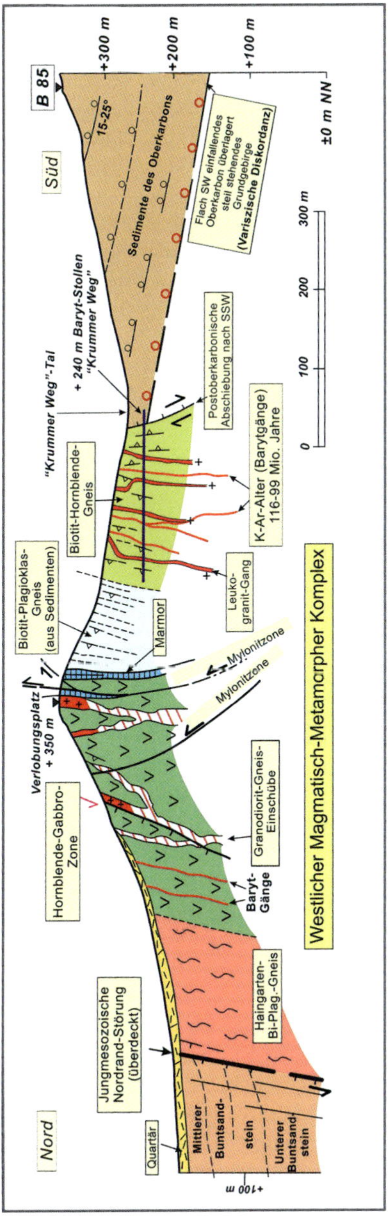

Abb. 4.4: Querprofil durch den Kristallin-Aufbruch am Nordrand des Kyffhäusers, Schrittlage 300 m W der Rothenburg. Die Fuß-Exkursion vom Parkplatz der Rothenburg aus beginnend, führt zu mehreren Aufschlüssen von Biotit-Hornblende-Gneisen, der Biotit-Plagioklas-Gneise und von Leuko-Graniten im Westlichen Magmatischen Komplex.

zu der auch das Gebiet des Kyffhäusers gehört, bei der Heraushebung am Kyffhäuser um mehr als 1 km wieder vollständig abgetragen. Sedimente des Zechsteins und des Mesozoikums, hauptsächlich der Trias, sind somit erst am Südabhang des Kyffhäusers und nördlich der Randstörung, in der Goldenen Aue und am nordwestlichen Abhang erhalten geblieben. Am Nordrand des Kyffhäusers fallen die oberkarbonische und die heutige Landoberfläche in einem schmalen Streifen zusammen, wo die flach nach Süd eingekippten Sedimente des Oberkarbons entlang der variszischen Diskordanzfläche den steil aufgerichteten Grundgebirgs-Gesteinen auflagern.

Vom Abtragungsschutt des Variszischen Gebirges in seinen kristallinen Rumpf am Kyffhäuser

Wanderung um das Kyffhäuser-Denkmal: Oberkarbonische Sedimentgesteine

Wir beginnen mit einer kleinen Fußexkursion um das Kyffhäuser-Denkmal. Hier können wir auf einem ca. 1 km langen Rundweg erkunden, wie die den metamorphen und magmatischen Gesteinen des variszischen Grundgebirges flach auflagernden Unteren Kyffhäuser Schichten aus dem Stefanium beschaffen sind. Am Parkplatz unterhalb des Kyffhäuser-Denkmals (**49**) sehen wir, dass der untere Bereich dieser flach nach S einfallenden Sedimentabfolge aus verfestigtem grobem Gesteinsschutt besteht. Darin eingelagert finden sich zahllose bis zu 20 m große Stammfragmente von Cordaiten. Dies sind mit Koniferen (Nadelbäumen) verwandte Samenpflanzen, deren häufigster Vertreter Dadoxylon sp. (Abb. 4.5), in zahllosen Stammfragmenten im unteren und mittleren Teil der oberkarbonischen Schichtfolge gefunden werden kann (Obelisk am Parkplatz unterhalb des Denkmals). Die bis ca. 45 m hohen Baumriesen wuchsen auf den Bergzügen, welche die breiten Überflutungsebenen flankierten. Die Einmessung von Stammachsen zeigt eine unregelmäßige Einregelung in die NNE-SSW-, E-W- und die NW-SE-Richtung. Dies weist auf ihre ungeregelte Ablagerung in breiten kontinentalen Schwemmebenen hin, welche sich vor ca. 305 Mio. Jahren

Abb. 4.5: Verkieselter Cordaiten-Stamm aus den Kyffhäuser Schichten des Stefan auf dem Parkplatz unterhalb des Kyffhäuser-Denkmals.

parallel zu den sich allmählich einrumpfenden Höhenzügen des Variszischen Gebirges erstreckten.

Der Parkplatz liegt in einem früheren Steinbruch, in welchem die Bausteine für das Denkmal und u.a. für die Gaststätte am unteren Parkplatz gebrochen wurden. Darin eingelagerte Sandstein-Bänke wurden zu Mühlsteinen verarbeitet, von denen noch einige liegen gebliebene Fragmente am Ausgang des kleinen Steinbruchs gleich östlich des unteren Parkplatzes zu sehen sind.

Der Rundweg führt uns im stratigraphischen Profil der Unteren Kyffhäuser Schichten aufwärts um die Unterburg herum und entlang der Nordflanke des 600 mal 300 m messenden Bereichs der großen mittelalterlichen Ober-, Mittel- und Unterburg-Anlage. Diese wurde bereits 1118 erstmalig zerstört, dann zur Zeit Friedrichs I.-Barbarossa wieder aufgebaut. In die Mittelburg wurde das 1896 zur Glorifizierung der Hohenzollern-Dynastie eingeweihte Kyffhäuser-Denkmal eingefügt. Nach der Umrundung der Unterburg öffnet sich der Blick nach Norden zur Goldenen Aue und dem dahinter ansteigenden Unterharz. Im Bereich der Mittelburg (enger Durchgang) sind ebenfalls Stammfragmente von Dadoxylon zu finden. Auf der weiteren Wanderung kommen wir in den mittleren Abschnitt der Unteren Kyffhäuser Schichten und können neben den groben Fanglomeraten darin vereinzelt eingelagerte rote Ton- und Schluff- bis Sandsteine finden, die wegen der leichten Verwitterbarkeit auf dem Weg zum Parkplatz am Westrand der Burganlage immer nur als Lesesteine zu finden sind.

Wenn wir uns die grobkörnigen Sedimente näher ansehen, erkennen wir darin zahllose Gesteinsfragmente, welche nur wenig abgerundet und teilweise noch von Feinsand- oder Tonhäutchen umgeben sind. Dies deutet auf ehemals gleitfähige Schuttmassen (Fanglomerate), welche sich aus seitlichen Nebentälern, unterstützt von gelegentlichen Starkregenfällen, als deltaförmige Schuttkörper in die Haupttäler hinein ergossen haben und darin von periodischen Hochwässern erfasst und in den breiten Überflutungsebenen zwischen den Gebirgszügen immer wieder umgelagert und weiter verfrachtet wurden. Darin haben sich immer wieder Erosionsrinnen eingegraben, welche hin und her mäandrierende fluviatile Auswaschungsrinnen in den schon abgelagerten Sedimenten darstellen. Auch die darin eingelagerten Fragmente von Baumstämmen weisen auf solche Schichtfluten hin.

Im Geröllbestand der grobkörnigen Sedimente treten viel Quarz- und niedrig metamorphe Phyllitgerölle, jedoch wenig höher metamorphe Gneise und Granite auf. Das Geröllspektrum entspricht also nur teilweise den Gesteinstypen des in der unmittelbaren Umgebung austretenden kristallinen Grundgebirges. Der Sedimenttransport erfolgte für die Unteren Kyffhäuser Schichten aus NW- und untergeordnet aus WSW-Richtung, für den oberen Teil der Schichtfolge aus SW bis S. Damit leiten sich die Geröllbestände zunächst aus umgelagertem Paläozoikums-Schutt des heutigen Harzgebietes und später aus dem sedimentären Dach der Mitteldeutschen Kristallinzone ab.

Die Oberen Kyffhäuser Schichten sind eine zyklische Folge von rot gefärbten Ton-, Schluff- und Sandsteinen, die vor allem am Westrand des Kyffhäusers austreten (siehe Steinbrüche nördlich von Rottleben). Überlagert wird das Oberkarbon nach einer Zeitlücke von dem bis 15 m mächtigen sogenannten Porphyrkonglomerat aus der Oberrotliegend-Zeit, das vor allem am südöstlichen Kyffhäuser und dann durchgängig vom Südostharz bis in den Halleschen Raum zu finden ist.

Auf dem Weg zur Rothenburg

Um das Grundgebirge zu erreichen, fahren wir vom Denkmal zurück zur B 85 und wenden uns nach rechts (Richtung Kelbra). Nach 500 m zweigt in einer Linkskurve der B 85 ein breiter Schotterweg nach rechts zur Rothenburg ab (Parkmöglichkeiten). Wir ersteigen die rechte Wegböschung, welche den zur Rothenburg abwärts führenden Schotterweg begleitet und erreichen nach ca. 150 m einen verlassenen kleinen Steinbruch (Abb. 4.6) (**50**). Darin steht eine mit ca. 15° nach SSW einfallende Wechselfolge von groben wechselkörnigen Konglomeraten mit darin eingelagerten Stammresten von verkieselten (silifizierten) Schachtelhalmen (*Dadoxylon* sp.) und helleren Schichten von Feldspat führenden (Arkose-) Sandstein-Lagen an. Dieser Aufschluss befindet sich nur ca. 25–30 m oberhalb der Grenzfläche (Variszische Diskordanz) zum unterlagernden kristallinen Grundgebirge. Eine Besonderheit dieses Aufschlusses stellen kleine linsenförmige Schwerspat-Ausscheidungen dar, welche sich aus ca. 60–100 °C heißen (hydrothermalen) Lösungen ausgeschieden haben. Diese Mineralisation wurde im kristallinen Unterbau des Kyffhäuser-Kristallins auf steil einfallenden E-W-Störungen abgesetzt. Der Mineralinhalt der Hydrothermen, hauptsächlich Schwerspat, hat sich im flach auflagernden Deckgebirge über kleine Zufuhrspalten im Staubereich entlang von aufgeblätterten Schichtflächen ausgefällt. Etwas westlich von hier wurde bis 1964 in der Grube „Krummer Weg“ dieser Schwerspat aus steil stehenden Gangfüllungen im kristallinen Stockwerk als Rohstoff für die chemische Industrie bergmännisch gewonnen. Die radiometrische Altersdatierung (K-Ar-Datierung

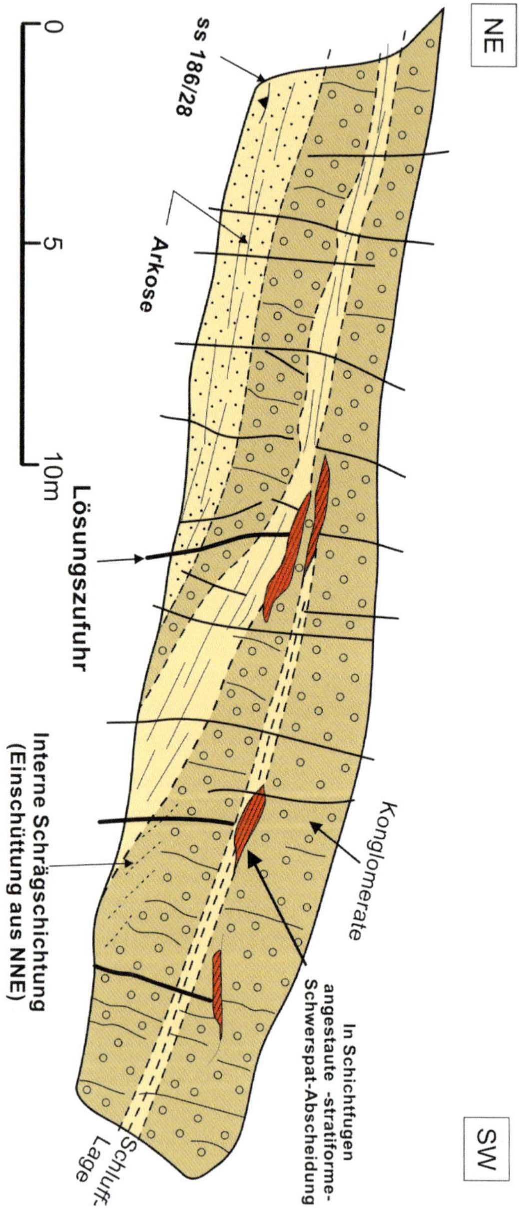

Abb. 4.6: Ausschnitt aus einem Schuttfächer in den Unteren Kyffhäuser-Schichten (Oberkarbon), ca. 50 m oberhalb des unterlagernden kristallinen Grundgebirges. SE-Wand eines kleinen auflässigen Steinbruchs, 150 m ab dem Abzweig von der B85 zum Parkplatz Rothenburg

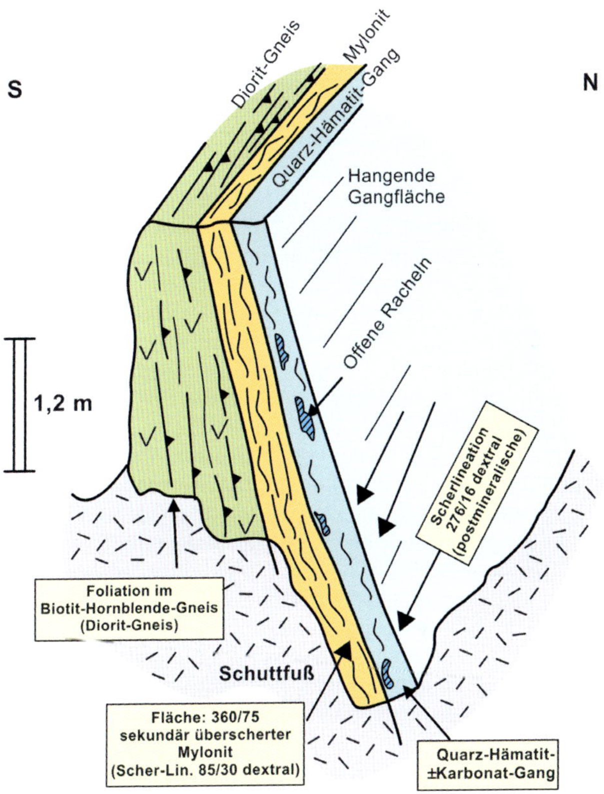

Abb. 4.7: Steinbruch 170 m E des Parkplatzes Rothenburg mit einer stehen gebliebenen Felsklippe. Das Blockbild erschließt die Abwicklung der geologischen Prozesse im Kyffhäuser-Kristallin.

an hydrothermal gebildeten Tonmineralen/Illit) dieser Gänge ergab für die Barytmineralisation eine Zeitspanne zwischen 115–100 Mio. Jahren (Unterkreide bis Beginn Oberkreide).
400 m weiter auf der Schotterstraße abwärts erreichen wir den Parkplatz vor der Rothenburg. Dies ist der Ausgangspunkt für eine kleine Rundwanderung (ca. 1 km) zu mehreren alten Steinbrüchen, welche an der steilen Westkante des oberen Steintales früher betrieben wurden. Dazu bewegen wir uns vom Parkplatz nach Osten und folgen nach ca. 80 m an der Gabelung dem linken Abzweig des Wanderwegs und erreichen nach weiteren ca. 50 m auf der linken Seite einen verlassenen Steinbruch, in welchem eine 3–4 m hohe Felsklippe im vorderen Bereich stehen geblieben ist (Abb. 4.7) (**51**).

An dieser Klippe sind wichtige Aspekte der Geologie des kristallinen Grundgebirges des Kyffhäusers in einer Stelle komprimiert zu studieren. An der linken (südlichen) Seite stehen graugrüne massige Gesteine an, welche dunkle Blättchen von Biotit-Glimmern und stängelige Hornblendekristalle sowie graue Feldspäte (Plagioklase), jedoch kaum Quarz führen und als Diorite bezeichnet werden. Sie wurden nach ihrer Platznahme vor ca. 340–345 Mio. Jahren noch regionalmetamorph in Amphibolit-Fazies überprägt und dabei intensiv durchgeschert. Sie haben deshalb einen metamorphen Lagenbau (Foliation) und werden auch als Diorit-Gneise bezeichnet. Da die Muttergesteine Magmatite waren, kann man sie allgemein auch als Orthogneise bezeichnen. Im mittleren Teil der Klippe sind die Diorit-Gneise besonders stark an einem ca. 0,5 m breiten Störungsband, einer Scherzone, zerrieben. Aufgrund der dabei dominierenden plastischen (duktilen) Verformungen ist sie als mylonitische Scherzone zu bezeichnen. Die darin erkennbare jüngere Umbildung der Biotite und Hornblenden zu grünlichen Chlorit-Mineralen der Grünschiefer-Fazies und die teilweise auch anzutreffenden Sprödverformungen innerhalb der Scherzone signalisieren eine Temperaturabnahme im Laufe der Entwicklung der Scherzone. Dies sind Hinweise darauf, dass eine Anhebung des Grundgebirges des Kyffhäusers und damit seine Verfrachtung in die „kühleren" Bereiche der oberen 10 km der Erdkruste begann. An der gut ablösenden Hangendfläche (rechts) der Scherzone ist ein gering mächtiger Leukogranit-Gang eingedrungen (333 Mio. Jahre), der von wirren Spaltenfüllungen mit offenen Schlotten einer Hämatit-führenden hydrothermalen Quarzmineralisation durchsetzt wird. Die variszische Entwicklung im Kristallin des Kyffhäusers schließt mit dem spaltenförmigen Eindringen der Leukogranite im Laufe des Unterkarbons ab. Die kleinen Quarz-Hämatit-Gängchen und Quarz-Drusen können bereits einer oberkarbonisch-permischen Bruchtektonik zugeordnet werden, da ähnliche Bildungen auch in den oberkarbonischen und permischen Sedimenten als Spaltenfüllungen vorkommen.

Wir erreichen nach weiteren 150 m eine Lichtung mit einem aufgelassenen Steinbruch. An der westlichen Steinbruchswand (**52**) (Abb. 4.8) stehen ebenfalls dunkle Diorit-Gneise an, die auch von Mylonitzonen durchzogen sind und von an-

Abb. 4.8: Aufgelassener Steinbruch in dunklen Diorit-Gneisen an der Westseite des Oberen Steintals. Sie werden von hellen Leukogranit-Gängen durchsetzt (Abb. 4.9). Blick nach NW.

Abb. 4.9, Detail aus Abb. 4.8: Steil geschieferte Diorit-Gneise werden von rötlichen Leukogranit-Gängen durchschwärmt. Dritter Steinbruch an der Westkante des oberen Steintals, Nordseite. Lange Bildkante ca. 1 m. Blick nach W.

und abschwellenden rötlichen Leuko-Granit-Gängen diagonal durchadert werden (Abb. 4.9).

Wir verlassen den ehemaligen Steinbruch nach rechts und folgen dem allmählich bogenförmig nach links einschwenkenden Pfad nach Westen um den Steinbruch herum und erreichen nach 250 m nochmals einen hier etwa 10 m mächtigen Leukogranit-Gang (**53**), welcher mit 35° nach rechts (Süden) einfällt und die einhüllenden dunklen, gut spaltbaren Biotit-Hornblende-Gneise durchtrennt (Abb. 4.10).

Abb. 4.10: Leukogranit-Gang durchschlägt einen Biotit-Hornblende-Gneis. 250 m N vom Parkplatz an der Rothenburg.

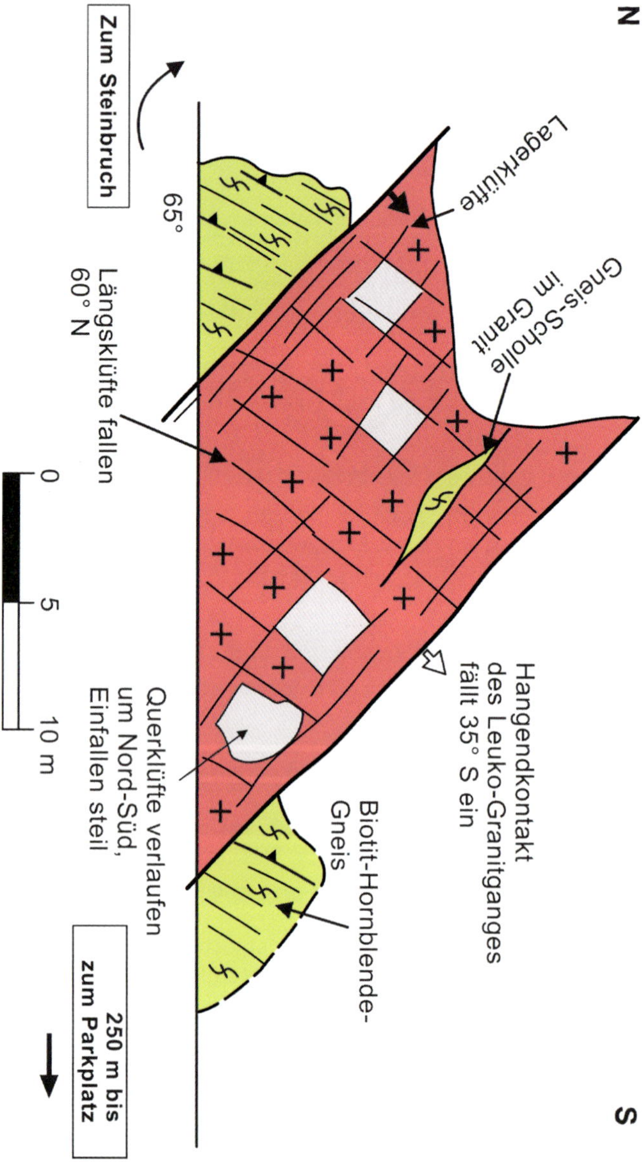

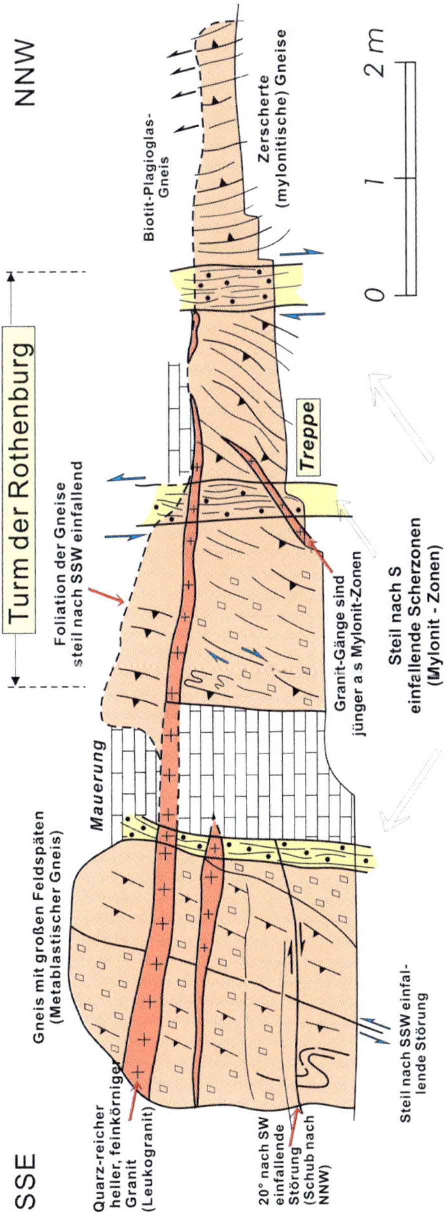

Abb. 4.11: Aufschluss in Biotit-Plagioklas-Gneis unterhalb des Burgturms der Rothenburg. Metamorphe Sprossung (Blastese) von rötlichen Kalifeldspat-Kristallen entregelt örtlich das steile Flächengefüge (Foliation) der Gneise, die noch von Mylonitzonen und jüngeren Leukogranit-Gängen durchzogen werden.

Abb. 4.12: Intensiv verfaltete und an Abscherflächen zerlegte Kalksteinlagen (Kalksilikatfelse, Aufsicht) und hellere Marmor-Lagen an der Südflanke der Sommerwand (Blick nach E).

Kalksilikatfelse: Aus sandigen oder tonigen Kalksteinen (Mergeln) entstandene metamorphe Gesteine.

Marmor nennt man metamorphen kristallinen Kalkstein.

Wer weitere Aufschlüsse im Grundgebirge des Kyffhäusers besuchen möchte, kann vom Parkplatz aus um den neuen Hotelkomplex herum auf den Hof der Rothenburg (zwischen Burgturm und Palas) und an den steilen Felsanriss direkt östlich-unterhalb des Burgturms laufen (**54**). Dort sind steil stehende, stark zerscherte Biotit-Plagioklas-Gneise angeschnitten (Abb. 4.11).

Die Aufschlüsse an der Sommerwand (**55**) erreicht man, wenn man der Geländerippe der Rothenburg, jenseits der Ringmauer, weiter nach Westen folgt. Nach 200 m trifft man zunächst auf kleine verlassene Steinbrüche und Felsanrisse. Hier stehen massige grobkörnige schwarzgrüne Gesteine des Hornblende-Gabbro-Komplexes an, welcher nördlich an die Biotit-Plagioklas-Gneise angrenzt. Die Biotit-Plagioklas-Gneise sind am Südabhang der Sommerwand angeschnitten und enthalten dort intensiv verfaltete Karbonatgesteinslagen (Kalksilikatfelse mit Marmor-Lagen). Die Biotit-Plagioklas-Gneise stellen am Kyffhäuser die einzigen, auf sedimentäre Ausgangsgesteine rückführbaren Gneise dar (Paragneise) (Abb. 4.12).

Das Karstgebiet am Süd- und Westrand des Kyffhäusers

Um den regionalen Zusammenhang zu wahren, sollen hier bereits die Zechsteinvorkommen um den Kyffhäuser beschrieben werden.

Der Südrand des Kyffhäusers ist durch ein trockenes und warmes Lokalklima mit daran angepasster Vegetation geprägt und seit ca. 10.000 Jahren auch Siedlungsraum des Menschen, wie die umfangreichen Ausgrabungen in der Schuchardshöhle am Kosakenberg, 2 km westlich von Bad Frankenhausen zeigten. Die im heutigen Stadtgebiet von Bad Frankenhausen verlaufenden steilen Ost-West-Bruchzonen machten die heutige Ortslage seit jeher zu einem begehrten Siedlungszentrum, denn an ihnen treten Salzsolen aus. Frankenhausen wird erstmalig im 9. Jahrhundert als fränkische Siedlung erwähnt, frühzeitig gesichert von schützenden Burgen (Wasserburg im SE der heutigen Stadt, Ober- und Unterburg) für die hier stattfindende Salzgewinnung aus den austretenden Solquellen.

Die hier vorgeschlagene Exkursion liegt im GeoPark Kyffhäuser und soll uns instruktive Aufschlüsse im Zechstein und dem unterlagernden Oberkarbon am Süd-, West- und Nord-Rand des Kyffhäusers zeigen. Die Route folgt dabei teilweise dem Geologisch-Botanischen Wanderweg, der an der Oberkirche in Bad Frankenhausen beginnt und die auch unser erster Exkursionspunkt sein soll.

Die Oberkirche in Bad Frankenhausen (56)

Die am Nordrand der Stadt liegende weit sichtbare Oberkirche (erbaut 1382) steht auf einer vom Südhang des Kyffhäusers her eingetragenen Hangschuttdecke und darunter auf Subrosionsrückständen, welche die von Karsterscheinungen zerschrunzten Sulfatgesteine des Hauptanhydrits (Leine-Zyklus/Zechstein 3) als unlösliche Rückstände hinterließen. Unmittelbar südlich der Kirche verläuft außerdem eine in Ost-West-Richtung streichende Gruppe von steil nach SSW und NNE einfallenden Störungen (Frankenhäuser Störung), sodass dieser Bereich bis zum Stadtzentrum (Kurpark) wegen der dadurch verstärkten Wasserzirkulation einer besonders aktiven Verkarstung (Subrosion) des Zechsteinsalinars un-

Abb. 4.13: Der Schiefe Turm der Oberkirche von Bad Frankenhausen hat sich seit 1640 um über 5° geneigt.

terliegt. Dies führt zu ständigen differenzierten Absenkungen des Geländes mit der Gefahr von fortwährend auftretenden Bauschäden infolge von Geländeabsenkungen und Tagesbrüchen. Dies zeigt sich drastisch an der Verkippung des Kirchturms, über dessen bedenkliche Neigung schon 1650 berichtet wird und dessen Turmachse inzwischen (2011) um 4,45 m aus der Vertikalen nach NE verkippt ist, was einer Neigung von 5,19° entspricht. Dies zwingt die Stadt und das Land Thüringen zu ständigen kostspieligen Sicherungsmaßnahmen. Zum Vergleich: der Schiefe Turm von Pisa hat dagegen „nur" eine Verkippung von 4°.

Kurpark Bad Frankenhausen (57)

Im Quellgrund des Kurparks unmittelbar neben dem Thermal-Solebad treten im Bereich eines alten Karst-Einbruchs die eingefasste Elisabeth- und die Schuttschacht-Quelle zutage (Schautafeln). Der bereits 1818 begonnene Kurbetrieb nutzte zunächst nur die an E-W-Störungen direkt austretenden Solen. In den Jahren zwischen 1857 und 1866 wurden zwei Bohrungen abgeteuft (Endteufen 343 bzw. 346 m), welche das noch teilweise erhaltene Steinsalzlager des Stassfurt-Zyklus (Zechstein 2) unterhalb des Sulfats des Leine-Zyklus („Hauptanhydrit"/Zechstein 3) erreichten und aus denen seitdem Solen mit 3–4 % NaCl für den Kurbetrieb und das benachbarte Thermalbad gefördert werden. Eine weitere Bohrung, die sogenannte Kyffhäuser-Bohrung, wurde 1970 zur Erweiterung der Soleförderung abgeteuft.

Vom Kurpark ist ein Abstecher zum nahe gelegenen Regionalmuseum mit einer naturwissenschaftlichen Sammlung zu empfehlen.

Steinbruch Rottleben (58)

Über die Rottlebener Straße geht es dann am Südrand des Kyffhäusers nach Westen bis ca. 100 m über den Straßenabzweig nach Rottleben hinaus zu einem nach rechts (Nord) abgehenden gepflasterten Talweg (Parkmöglichkeit).

Talaufwärts bewegen wir uns zunächst auf mehreren hundert Metern in flach nach Süden einfallenden Sulfatgesteinen (an der Oberfläche Gips) des Werra-Zyklus („Älterer Gips"/ Zechstein 1), welche an der rechten (östlichen) Talböschung mehrfach angeschnitten sind. Über einen Pfad ist von hier die nicht für die Öffentlichkeit erschlossene Prinzenhöhle (Karst-Spaltenhöhle, 40 m lang) zu erreichen. Nach ca. 600 m zweigt aus dem Tal nach rechts ein Zugang zu einem verlassenen Steinbruch ab, den wir besuchen wollen (Abb. 4.14).

An der rechten Steinbruchs-Wand werden flach nach SW einfallende Konglomerate und Schluffsteine des Oberkarbons (Obere Kyffhäuser Schichten) von einem hellen Gesteinsband

Abb. 4.14: Die Ostwand eines verlassenen Steinbruchs N Rottleben am SW-Rand des Kyffhäusers.

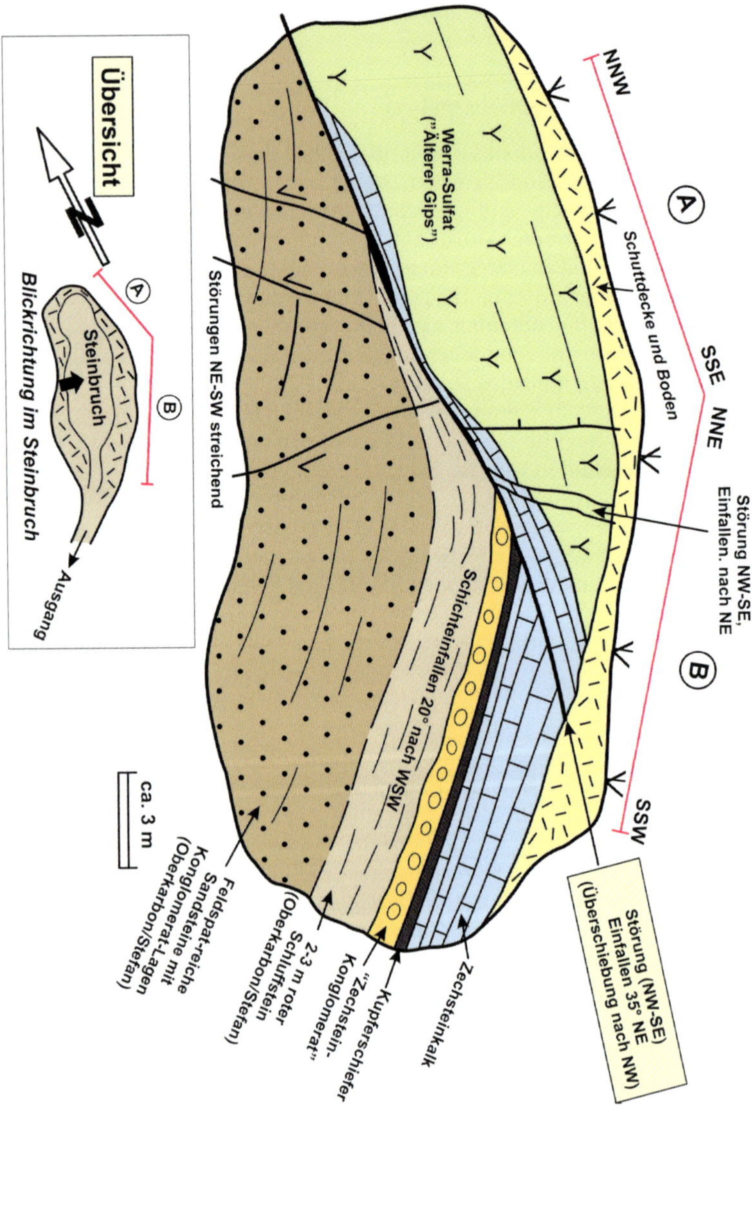

überlagert, das als Aufarbeitungs-Horizont („Zechstein-Konglomerat") der Zechstein-Transgression anzusprechen ist. Das Porphyrkonglomerat (Oberrotliegend) ist hier nicht entwickelt. Das Zechstein-Konglomerat wird von einer dünnen dunklen Lage, dem hier nur ca. 25 cm mächtigen Kupferschiefer, und darauf noch von Zechstein-Kalk und dem Werra-Sulfat (Werra-Formation, Zechstein 1) überlagert. An einer NW-SE streichenden Störung, einer Überschiebung, wurde die hangende (obere) Scholle, wahrscheinlich in der Zeitspanne zwischen der Oberkreide und dem Alttertiär, nach NW aufgeschoben. Dieser Aufschluss ist interessant, weil er uns auch den unmittelbaren Unterbau unseres nächsten Aufschlusses, der Barbarossa-Höhle (1 km westlich) zeigt.

Die Barbarossa-Höhle bei Rottleben (59)

Die Höhle erreicht man über die Fahrstraße von Rottleben nach Steinthaleben, 1,5 km NW von Rottleben. Im Empfangsraum wird die Entwicklung der Barbarossa-Höhle in Schautafeln instruktiv und basierend auf dem gegenwärtigen Kenntnisstand präsentiert.

Diese bedeutende Karst-Höhle wurde 1865 zufällig entdeckt, als der quer zum SW-Einfallen der Schichtfolge des Zechsteins in nordöstlicher Richtung auf die Erkundung des Kupferschiefers angesetzte Falkenburger Stollen nach ca. 150 m Länge unerwartet große Karsthohlräume in Anhydrit-Gesteinen erreichte. Ein weiterer Stollen, der Betriebsstollen, wurde 1869 aufgefahren. Für diese Höhle hatte sich bald der Name Barbarossa-Hohle eingebürgert. Der Ansatzpunkt des Stollens lag im Stassfurt-/Leine-Sulfat und die Auffahrung bewegte sich im stratigraphischen Profil des Zechsteins abwärts über den Stinkschiefer, ein Äquivalent des Stassfurt-Karbonats, weiter in die Anhydrit-Gesteine des Werra-Zyklus. Hier wurden über eine Fläche von 15.000 m^2 verteilt, große Karsthohlräume angetroffen. Der Stollen wurde noch bis zum eigentlichen Zielhorizont, dem Kupferschiefer, weitergeführt, der sich aber wegen zu geringer Metallgehalte als nicht abbauwürdig erwies.

Mit der Barbarossa-Höhle liegt ein Sonderfall vor, da Karsthohlräume in Sulfatgesteinen sich normalerweise in der überlagernden und leichter auflösbaren Gipsrinde unmittelbar unter der Oberfläche bilden. Für die Entstehung von Karsthöhlen in den schwerer löslichen und gegen Frischwasserzulauf durch die Überdeckung mit Gips („Gipshut") und den Hauptdolomit/Stinkschiefer der Staßfurt-Folge gut geschützten Anhydriten ist ein besonderer Mechanismus erforderlich. Dies ist in der Barbarossa-Höhle dadurch gegeben, dass ein gut geklüftetes Gestein, das an der Oberfläche Zugang zu Oberflächenwasser hat, den Werra-Anhydrit unterlagert. Dies ist der ca. 10 m mächtige und intensiv zerklüftete Wasserleiter des Zechsteinkalks. Von diesem aus werden die infolge der Abdichtung des hydraulischen Systems durch den auflagernden Hauptdolomit/Stinkschiefer artesisch gespannten Oberflächenwässer von unten her aus dem Zechsteinkalk in die auflagernden Anhydrite einpresst. So entwickelte sich entlang des sich mit der Auflösung der Sulfatgesteine permanent verändernden Niveaus des Karstwasserspiegels ein Höhlensystem direkt oberhalb der Karbonatgesteine in die überlagernden Sulfatgesteine hinein. Die Barbarossa-Höhle ist damit auch eine Schichtgrenzhöhle. Obgleich die Schichtfolge des Zechsteins um ca. 30°–40° nach SW verkippt ist, hat sich die Höhlenbildung im Anhydrit infolge der Wirkung der chemischen Barriere des Karstwasserspiegels in einer mit dem Karstwasserspiegel sich vertikal verschiebenden horizontalen Fläche abgespielt. Verschiebungen der Wasseroberfläche erfolgten durch vertikale Krustenbewegungen oder infolge von Veränderungen des Fließsystems. Dies hat im Laufe ihrer langen Entwicklung zur heutigen vertikalen Erstreckung des Höhlensystems geführt. Weitere Höhlenbildungen werden im oberflächennahen Hauptanhydrit der jüngeren Leine-Formation (Zechstein 3) im Hangenden des Stinkschiefers vermutet.

Chemische Barriere: Grenzschicht, an der durch abrupte Änderungen der physikochemischen Bedingungen Minerale ausgefällt werden können.

An den Höhlenwandungen können die vielfältigen Sedimentstrukturen des Werra-Anhydrits studiert werden. Sie zeigen, dass die Schichten etwa parallel zur Hauptachse des Höhlensystems verlaufen (NW-SE) und im Mittel mit 30–40° nach SW einfallen. Die Höhlenbildung schneidet also die zuvor verkippte Schichtenfolge. Der ehemals im Anhydrit eingelagerte Steinsalz-Horizont (Werra-Steinsalz) ist abgelaugt und wird durch Residualbildungen (Tonhäutchen, Sulfat-Brekzien) angedeutet.

In den Bereichen oberhalb des Wasserspiegels führt der zirkulierende Luftstrom im Höhlensystem der Barbarossa-Höhle (CO_2-reiche feuchte Luft) zur fortwährenden Umbildung

Abb. 4.15: Anhydrit-Lappen an der Decke der Barbarossa-Höhle.

des Anhydrits zu Gips und wegen der damit verbundenen Volumenzunahme um mehr als 10 % zum Ablösen der charakteristischen „Lappen" an den Decken und Höhlenwandungen der heute wasserfreien Hohlräume (Abb. 4.15).

Die Überdeckung der Höhle schwankt zwischen wenigen Metern und erreicht im nordöstlichen Teil der Höhle bis zu ca. 100 m.

Für einen effektiven Lösungsprozess (Subrosion) in Karstgebieten ist eine funktionsfähige Wasserzirkulation erforderlich, welche, wie an der Barbarossahöhle der Fall, den Antransport der Süßwässer und den Abtransport der konzentrierten Solen garantiert. Im Falle von stagnierenden gesättigten Wässern (Solen) käme der Auflösungsprozess zum Stillstand. Die Entwicklung des Höhlensystems der Barbarossa-Höhle wird auf ca. 300.000 Jahre geschätzt, das Karstsystem ist jedoch weiterhin aktiv, wie die immer wieder auftretenden Erdfälle am Rand des Kyffhäusers, so auch bei Rottleben (zuletzt 2009) zeigen. Durch Nachbrechen können die gebildeten Hohlräume ständig verändert werden und bisweilen auch bis zur Tagesoberfläche durchbrechen. Dabei entstehen an der Oberfläche mannigfaltig geformte, meist rundliche Einbrüche (Erdfälle).

Abb. 4.16: Geologischer Schnitt in SW-NE-Richtung entlang des „Entdeckungsstollens" der Barbarossa-Höhle bei Rottleben am Kyffhäuser. Entw.: M. Kupetz.

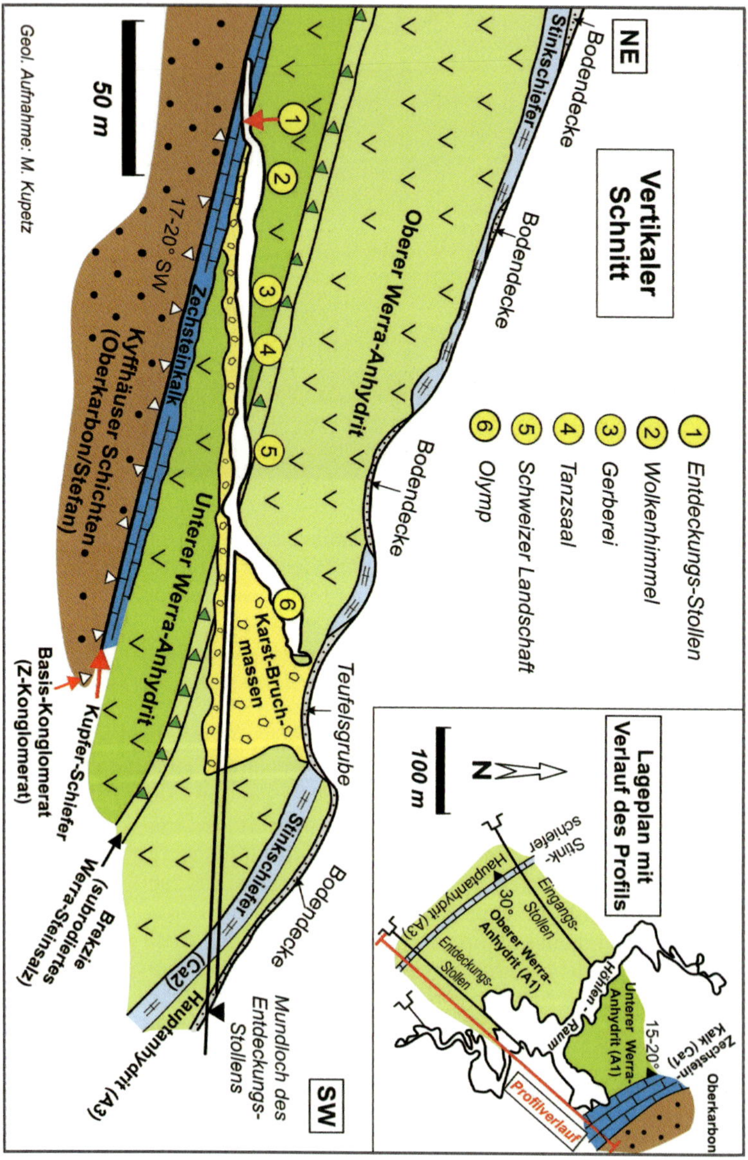

Die Barbarossa-Höhle gehört im beschreibenden Sinne zum Typ der „Mansfelder (Kalk-) Schlotten". Im genetischen Sinne handelt es sich um eine hypogene Schlotten- bis Laughöhle. Die optimale hydraulische Voraussetzung für deren Bildung ist dann gegeben, wenn ein von der Erdoberfläche mit einsickerndem Süßwasser erfüllter Kalkstein-Kluftwasserleiter von einem wenig geklüfteten bis impermeablen Gestein (Anhydrit) und weiter im Hangenden von einer effektiven hydraulischen Barriere überlagert wird. Mit wachsender Eindringtiefe der Wässer kann sich ein stetig steigender Wasserüberdruck ausbilden. Dieser ermöglicht es, dass die bei ihrem Einsickern zunehmend an gelöstem Karbonat gesättigten und hydraulisch gespannten Kluftwässer durch Konvektion über dort vorhandene steile Klüfte oder Störungen oder durch einfache Auflösung in die hangenden Anhydrit-Gesteine eindringen können. Die Reaktion der Karbonat-Wässer mit Anhydrit ermöglicht die effektive Auflösung der Anhydrite im durchströmten Bereich und führt zu Großhöhlenbildung. Durch die dabei gleichzeitig erfolgende Ausfällung des Karbonat-Inhalts der Wässer entstanden sekundäre „Dolomit-Aschen". Dies sind Residualsedimente („Höhlensedimente"), welche aus ausgefälltem Calcit und Dolomit, vermischt mit unlöslichen tonigen Bestandteilen, bestehen. Sie können eingebettete Fossilien und menschliche Artefakte enthalten, sodass sie für die Rekonstruktion der Höhlengeschichte von großer Bedeutung sind.

Hydraulische Barrieren gegen migrierende Fluide (Wässer, Gase) entstehen an schwer durchlässigen Schichten, z. B. Tonsteinen. Hier bilden die wenig geklufteten Anhydrite im Hängenden eine solche Barriere.

Steinthaleben (60)

Von der Barbarossa-Höhle geht es in der jungen Subrosionssenke am Westrand des Kyffhäusers entlang nach Steinthaleben (2 km) und von da auf einen Abstecher auf die Anhöhe 1 km SW von Steinthaleben. E der Straße finden sich verlassene große Sandgruben, in denen bis gegen Mitte des 20. Jahrhunderts reine Quarzsande und Kiese des Alttertiärs (Eozän) und auch kleine Braunkohlenvorkommen erkundet und abgebaut wurden. Diese Sedimente füllten eine bereits im Alttertiär entstandene Subrosionssenke auf, die heute eine Hochlage bildet, da sich die jüngere Subrosionssenke inzwischen weiter nach Osten, an den Kyffhäuser heran, verlagert hat.

Numburg- und Solberg-Quelle

Zurück nach Steinthaleben fahren wir nach Norden in Richtung Kelbra und erreichen nach 4 km die Straße, welche am Südufer des Kelbraer Stausees (Hochwasser-Rückhaltebecken der Helme) entlang zwischen Kelbra und Badra verläuft. Wir wenden uns nach links Richtung Badra (Westen) und biegen nach ca. 1 km in eine Schotterstraße ab, die am Südufer des Stausees in Richtung Auleben führt und nach ca. 1,5 km die Numburg-Quelle (**61**) erreicht (Schautafeln). Hier treten Solen in einem kleinen, der Quelle vorgelagerten Teich aus und fließen Richtung Stausee ab (Salzfloren). Am Ende der 80er Jahre des vorigen Jahrhunderts hatte sich durch hohe Wasserzuläufe (bis 30 m^3/min.) aus dem Kelbraer Stausee in die Grubenbaue des Westfeldes der Schachtanlage Thomas Müntzer in Sangerhausen (Kupferschieferbergbau) der Karstwasserspiegel am Nordrand des Kyffhäusers so weit abgesenkt, dass am Nordfuß der Numburg die größte Karsthöhle des Kyffhäusers entdeckt und von Höhlenforschern befahren und dokumentiert werden konnte. Nach dem Wiederanstieg der Grundwässer infolge der Einstellung des Bergbaus wurde das Höhlensystem wieder geflutet. Der Höhleneingang ist verschlossen.

Nach weiteren 1,8 km ab der Numburg-Quelle erreicht man eine weitere, am Fuß des Solberg östlich von Auleben (**62**) (Abb. 4.16) austretende Solquelle (besser von Auleben aus zu erreichen, 1,5 km vom Ortsausgang nach Osten). Die Quelle hat eine mittlere Schüttung um die 600 l/min. Gemäß den durchflossenen Gesteinen handelt es sich wie an der Numburg-Quelle um sulfatisch-chloridische Wässer ($Na\text{-}Ca\text{-}Cl\text{-}So_4$-Wässer) mit einem Salz- (NaCl-) Gehalt von ca. 5 g/l. Wegen des Salzgehalts war der unmittelbar nach Süden angrenzende Solberg seit der späten Steinzeit (2.600–2.200 J. v. Chr.) und in der Bronzezeit (1.300–800 J. v. Chr.) besiedelt, wie umfangreiche Ausgrabungen in den Jahren 1952–53 ergaben. Wegen der relativ geringen Salzgehalte hat sich hier aber später keine nachhaltige Salzgewinnung mehr etablieren können. Aufgestellte Schautafeln erläutern die Geologie, die endemischen Salzfloren und die prähistorische und spätere Entwicklung.

Beide Karstquellen markieren eine E-W verlaufende Störungslinie (Kelbraer Störung), an der die Hochscholle auf welcher der Kyffhäuser liegt, staffelförmig um mehr als 100 m nach Norden zur Tiefscholle der Goldenen Aue abgesenkt wird. Die-

Abb. 4.17: Die Solbergquelle an der Schotter-Straße Kelbra-Badra-Auleben

se Störungslinie ist auch morphologisch als Geländekante ausgeprägt, denn an der Hochscholle (Südseite) ragen die steilen Flanken der Gipshügel auf, welche aus „Älterem" und „Jüngerem" Gips bestehen. Dies sind die Sulfatgesteins-Horizonte des Werra-Zyklus (Zechstein 1) und des Leine-Zyklus (Zechstein 3). Dazwischen findet man verstreut einzelne Brocken eines dunklen, bituminös (nach Öl) riechenden Tonsteins, des Stinkschiefers, welcher einer Tiefwasserfazies des Stassfurt-Karbonats (Hauptdolomit) entspricht. Die von der Hochscholle des Kyffhäusers nach Norden abfließenden Niederschlagswässer (Süßwässer) erreichen entlang von Klüften und Störungen (Verwerfungen) auf ihrem Weg auch die löslichen Gesteine des Zechsteins. Vor allem die mächtigen Sulfatgesteine und Reste der schon weitgehend abgelaugten Steinsalzlager und Karbonat-Gesteine sind es, die partiell weiter aufgelöst werden und dadurch Karsthöhlen entstehen lassen. Die Mineral beladenen Solwässer fließen am Fuße des Höhenzuges wieder aus.

Zechstein-Transgression zwischen Kelbra und Badra

Als Abschluss der Kyffhäuser-Exkursion kehren wir zum Abgang zur Straße Kelbra-Badra zurück und laufen ca. 500 m auf der nach SW in Richtung Badra führenden Straße. In Felsanrissen entlang der Straße (**63**) ist die Überlagerung der hier mit 5–10° nach N einfallenden Basis des Zechsteins auf die ebenso flach lagernden, jedoch ca. 50 Mio. Jahre älteren Konglomerate und Sandsteine des Oberkarbons aufgeschlossen (Kyffhäuser Schichten/Stefan). Da die Sandsteine schräggeschichtet sind, entsteht der – scheinbare – Eindruck einer diskonformen Auflagerung des Zechsteins (Abb. 4.17). Der Zechstein beginnt mit einem basalen, durch den Vormarsch des Meeres erzeugten Aufarbeitungshorizont von 0,5–1,0 m, dem „Zechstein-Konglomerat", gefolgt vom dunklen Band (0,3 m) des Kupferschiefers und darauf dem hier mit 3–4 m etwa zur unteren Hälfte seiner Gesamtmächtigkeit aufgeschlossenen Zechsteinkalk (Werra-Formation/Z1).

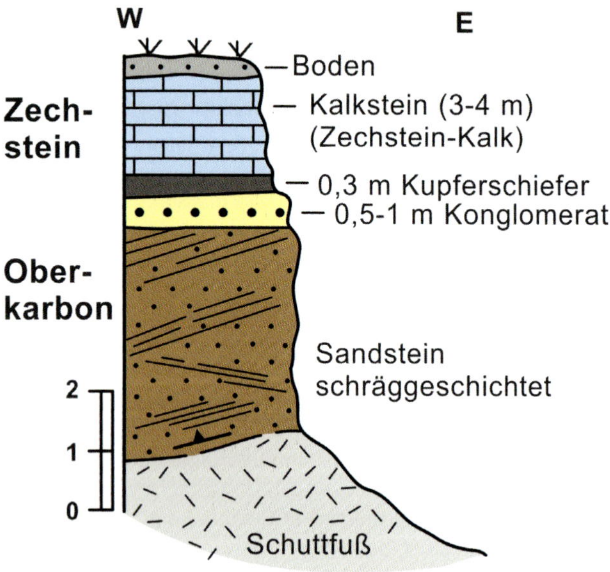

Abb. 4.17: Profil der Auflagerung des basalen Zechsteins auf Kyffhäuser Schichten (Oberkarbon/Stefan). Felsanrisse an der Straße Kelbra-Badra.

Als das Meer zurückkam: Die Zechstein-Zeit

Mit der Auffaltung und Heraushebung des Variszischen Gebirgsstranges im Oberkarbon wurde das Meer nach Nordwesten verdrängt und es folgte eine ca. 60 Mio. Jahre andauernde, bis in das obere Perm reichende Festlands-Periode in Mitteleuropa. Seit den variszischen Plattenbewegungen war unser Gebiet soweit über den Äquator nach Norden verschoben worden, dass es sich im Perm bereits dem nördlichen Wendekreis näherte. Klimatisch bedeutete dies ein trockenes Wüsten- bis Savannenklima, wie wir es heute in der Sahel-Zone in Afrika antreffen. Unter diesen Bedingungen wurde das Variszische Gebirge schnell abgetragen. Am Ende der Rotliegend-Zeit lag dann im Umfeld des heutigen Harzes schließlich eine weitgehend eingeebnete Landschaft vor, aus der nur noch einzelne verbliebene Höhenzüge von sehr verwitterungsresistenten Gesteinen herausragten. Vor 257 Mio. Jahren wurde diese mitteleuropäische Wüstenlandschaft über eine im Gebiet der heutigen Nordsee befindliche, periodisch sich öffnende Senkungszone, die dem „Panthalassischen Ozean" den Zugang nach Süden öffnete, mehrmals überflutet. Dies war die für die weitere Erdgeschichte Mitteleuropas so wichtige Zechstein-Transgression (Abb. 5.1), mit der nach der Festlandsperiode des Oberkarbon-Rotliegend eine mehr als 200 Mio. Jahre andauernde Periode von sich immer wieder abwechselnden Meeresüberflutungen und Meeresrückzügen begann.

Durch den ersten Meeresvorstoß zu Beginn des Zechsteins wurde nun die alte Landoberfläche aufgearbeitet und die oberste Gesteinsschicht im lokalen Rahmen umgelagert und dabei nach Korngrößen klassiert und z.T. auch nach unterschiedlichen Gesteinsarten sortiert. Diese basalen Sedimente enthalten aber noch durch Flusswasser und durch die Tätigkeit des Windes beeinflusste Sedimentanteile, welche zusammengefasst als Weißliegend bezeichnet werden, da sie den roten Gesteinen des Rotliegenden als dünne Schicht partiell auflagern. Hierzu gehört auch die grobkörnige Variante des „Zechstein-Konglomerats". Als Grauliegendes werden durch den reduzierend wirkenden Kupferschiefer in seinem Liegenden anzutreffende gebleichte, ehemals durch Hämatit rötlich gefärbte Gesteine des Rotliegend bezeichnet. Die-

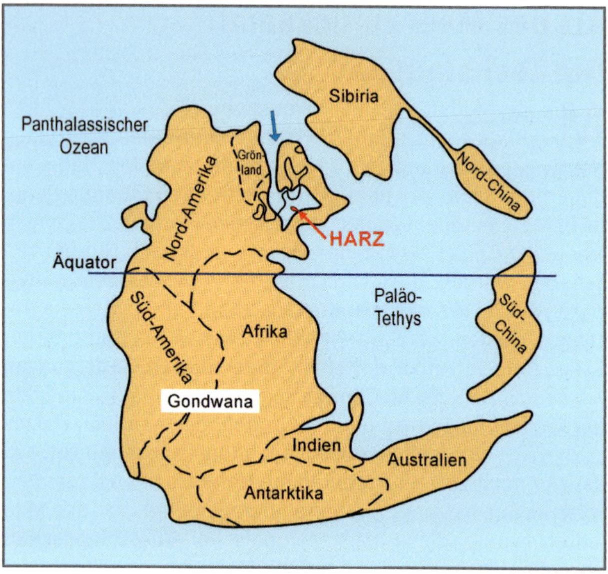

Abb. 5.1: Paläogeographische Skizze zur Zeit des Eindringens des Zechsteinmeeres von Norden her bis in den Bereich des heutigen Harzgebiets (rot markiert). Umgezeichnet und ergänzt nach SCOTESE.

se bei der Transgression aufgearbeiteten und sekundär umgewandelten Gesteine sind nur teilweise mariner Entstehung und werden stratigraphisch noch dem Rotliegend zugerechnet.

Die erste durchgängige Meeresablagerung des Zechsteins ist der Kupferschiefer. Dieser enthält trotz seiner geringen Mächtigkeit von nur ca. 0,5 m die größte Metall-Konzentration Mitteleuropas und wird wegen seiner großen historisch-wirtschaftlichen Bedeutung für das südöstliche Harzvorland (Bergbaureviere von Mansfeld und Sangerhausen) gesondert behandelt.

Das bei uns als „Zechstein" bezeichnete Zeitalter umfasst nur eine geologisch sehr kurze Zeitspanne von 6 Mio. Jahren (257,5–252,5 Mio. Jahre), innerhalb derer sich aber eine Fülle von hochinteressanten und wichtigen geologischen Ereignissen abspielte. Charakteristisch ist die mehrfach wiederkehrende Abfolge von basalen Tonsteinen, gefolgt von Kalksteinen, darauf Gips/Anhydrit, Steinsalz und schließlich die für die Landwirtschaft als Düngemittel so wichtigen K-Mg-Salze (Kalisalze). Im norddeutschen Raum sind diese Sedimentabfolgen durch die nahezu permanente Meeresbedeckung am vollständigsten entwickelt und wiederholen sich in 7 Formationen. Im Gebiet des südlichen Harzes sind davon nur die 4 unteren Formationen (Werra-, Stassfurt-, Leine-, Aller-Formation) annähernd vollständig, jedoch mit zahlreichen internen Gesteins-Wechseln (Fazies-Wechseln) ausgebildet. In unserem Raum ist nur im Zechstein 2 (Staßfurt-Formation) ein Kalilager, das Kalilager Staßfurt, entwickelt. Es wurde im nördlichen Teil des Thüringer Beckens bis in ca. 1000 m Teufe von zahlreichen Kalibergwerken des thüringischen und sachsen-anhaltischen Südharzreviers seit dem Beginn des 20. Jahrhunderts als wichtiger Rohstoff für die Düngemittelgewinnung abgebaut. Die Bergwerke sind inzwischen geschlossen. In unserem Exkursionsgebiet, dem engeren Südharzrand, sind die Stein- und Kalisalze durch ihre oberflächennahe Lage längst abgelaugt und nur die schwerer löslichen Anteile (Karbonat- und Sulfatgesteine) noch in Teilen vorhanden. Auch sie unterliegen der intensiven Ablaugung mit der Ausbildung von vielfältigen und z. T. gewaltigen Karsterscheinungen.

Die zyklische Gliederung des Zechsteins kann man durch die „Barrentheorie“ erklären. Diese wurde von OCHSENIUS entwickelt und erstmals 1877 veröffentlicht und ist seither immer weiter differenziert worden (Abb. 5.2). Sie besagt, dass über ein System von sich periodisch hebenden und senkenden Schwellen im Bereich der heutigen Nordsee mehrfach ozeanisches Meerwasser („Frischwasser“) in das zwischen den Britischen Inseln und Polen sich einsenkende mitteleuropäische Zechsteinbecken eindringen konnte. Zwei Besonderheiten bestimmen die Entstehung der mächtigen Evaporit-Lagen. Das heiße, aride Klima in der Zechsteinzeit hatte eine hohe Verdunstungsrate („Evaporation“) zur Folge. Dadurch konzentrieren sich gelöste Stoffe in einer Sole in einem Maße, welche weit über die normale Konzentration von Salzen im Meerwasser hinausgeht und sich am Meeresboden durch ihre höhere Dichte anreichert („Mutterlauge“). Bei Überschreiten der Löslichkeit fallen in umgekehrter Reihenfolge die gelösten Mineralkomponenten aus. Sich hebende Randschwellen („Barren“) haben nun den Effekt, die Zufuhr von Frischwasser aus dem offenen Meer zumindest zu reduzieren und dadurch den Abfluss der hochkonzentrierten Laugen zu verhindern.

Aus den Mutterlaugen“ schieden sich zunächst Kalksteine, gefolgt von Sulfatgesteinen (Anhydrit/Gips), Steinsalz und am Ende des Eindampfungszyklus Kalium-Magnesium-

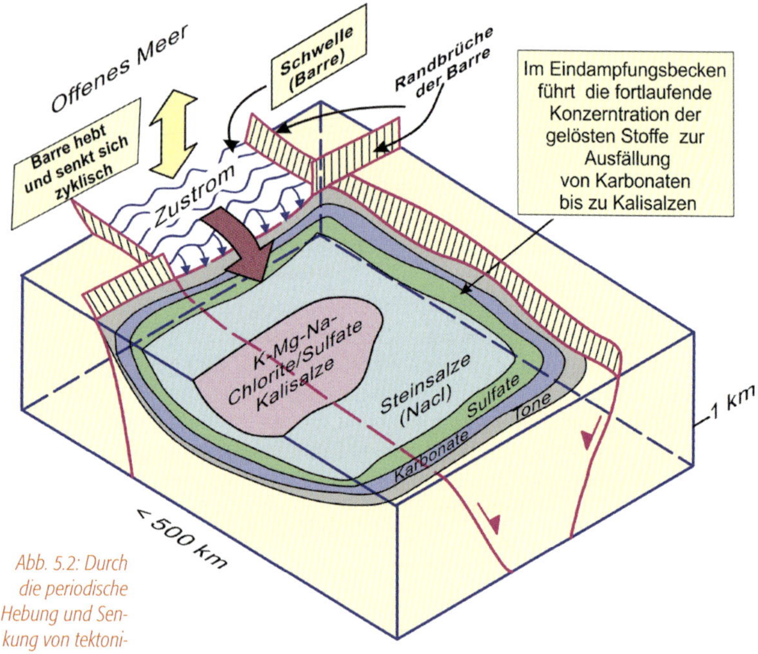

Abb. 5.2: Durch die periodische Hebung und Senkung von tektonischen Barrieren („Barren") wurde der Zustrom von Ozeanwasser reguliert und die Eindampfung des Zechstein-Beckens in mehreren Zyklen ermöglicht.

Salze (Kalisalze) ab (Abb. 5.2). Solche Zyklen fanden während des Zechsteins mehrfach statt. Die jeweilige Mächtigkeit der Gesteine eines solchen Evaporit-Zyklusses richtet sich neben dem Aufnahmepotenzial des Beckens auch nach der Dauer des Zulaufs in das Becken. Durch die Zumischung von „Frischwasser" konnte die salinare Abfolge abgebrochen werden und ein neuer Eindampfungs-Zyklus begann mit erneuter Karbonat-Ausscheidung. Die unsteten Hebungen und Senkungen der Barren waren die Ursache dafür, dass die salinaren Abfolgen teilweise unvollständig sind oder, wie es vor allem an den Rändern des Zechstein-Beckens der Fall war, auch ganze Formationen fehlen.

Die in die Salinarserien eingeschalteten, bis mehrere Meter mächtigen tonigen Sedimente, die sogenannten „Salztone", gehören streng genommen nicht zur salinaren Abfolge. Sie bestehen aus tonig-mergeligem bis feinsandigem Material, welches aus dem angrenzenden Festland (südlicher Rand des Thüringer Beckens) durch Wind und vereinzelte periodische Flüsse in das Becken eingetragen wurde.

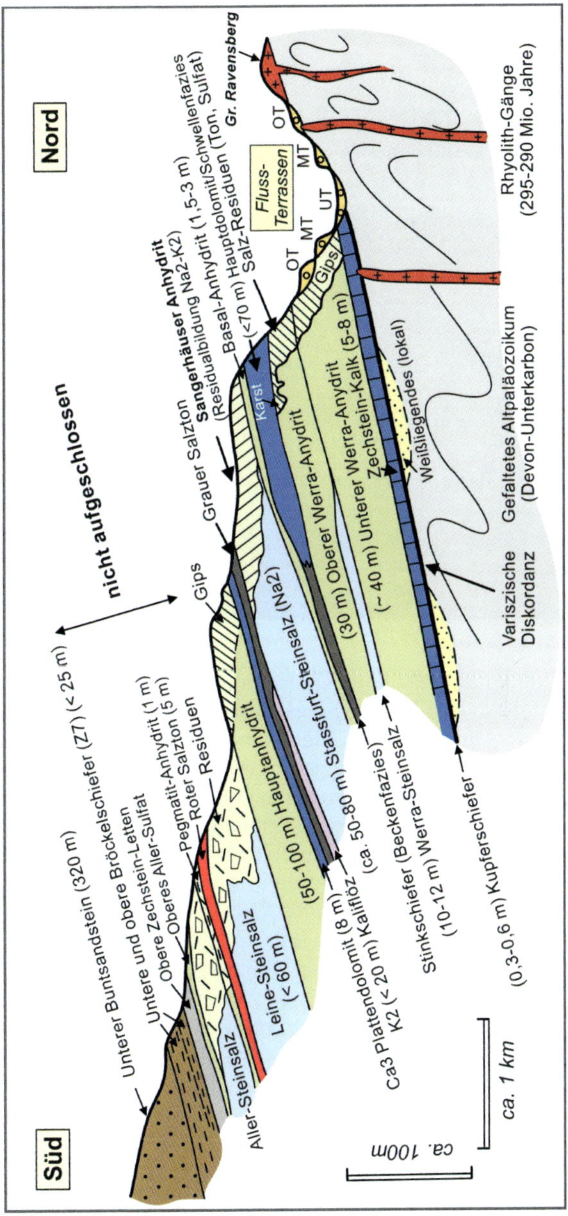

Abb. 5.3: Generalisiertes stratigraphisches Profil des Zechsteins bis zum Übergang zum Unteren Buntsandstein am Südrand des Harzes bei Bad Sachsa ohne Berücksichtigung der Riffbauten auf der benachbarten Eichsfeld-Schwelle. Das Einfallen der Schichtfolge entspricht etwa den realen Verhältnissen. Die subrodierten Bereiche der hochsalinaren Gesteine sind nur symbolisch vermerkt und greifen in der Realität noch tiefer nach Süden zu in die Schichtfolge ein. OT- Hochterrasse (Elster-Kaltzeit), MT-Mittelterrasse (Saale-Kaltzeit, UT-Unterterrasse (Weichsel-Kaltzeit).

Abb. 5.4: Fortschreitende oberflächliche Verkarstung in Zechstein-Gips nahe Auleben am Kyffhäuser.

Die am Südharz und Kyffhäuser austretende Schichtfolge des Zechsteins (Abb. 5.3) umfasst Teile der Werra-, der Staßfurt-, der Leine- und der Aller-Formation. Traditionell werden sie auch als Zechstein-Folgen oder von unten nach oben als Zechstein 1 bis Zechstein 4 durchnummeriert. Die jüngeren Ohre-, Friesland- und Fulda-Formationen sind in unserem Raum nur sporadisch vertreten.

Durch die junge Hebung der Blöcke des Harzes und des Kyffhäusers befindet sich der Zechstein seit der späten Oberkreide in der Nähe der Tagesoberfläche. Wegen der Harzhebung zum eingesunkenen Thüringer Becken hin ist die Schichtfolge bis auf ca. 30° nach S geneigt. Dies hat zur Folge, dass durch die vom Harzrand her mögliche Infiltration von Oberflächenwässern die Stein- und Kalisalze komplett aufgelöst (subrodiert) sind, die weniger gut löslichen Karbonat- und Sulfatgesteine nur verzögert aufgelöst werden, dafür aber stark verkarstet sind (Abb. 5.4). Reste der Stein- und Kalisalze sind erst in einer Tiefe von 200–300 m unterhalb der Trias des Nordrandes des Thüringer Beckens erhalten. Die immer weiter nach Süden in das Thüringer Becken hinein wandernde Grenze der Ablaugung der leicht löslichen Stein- und Kalisalze des Zechsteins zeigt sich im Gelände als charakteristischer „Salzhang“.

Die zahlreichen Aufschlüsse am südlichen Harzrand und am Kyffhäuser bieten nahezu einzigartige Möglichkeiten zu geologischen Streifzügen zu den Gesteinen des Zechsteins. Vom westlichen Harzrand bei Osterode bis nach Herzberg kann man in zahlreichen Aufschlüssen den SE-Randbereich des Zechstein-Hauptbeckens studieren, im Gebiet zwischen Herzberg und Bad Sachsa den Bereich der von SSW nach NNE verlaufenden Eichsfeld-Schwelle mit den charakteristischen Riffkarbonaten und E der Schwelle den Nordrand des großen Thüringer Beckens mit zahlreichen Zechsteinaufschlüssen am Rand des Südharzes und am Kyffhäuser.

Die Eichsfeld-Schwelle

Als „Schwellen“ bezeichnet man in der Geologie Hochgebiete wie Bergrücken oder Hügelketten, die eine Tiefebene, ein „Becken“ begrenzen. Sie können sowohl auf dem Festland (terrestrisch) oder in einem Meeresbecken (submarin) vorkommen. Während in Becken vor allem Sedimentgesteine abgelagert werden, ist die Sedimentation auf Schwellen und deren Rändern reduziert, faziell auf engstem Raum sehr wechselhaft oder es dominiert sogar Abtragung.

Eine seit dem oberen Perm wirksame Schwellenregion, die Altmark-Eichsfeld-Schwelle, im südlichen Bereich als Eichsfeld-Schwelle bezeichnet, verläuft in SSW-NNE-Richtung über den heutigen westlichen Harz nach Norden und markiert nördlich des Harzes den Westrand des Subherzynen Beckens (Braunschweig-Gifhorn-Bruchzone). Nach Süden umfasst sie den westlichen Teil des Thüringer Beckens bis zum nordwestlichen Thüringer Wald mit den jungmesozoisch darin eingebrochenen Ohmgebirgsgräben an der Ostflanke der Schwelle (Abb. 5.5). Der heutige, allerdings im Untergrund verborgene Höhenunterschied der Eichsfeld-Schwelle zu ihrem Umfeld, der Hessischen Senke im Westen und der Thüringischen Senke im Osten und Südosten ist beträchtlich. Wenn man die Zechsteinbasis als Vergleichsfläche nimmt, liegt sie auf der Schwelle heute in ca. + 300 m, in der Hessischen Senke bei

Abb. 5.5: Geologische Übersichtskarte des Südlichen Harzvorlands mit dem Kyffhäuser, der Eichsfeld-Schwelle (-Scholle), den Ohmgebirgs-Gräben und dem Nordteil des Thüringer Beckens.

Kartenausschnitt aus: Thüringen - Geologische Übersicht 1:400.000. Hrsg.: Thüringisches Landesamt für Bodenforschung, Weimar 1994..

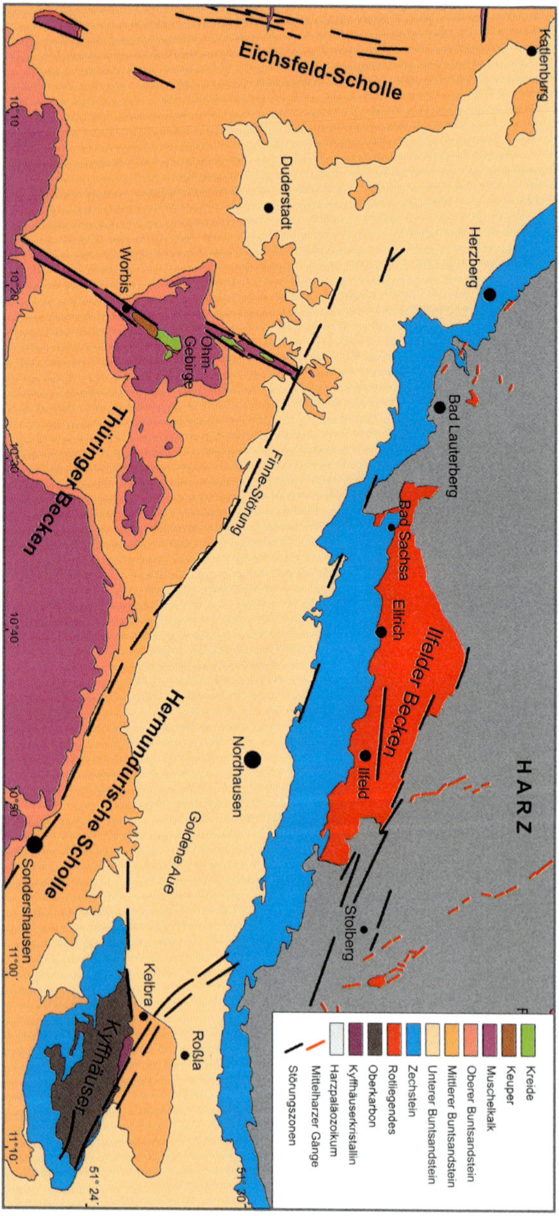

Göttingen und Kassel oder im Zentrum des Thüringer Beckens bei Erfurt aber in z.T. mehr als -1.250 m Tiefe.

Was hat man sich unter der Eichsfeld-Schwelle vorzustellen? Es ist eine in etwa Nord-Süd-Richtung verlaufende im oberen Perm durch bruchtektonische Vorgänge entstandene Hochscholle. Sie wird an beiden Flanken von steil nach außen, also nach W und E einfallenden Bruchzonen eingegrenzt, sodass ein großer, leistenförmiger Block entstand. Dieser führte ein gewisses Eigenleben, da er die im Oberperm einsetzende regionale Absenkung im mitteleuropäischen Raum nicht oder nur zögerlich mitmachte und während des basalen Werra-Zyklus noch über den Meeresspiegel herausragte oder von Riffbauten flankiert wurde. Einige Bereiche wurden erst im Laufe des Zechsteins mit dem Plattendolomit der Leine-Formation vollständig vom Meer überflutet. Da zu Beginn der Werra-Formation des Zechsteins die Schwelle noch weitgehend landfest war, konnte der Kupferschiefer nur an den Rändern der Schwelle abgelagert werden. Bei anderen Schichtgliedern des Zechsteins, z.B. dem Karbonathorizont der Staßfurt-Formation (Zechstein 2) zeigen sich Abwandlungen in der Zusammensetzung der Sedimente, Fazieswechsel genannt, indem auf der Schwelle Karbonatgesteine des Flachmeers („Hauptdolomit"), zu den Flanken dann fließende Übergänge zu bituminösen Kalksteinen („Stinkdolomit") und im Beckentiefsten beiderseits der Flanken der Schwelle schließlich geringmächtige dunkle stark bituminöse Tonsteine, („Stinkschiefer") entstanden.

Statt des Kupferschiefers in der basalen Werra-Formation sind auf der Schwelle bis über 100 m mächtige Karbonat-Riffe entstanden. Dies waren an der Basis zunächst von Bryozoen aufgebaute Riffe, in denen auch Brachiopoden zu finden sind. Weiter im Gesteinsprofil aufsteigend erhöhte sich die Salinität des Meerwassers und es wurden nach oben aufgewölbte Algen-Stromatolithen-Körper und auch flache Algenrasen gebildet. Die Riffbauten bildeten aber keine durchgängigen Riffbarrieren, sondern eher rundliche Einzelformen (Patch-Riffe) mit bis zu 200 m Durchmesser.

Die Riffe wurden aber häufig gleich nach ihrer Bildung durch den Wellenschlag der Meeresbrandung wieder zerstört, sodass uns heute oft nur noch Riffruinen erhalten geblieben sind, an denen die ursprünglichen Riffstrukturen durch Sedimentologen und Paläontologen mit großer Mühe und nur

Stromatolithe: Rundliche-säulenförmige, bis mehrere Dezimeter große, schalig aufgebaute Kalkstein-Körper, die durch den Stoffwechsel von Mikroorganismen am Meeresboden in flachem hypersalinem Wasser ausgefällt werden.

Abb. 5.6: Schematisches Querprofil durch den Kernbereich und die beiden Flanken der Eichsfeld-Schwelle im Bereich des Südharzes mit der Position von typischen und besonders sehenswerten Aufschlüssen im Schwellenbereich. Umgezeichnet und ergänzt nach Paul *(1982).*

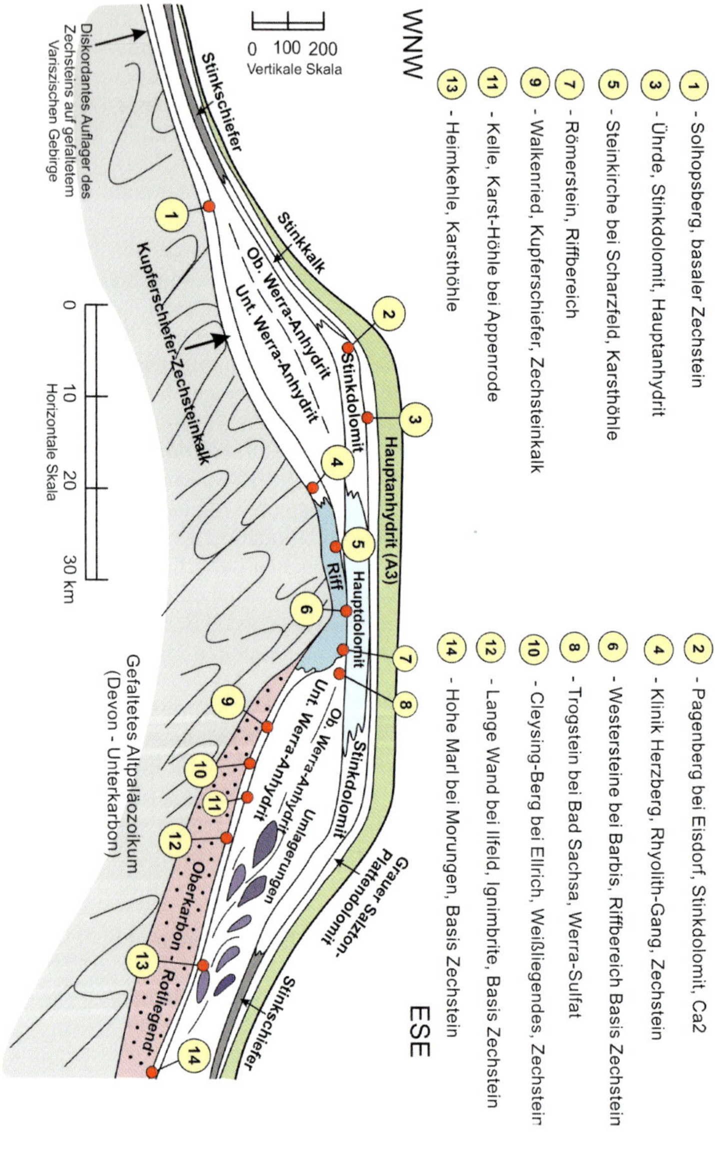

Die Entstehung von Riffen im Zechstein

Aus den heutigen Weltmeeren ist bekannt, dass in ihnen Riffe, meist von Korallen aufgebaut, vor allem in tropischen Breiten, also in Aquatornähe, gedeihen. Wie aber konnten im ausgehenden Erdaltertum Riffe im heute kühlen Nordeuropa wachsen? Die Plattentektonik zeigt, dass der Südharz im oberen Perm in ca. 30° nördlicher Breite lag, etwa entsprechend der heutigen Position der Roten Meeres, in welchem tropisch-warme Bedingungen herrschen. Der heutige Atlantik hatte sich zu dieser Zeit noch nicht geöffnet.

Das trocken-heiße Klima, flaches, warmes, durchlichtetes Wasser und hohe Gehalte an gelösten Stoffen förderten das Wachstum von Kolonie-bildenden Organismen aus Kalk-Gerüsten. Zur frühen Zechstein-Zeit sind es vor allem Algen, die Stromatolithe und Algen-Laminite bauen. Deren Strukturen türmten sich zu mächtigen, vom Meeresboden bis zur Wasseroberfläche reichenden Riffen aus organisch gebildetem Kalk auf. Die Oberfläche des beständig zum Licht wachsenden Riffes wird überströmt von nährstoffreichem Wasser und ist randlich ständig dem Einfluss der Brandung ausgesetzt. Es stirbt langsam ab; wenn es bei sinkendem Meeresspiegel trocken fällt, bei zu schnellem Absinken der Licht-Einfluss schwindet oder wenn das Riff von größeren Menge Detrirus aus dem Meerwasser zugeschüttet wird. Dies sind Entwicklungen, die sich auch heute an manchen Korallenriffen des Pazifischen und Indischen Ozeans abspielen.

Die Riffe starben noch im Zechstein ab und wurden von jüngeren Ablagerungen, meist geschichtetem Dolomit oder Gips, überdeckt. Als harte, massig-ungeschichtete Gesteinskörper haben die Riffe nach ihrer erneuten Freilegung ab der Oberkreide aber der Erosion erfolgreich widerstanden. Am Südharz sind aus der Zechsteinzeit mehrere Riffe auf der Eichsfeld-Schwelle erhalten geblieben. Dazu zählen das Algen-Moostierchenriff (Bryozoen-Riff) bei Bartolfelde, das kleinere Römerstein-Riff N von Nüxei, der Staufenbüttel bei Steina sowie der Eulenstein bei Osterhagen. In der zweiten Phase, in welcher der Zentralteil der Schwelle allmählich weiter überflutete wurde, entstanden die Riffe der Westersteine, aber auch das Mühlberg-Riff bei Niedersachswerfen und der Königstein bei Badenhausen. Diese nahezu vollständig erhaltenen Riffe der Zechsteinzeit enthüllen in ihrer Formenvielfalt eine "Blitzlichtaufnahme" aus dem Dunkel der Erdgeschichte. Sie sind heute alle als Naturdenkmale geschützt.

Schematischer Querschnitt durch ein Riff (mit frdl. Genehmigung von C. Brauckmann). Je nach Position unterscheidet man Vor-Riff (Fore-Reef), Rück-Riff (Back-Reef) und Top-Riff.

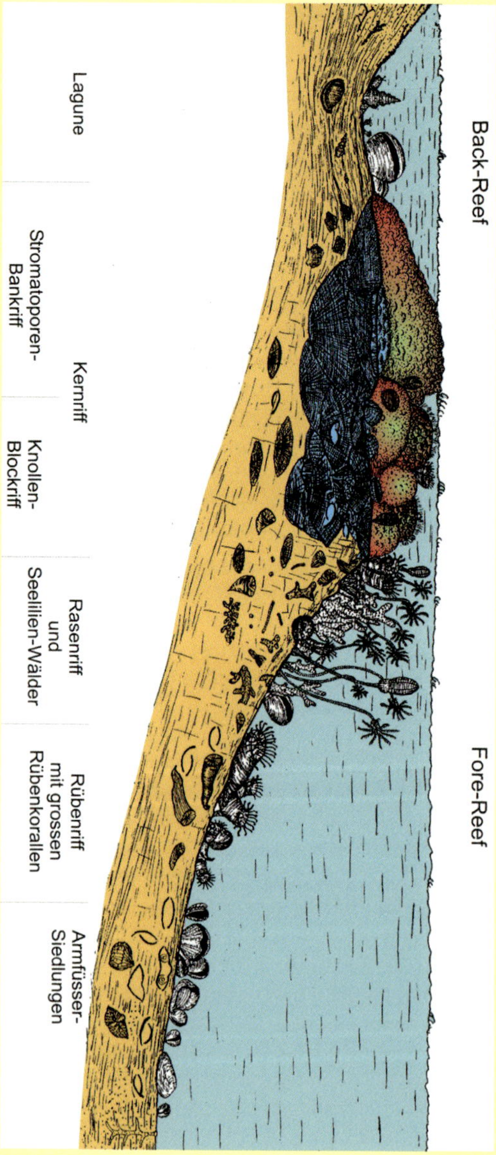

noch bruchstückhaft rekonstruiert werden konnten. An den Flanken der Schwelle endete die Riffbildung mit der Staßfurt-Formation. Sie wurden von den nachfolgend ausgeschiedenen Sulfatgesteinen abgedeckt. Im Zentrum der Eichsfeld-Schwelle wurden die Riffbauten erst vom Hauptdolomit der Staßfurt-Formation oder gar erst vom Plattendolomit der Leine-Formation überdeckt.

In der Abb. 5.6 ist ein schematischer Querschnitt der Eichsfeldschwelle zur Zeit des Zechsteins dargestellt und mit Aufschlüssen versehen, in denen man Charakteristika der verschiedenen Schwellenpositionen beobachten kann. Sie alle zu beschreiben würde den Rahmen dieses Bandes sprengen. Auf einige wird in verschiedenen Kapiteln eingegangen.

Die Westersteine zwischen Barbis und Bartolfelde (64)

Das am Südharz bekannteste und in Europa wohl am besten erhaltene Dolomit-Riff des Werra-Zyklus (Zechstein 1) ist auf der Anhöhe zwischen Barbis und Bartolfelde an den Westersteinen in zahlreichen Felsklippen aufgeschlossen. Es besteht aus einem Ensemble verschiedener kleinerer Riffe.

Den eigentlichen Aufschluss Westersteine in einem kleinen Waldstück (Abb. 5.7) erreicht man entweder von Barbis aus, indem man dem Weg „In der Grund“ vom östlichen Ortsausgang aus zunächst etwa 500 m nach S folgt, dann ab der Gabelung dem Hasental etwa 1 km nach SE bis zur Kreuzung bei der Höhe 345,6 und schließlich ab hier dem Feldweg etwa 300 m nach S zu der rechterhand gelegenen Lokalität. Eine zweite Variante führt von Bartolfelde aus über Feldwege ca. 1,5 km nach W. Das Riff kann mit einer Rundwanderung erkundet werden (Schautafel). Allerdings ist der Zugang zu dem Aufschluss nur auf schmalen, zugewachsenen Pfaden möglich. Hämmern und die Entnahme von Proben in dem wertvollen Geotop sollten unterlassen werden.

Die Felsen des ursprünglich wohl bis zu 25 m hohen Riffs sind aus hellgraubraunen, ungeschichteten und weitgehend ungeklüfteten Dolomiten aufgebaut. Die Verwitterung hat das kompakte Gestein in Felstürme zerlegt.

Hier lässt sich die klassische Gliederung von Riffbauten mit dem vom Wellenschlag geprägten Vor-Riff im Norden, dem ruhigen Riffzentrum („Lagune“) und dem am Südrand aufgeschlossenen Rück-Riff nachvollziehen (Abb. 5.8). Mit bloßem

Abb. 5.7: In dem kleinen Waldstück SE von Barbis liegt das Riff der Westersteine.

Auge lassen sich auf der Nordseite massenhaft streifenartige und gebogen herausgewitterte Strukturen erkennen. Im Riffinneren finden sich auch selten Versteinerungen von Muscheln und Brachiopoden. Stromatolithische Riffe sind aus mikrobiell entstandenen Strukturen von dünnsten Lagen schichtweise aufgebaut. Diese sind seit ca. 3 Mrd. Jahren bekannt und die ältesten bekannten Lebewesen. Diese primitiven Organisationsformen werden wegen des Fehlens von Zellkernen als bakterienähnliche Organismen gedeutet. Widerstandsfähig gegen Temperatur- und Salzgehaltsschwankungen, konnten sie sich im übersalzenen, lagunären Milieu von Meeresbuchten entwickeln. Als mikroskopisch-feinfädige Massen besiedelten sie auch im Südharz den Grauwacken-Untergrund mit rasenartigen Überzügen und banden aus dem Meerwasser feinste Schwebepartikel ein. An ihrer Zelloberfläche scheiden sie Kalk aus übersättigter Lösung aus und wuchsen so schichtweise in die Höhe und bauten über mehrere Jahrhunderttausende die Riffkörper der Eichsfeld-Schwelle auf (Abb. 5.9).

Das N gelegene Vor-Riff unterlag dem Anprall des Wellenschlages der damaligen von NW her wehenden Passatwinde, sodass die entstandenen Algenmatten und Algendome zerstört und ineinander verstürzt sind. Mit dem Wellengang wurde aber auch nährstoffreiches Frischwasser herangeführt, sodass sich die starke Besiedlung noch heute im Riffschutt durch zahllose Fragmente von Bryozoen-Kolonien und mehrere Arten von eingestreuten Brachiopoden nachweisen lässt. An den Flanken des Zentrums und an der Südseite (Rück-Riff) sind laminierte Algenmatten und darin eingelagerte knollige Onkolith-Lagen (Einzelform: Onkoid) typisch. Diese entstanden im Riffzentrum und an den Flanken, wo in mäßig bewegtem Wasser sich bewegende Sedimentgerölle von Algenlagen umhüllt wurden. Die Onkoide rollten bei geneigter Oberfläche zu den tieferen Rändern hin ab und bildeten dort Onkolith-Lagen (SE-Rand). Der z. T. steile Abfall der Riff-Flanken ist durch die in den Aufschlüssen sichtbare Schichtlagerung gut belegt. Am SW-Rand bildete sich ein Zwischen-Riff-Bereich zum ca. 150 m entfernten nächsten kleinen Riffkörper aus. Er besteht aus massiven Dolomit-Lagen und Algenrasen. Das Riffgebiet der Westersteine hat sich auf einer verwitterungsresistenten Grauwacken-Hochlage entwickelt, die infolge der jungen Erosion heute am W-Rand an der Oberfläche auch angeschnitten ist.

Die im Laufe des Zechsteins immer weiter zum Zentrum der Eichsfeld-Schwelle vordringende Transgression des Zechsteinmeers kann im Gemeindesteinbruch, unmittelbar am nordöstlichen Ausgang von Bartolfelde (Kreisstraße 11 in Richtung Bad Lauterberg) (**65**), studiert werden (Abb. 5.10). Hier ist in einem mehr als 100 m langen auflässigen Steinbruch die Brandungswirkung auf die damalige Felsküste zu sehen. Das ehemalige Steilkliff der Meeresküste, bestehend aus Grauwacken und Tonschiefern des Oberdevons, wurde durch den heftigen Wellenschlag sukzessive zerstört und immer weiter verlegt. Davon zeugen tonnenschwere, aus dem anstehenden Devon losgelöste eckige Grauwacken-Bruchstücke, welche am Fuße der Brandungshohlkehle liegen und erst mit wachsender Entfernung vom Kliff durch den Wellenschlag zerkleinert und abgerundet wurden. Sie wurden in feineren Dolomitgrus eingeschlossen und verbacken, das von ebenfalls zerriebenen dolomitischen Sedimenten des Zechsteins stammt. Das Kliff wurde schließlich durch den anstei-

Abb. 5.8: Schematische Darstellung des Zechstein-Riffs der Westersteine bei Bartolfelde nach PAUL (1980), umgezeichnet und ergänzt.

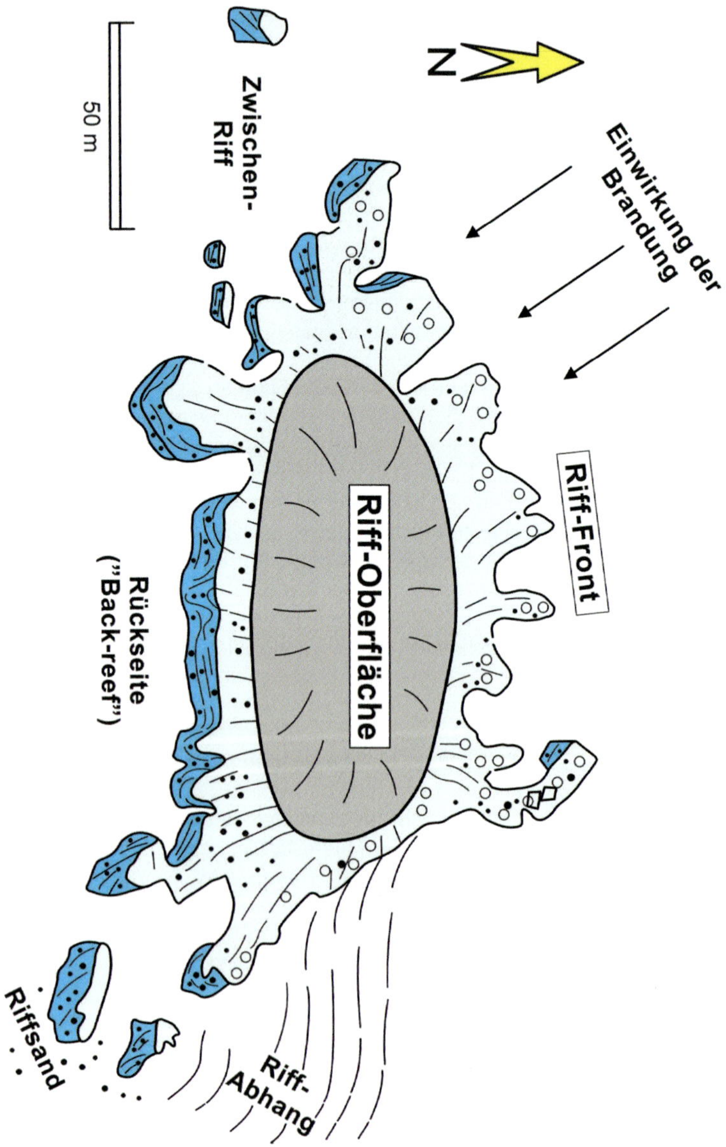

genden Meeresspiegel gänzlich überspült, sodass auf dem Top des Grauwackenkliffs feinsandige Dolomite abgelagert wurden, welche bereits ruhigere Verhältnisse in etwas größeren Wassertiefen bezeugen.

Abb. 5.9: Stromatolith-Stotzen im Riffkörper der Westersteine (Untere Bildkante etwa 40 cm).

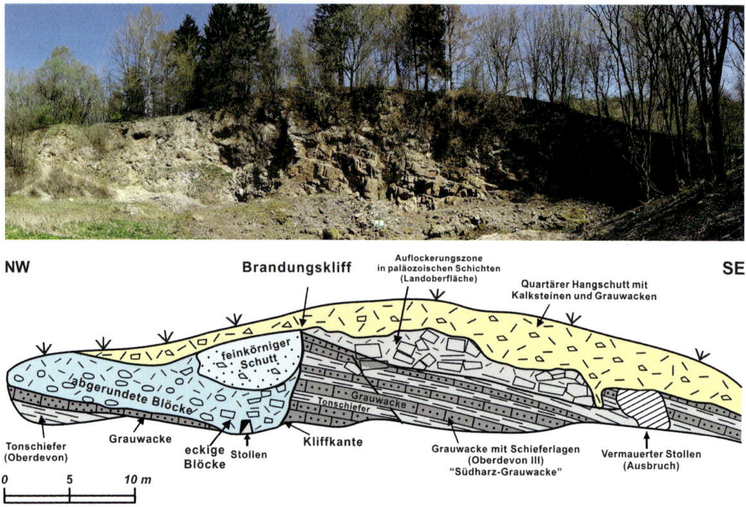

Abb. 5.10: Zechsteinkliff in dem auflässigen Gemeindesteinbruch am Nordrand von Bartolfelde.

Das Römerstein-Riff zwischen Steina und Nüxei (66)

Während das Westerstein-Riff sich auf devonischen Grauwacken aus variszischer Zeit angesiedelt hat, sitzt das Römerstein-Riff eher, wenn auch nicht direkt nachweisbar, einem vulkanischen Sockel auf (Abb. 5.11). Dieser ist am benachbarten Staufenbüttel, 2 km W von Bad Sachsa, direkt sichtbar. Hier, wie am Römerstein, bildeten die Vulkanite eine submarine Erhebung, auf der die Riffe im vom Licht durchfluteten Flachwasser gedeihen konnten.

Solche kleineren rhyolithischen Vulkanit-Vorkommen sind im Raume zwischen Herzberg und Bad Sachsa recht häufig; als Beispiel haben wir bereits einen Rhyolithgang aus dem Rotliegenden auf dem Parkplatz des Krankhauses bei Herzberg kennengelernt (Kap. Ilfelder Becken). Hier wird der Gang allerdings noch von Kupferschiefer überlagert – wir befinden uns dort noch auf dem Westabhang der Eichsfeld-Schwelle. Das Vorkommen am Römerstein sollte allerdings schon auf dem Ostrand der Eichsfeld-Schwelle liegen.

Das Geotop Römerstein (**66**) erreicht man am besten über die B243 von Nüxei aus über einen Feldweg, der zunächst nach NE, dann nach N bis zu dem NSG Römerstein führt.

Der aus Algenmatten und darin auftretenden Lagen aus Bryozoen, Brachiopoden und Muscheln aufgebaute Riffkomplex Römerstein ragt nördlich von Nüxei als Felsenrippe auf. Stratigraphisch wird er in den Werra-Zyklus (Z1) eingestuft. Die Bohrung Steina 1 am W-Rand des Römersteins erbrachte eine Riffmächtigkeit von mehr als 100 m, die das schnelle Absinken des Meeresbodens und die Kompensation durch das ständig dem schwindenden Licht nachwachsende Riff anzeigt. Am NW-Rand des Römersteins findet man eine hoch aufragende Felsklippe (Abb. 5.12), an der das steile Schichteinfallen zeigt, dass von dem Riffkomplex fortwährend Abtragungsschutt nach NW abgeglitten ist. Auch steile Risse, die noch im Zechstein mit Riffschutt wieder aufgefüllt wurden und Rutschungs-Erscheinungen in den Sedimenten im Topbereich des Riffs zeigen die Instabilität dieser kleinen, im Meer hoch aufragenden Riffbauten.

Abb. 5.11: Das Römerstein-Riff, Blick vom Großen Trogstein aus nach W.

Abb. 5.12: Römerstein, Felsklippe aus weißem, massigen Dolomit des Riffs

Ein weiteres interessantes Phänomen an den Flanken der Eichsfeld-Schwelle sind synsedimentäre bis frühdiagenetische Sulfatgesteins-Abgleitungen. Dies sind von der Schwerkraft gesteuerte Sedimentumlagerungen in den ca. 80 m mächtigen, noch teilweise wenig unverfestigten Sulfatausscheidungen der Werra-Formation, von den Flanken der Schwelle in die Senkungsbereiche am West-, vor allem aber am Ostrand. So haben sich die abgleitenden Anhydrite/Gipse des Unteren und Oberen Werra-Anhydrits an den beiden Flanken der Schwelle zu bis 300 m mächtigen Anhydrit-Wällen angehäuft (Abb. 5.6).

Zechstein-Gips,-Anhydrit und Dolomite

Die 4 Abfolgen des Zechsteins im Exkursionsgebiet führen neben den genannten Gesteinen noch mächtige Sulfat-Einschaltungen und Dolomit-Horizonte. Unter letzteren ist besonders der massive Hauptdolomit (Staßfurt-Formation, Ca2) zu erwähnen, an den Flanken der Eichsfeldschwelle tritt der gleichaltrige, in tieferem Wasser gebildete Stinkschiefer auf. Auf dem Top der Eichsfeldschwelle kommt lokal der Plattendolomit der Leine-Formation vor.

Im Exkursionsgebiet gibt es große, nicht zugängliche, zum Teil noch in Betrieb stehende Tagebaue auf solche Dolomite. Wer diese Gesteinsvorkommen aufsuchen möchte, sollte sich unbedingt die Genehmigung der Eigentümer einholen. Auf einen leicht zugänglichen aufgelassenen Steinbruch sei an der L523 zwischen Osterrode und Schwiegershausen, N Beiersfelde (**67**) verwiesen (Abb. 5.13).

Gleiches gilt für Gips/Anhydrit-Vorkommen, die in mehreren Tagebauen gewonnen werden oder wurden. Viele der Vorkommen sind heute als Naturschutzgebiete ausgewiesen; Betretungsverbote sind unbedingt einzuhalten.

Gut zugängliche Aufschlüsse sind im Kapitel Karst genannt.

Abb. 5.13: Aufgelassener Steinbruch in flach nach SW (rechts) einfallenden Hauptdolomit der Staßfurt-Formation an der L523, N Beiersfelde bei Osterode.

Exkursion zur größten Metall-Quelle Europas, dem Kupferschiefer

Ein eigenes Kapitel wollen wir einer Gesteinslage widmen, die das mit Abstand größte Buntmetall-Vorkommen Mitteleuropas und eine der größten schichtförmigen (stratiformen) Erzlagerstätten der Welt ist (Abb. 5.14). Dabei ist sie in weiten Teilen ihres Verbreitungsgebiets, so auch in Deutschland, ein unscheinbares, nur 0,3 bis 0,6 m mächtiges mergeliges, fast schwarzes Tongestein, das aber durch die weiträumigen Fazieswechsel innerhalb eines so großen Gebiets auch zu einem mehrere Meter mächtigen Mergelstein, z. B. in der Niederlausitz und in Niederschlesien, anschwellen kann. Der Kupferschiefer weist einige weitere Besonderheiten auf, die ihn so interessant machen. So ist er einer der wichtigsten und deutlichsten Leithorizonte für die Geologie in Mitteleuropa. Dies bedeutet, dass er über eine sehr große Fläche verbreitet ist, im gesamten Verbreitungsraum (fast) zeitgleich entstanden ist und leicht von den über- und unterlagernden Gesteinen zu unterscheiden ist. Zum anderen enthält er, auch wenn man es oft nicht mit bloßem Auge sieht, ein breites Spektrum von Metallen, wie Kupfer, Blei, Zink, Silber, Kobalt, Gold und viele andere, zum Teil in Spuren, zum Teil aber auch in abbauwürdigen Mengen. Für unseren Exkursionsraum hat diese Gesteinslage aber auch noch eine besondere Bedeutung, denn im Mansfelder Raum und im Bereich des südlichen Harzrandes wurden über eine Zeitspanne von mehr als 800 Jahren daraus bergmännisch Metalle gewonnen. Von den Mansfelder Bergleuten stammt auch der Name für dieses außergewöhnliche Gestein: Kupferschiefer. Der Name ist irreführend. „Kupferschiefer" ist weder ein „Schiefer" im Sprachgebrauch moderner Geologie, da er nicht als Folge einer scherenden Verformung entstanden ist, noch enthält er nur Kupfer, sondern auch zahlreiche weitere Metalle.

Der Kupferschiefer oder sein Äquivalent, der Kupfermergel, ist innerhalb des mitteleuropäischen Zechsteinbeckens auf ca. 300.000 km² hauptsächlich als Pyrit-führender Tonmergelstein entwickelt. Nur im südlichen Bereich des Beckens, über einer ehemaligen Nahtstelle der variszischen Plattentektonik, der Mitteleuropäischen Kristallinzone, ist er mit Kupfer und zahlreichen weiteren Metallen angereichert und bildet den Mitteleuropäischen Kupfergürtel. Die Kupfer-

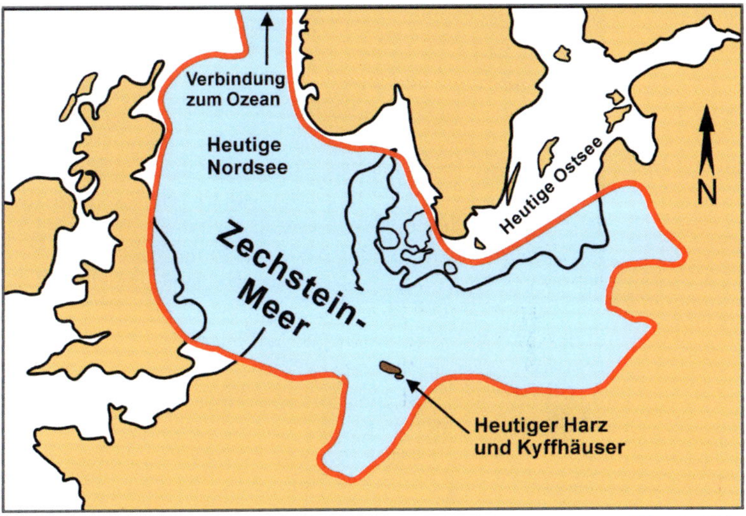

Abb. 5.14: Verbreitung des Zechstein-Meeres in Mitteleuropa. Man beachte die Lage von Harz und Kyffhäuser. (Abb.: J. PAUL, Göttingen)

vererzungen ziehen sich vom Richelsdorfer Gebirge in Nordhessen über den Südharz-Kyffhäuser (Mansfelder und Sangerhäuser Revier) nach Osten über das südliche Brandenburg und dann nach Südosten abschwenkend bis in die Niederlausitz und weiter nach Niederschlesien (Polen).

Im Südharz-Kyffhäuser-Gebiet ist es ein mergeliger Tonstein, der reich an organischen Substanzen und deshalb dunkel gefärbt ist (Schwarztonstein, Schwarzschiefer). Zum Hangenden hin wird er reicher an Karbonaten und geht fließend in das auflagernde Werra-Karbonat („Zechsteinkalk“) über. Im randlichen Bereich des Zechsteinbeckens wird der Kupferschiefer noch durch das karbonatische „Mutterflöz“ unterlagert. Noch während der Ablagerung des Kupferschiefers erfolgte ein schneller Anstieg des Meeresspiegels, sodass mit Ausnahme der Eichsfeld- und teilweise der Unterharz-Schwelle, das heutige südliche Harz- und Kyffhäuser-Gebiet überflutet wurden. Dabei gelangten große Mengen von gelösten Mineralstoffen in das Meerwasser, sodass im sauerstoffreichen Oberflächenwasser gute Lebensbedingungen sowohl für diverse Wirbeltiere (Fische, Sauropoden) als auch Kleinlebewesen (Algen u. a.) gegeben waren. Auch wurde Pflanzenmaterial aus den benachbarten Küstenbereichen eingeschwemmt. Die abgestorbenen und im Meer abgesunkenen Reste bilde-

Abb. 5.15: oben: Juveniles Exemplar eines Palaeoniscus freieslebeni (Foto: C. Brauckmann (untere Bildkante ca. 10 cm), unten: Rekonstruktion eines Palaeoniscus freieslebeni von E. Gröning (mit frdl. Erlaubnis).

ten in ca. 200–300 m Wassertiefe einen an sauerstoffarmen Umgebung an organischen Resten angereicherten dunklen und mergeligen Tonstein, den Kupferschiefer. Neben seiner Erzführung ist er auch als „Konservat-Lagerstätte" für darin eingebettete Fossilien bekannt. Berühmt sind die hervorragend konservierten Fischabdrücke, speziell des „Kupferschieferherings" (*Palaeoniscus freieslebeni*, Abb. 5.15) und 16 weiterer Fischarten sowie von eingespülten Kleinsauriern und durch eine Fülle von eingestreuten kohligen Pflanzenresten, vor allem von Gingkobäumen, Nadelbäumen und von Farnsamern. All diese Tiere und Pflanzen sind aus ihren Lebensräumen in das lebensfeindliche Tiefwasser abgesunken und dort konserviert worden.

Dem feingeschichteten Kupferschiefer wurde der Status einer sedimentologischen Formation zugeordnet (Kupferschiefer-Formation) und lässt sich noch in drei Kleinzyklen weiter untergliedern. Er wurde wahrscheinlich in der nur kurzen Zeitspanne von 20.000–60.000 Jahren gebildet (Abb. 5.16).

Durch den schnellen Anstieg des Meeresspiegels infolge der voranschreitenden Zechstein-Transgression wurde eine Redox-Sprungschicht, auch Chemokline genannt, an der

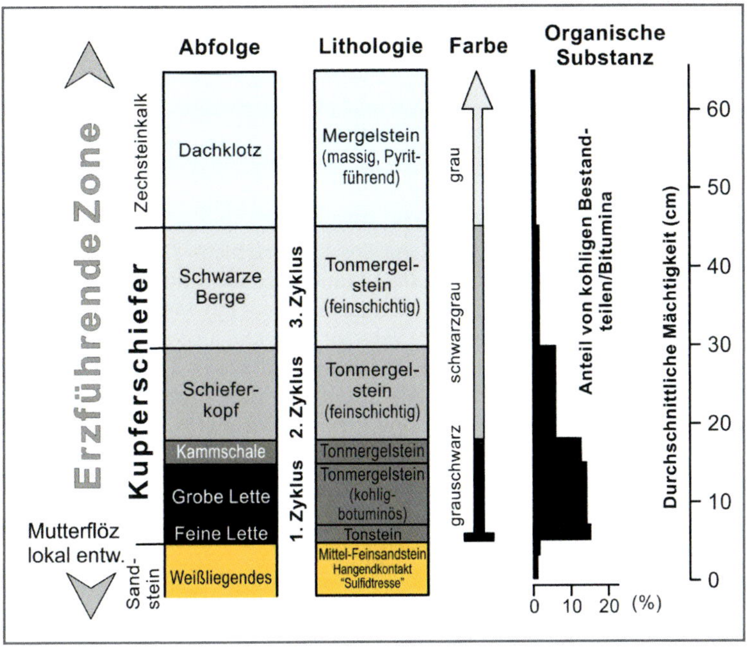

Abb. 5.16: Feingliederung des erzführenden Kupferschiefers im Mansfelder Bergbau-Revier. Linke Säule: Bezeichnungen der Mansfelder Bergleute. Mitte links: Lithologische Untergliederung. Mitte rechts und rechts: Gesteinsfärbung und Anteil an organischen Substanzen. Zusammengestellt nach verschiedenen Autoren.

sich sauerstoffreiches Oberflächenwasser gegen an sauerstoffarmes oder -freies Wasser abgrenzt, aus ihrer anfänglichen Position innerhalb des Sedimentkörpers immer weiter in den darüber befindlichen Wasserkörper nach oben verlegt. So kamen die oberen Bereiche des Kupferschiefers, damit also der untere Bereich des Zechsteinkalks, der sogenannte „Dachklotz“ (Werra-Karbonat, Ca1) in die Zone unterhalb der Chemokline, sodass darin nur vereinzelte, am Boden lebende (benthonische-) Organismen (u. a. Muscheln) überleben konnten.

Die im Bodensediment vorhandenen anaeroben Mikroorganismen (Bakterien), deren Stoffwechsel keinen Sauerstoff benötigte, besorgten den Abbau der organischen Substanzen zu organischem Kohlenstoff (C_{org}), wobei auch Schwefelwasserstoff (H2S) im Sediment freigesetzt wurde. Dadurch konnte das im Sediment vorhandene Eisen in himbeerförmige („framboidale“) Strukturen von Pyrit/Markasit (FeS_2) gebunden werden. Damit war der sogenannte Proto-Kupferschiefer,

epigenetisch: Nach einem früheren geologischen Vorgang – also danach – erfolgte, weitere geologische Ereignisse.

der Vorläufer des Kupferschiefers gebildet, der zunächst nur ein Pyritschiefer war.

Die Anreicherung einer Vielzahl von Metallen in den Basissedimenten des Zechsteins ist ein späterer (epigenetischer) Vorgang, der aber bereits bei der Verfestigung der Sedimente, der Diagenese, begann und sich über einen längeren Zeitraum fortsetzte. Dies belegen radiometrische Datierungen an eingelagerten Hämatit-Kristallen der Roten Fäule (an sauerstoffreichere Bereiche des Kupferschiefers mit oxidisch gebundenem Eisen) und an Tonmineralen (Illit-Kristallisate). Sie ergaben Alterswerte zwischen 255–239 Mio. Jahren (Oberperm-Obertias). Die Vererzung begann also unmittelbar nach der Sedimentation des basalen Zechsteins und reichte in drei unterscheidbaren Bildungsphasen bis in den Zeitraum des mittleren Keupers/Obertrias. Die Metalle wurden durch ehemals im Sedimentkörper enthaltene Formationswässer, welche sich durch die wachsende Sedimentüberdeckung zu ca. 60–120° C heiße Natrium-Calcium-Chlorid-Lösungen entwickelten, aus den Gesteinen des Untergrunds ausgelaugt und als Metall-Chloride und Metall-Komplexe in die Lösungen aufgenommen. Durch lokal variierende Temperatur-Druck- und Migrationsbedingungen entstanden langsam fließende Strömungen (Konvektionszellen) im Gesteinskörper, deren Aufstrombereiche sich in der bruchtektonisch stark fragmentierten und damit aufgelockerten Zone im oberen Grenzbereich der ehemaligen variszischen Plattengrenze befanden.

Diese Fluide trafen bei ihrem Aufstieg auf die geochemische Reduktionsbarriere des basalen Zechsteins, deren Tongesteine auch eine mechanische Barriere oder zumindest eine Abbremszone für die Fluidbewegungen darstellten. In der Reduktionsbarriere des Protokupferschiefers wurden die in den Fluiden enthaltenen Metalle dann als Metallsulfide abgeschieden. Die Vererzungsprozesse betrafen aber nicht nur den Kupferschiefer als Hauptanreicherungszone allein, sondern umfassen eine stratigraphisch wesentlich breitere „Erzführende Zone“ von teilweise über 20 m Mächtigkeit erreicht, da auch die hellen Sandsteine und Konglomerate des „Weißliegend“ (sogenanntes „Sanderz“) und in geringem Maße auch die von den infiltrierten Lösungen grau gefärbten Sedimente des Rotliegenden („Grauliegendes“) umfassen kann. Auch im Hangenden (oberhalb) des Kupferschiefers reichten die Vererzungen, vermittelt durch die Klüftung der Gesteine, bis mehrere Meter in den auflagernden Zechsteinkalk hinauf. Der Lösungstransfer wurde vermittelt durch zahlreiche kleine Kluft- und Störungszonen, z.T. auch über die Porenräume des durchströmten Gesteins, sodass die Metall-beladenen Lösungen (Fluide) sich sowohl in den Porenräumen als auch entlang von Klüften ausbreiten und darin als Metallverbindungen absetzen konnten.

Spätere Bruchaktivitäten von der Oberkreide bis nahe zur Tertiärgrenze (100–70 Mio. Jahre) führten zu einer nochmaligen Vererzungsperiode, die durch Wismut-, Kobalt- und Nickelerze mit Karbonaten, hauptsächlich Calcit und Schwerspat gekennzeichnet ist (Bi-Co-Ni-Vererzung). Diese Vererzung betraf aber kaum noch den eigentlichen Kupferschiefer, sondern nahm Platz auf einer Fülle von kleinen steil einfallenden hydrothermalen Gängen und Klüften, den sogenannten „Mansfelder Rücken". Diese durchtrennen und versetzen teilweise den Kupferschiefer und zeigen damit ihr jüngeres Alter an. Beispiele von Rückenvererzungen kann man im Besucherbergwerk „Lange Wand" bei Ilfeld besichtigen.

Am Südrand des Harzes tritt der Kupferschiefer als dünnes, mit nur wenigen Grad Neigung nach S einfallendes dunkles Sedimentband an die Oberfläche. In den Bergrevieren von Mansfeld (seit 1190) und Sangerhausen, die durch den zwischengelagerten Hornburger Sattel (Abb. 5.17) getrennt sind, wurde der Kupferschiefer vom Ausgehenden her zunächst mit einfachen technischen Mitteln (Schlegel und Eisen, Keilhaue), örtlich auch durch „Feuersetzen" abgebaut, indem durch das Erhitzen des Gesteins mit anschließendem plötzlichen Abschrecken durch aufgegebenes Wasser das Gestein zertrümmert und somit leichter gewonnen werden konnte.

Aus den Erzen wurden, ganz in der Nähe der Abbaufelder, in kleinen mit Holzkohle und Blasebalg betriebenen Schmelzöfen die Metalle erschmolzen. So zeigen uns noch heute zahllose kleine Schurflöcher und Pingen, von denen mehr als 10.000 kartographisch erfasst wurden, und aufgeschüttete Halden, wo der Kupferbergbau am Ausgehenden des Flözes begann. Diese Pingenfelder und Halden sind an der Basis des Zechsteins am ganzen Südrand des Harzes, mit Ausnahme des Gebietes der Eichsfeld-Schwelle bei Bad Sachsa zu finden.

Erst ab dem 16. Jahrhundert waren die inzwischen abgeteuften zahlreichen kleinen senkrecht in die Tiefe setzenden

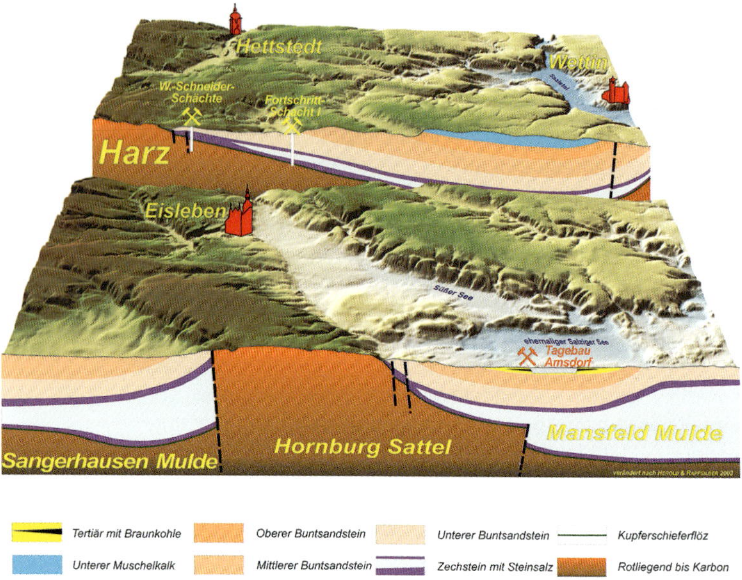

Abb. 5.17: Blockbild der Goldenen Aue mit der Sangerhäuser Mulde, dem Hornburger Sattel und der Mansfelder Mulde. Im Schnitt ist die Zechstein-Basis als grüne Linie eingetragen (mit frdl. Genehmigung von I. Rappsilber, Halle).

Die Entstehung der Mineralgänge

Die Herkunft der metallführenden Gangvererzungen und weiterer industriell wichtiger Mineralisationen (Flussspat, Schwerspat) haben die Geologen früher auf Restlösungen aus dem sich vor 295 Mio. Jahren in der Tiefe unterhalb der Gänge abkühlenden Ramberg-Granit hergeleitet. Strukturgeologische, geologische und geochemische Untersuchungen sowie radiometrische Altersdatierungen zeigen aber, dass sie in der Hauptsache während einer mesozoischen Mineralisations-Periode gebildet wurden, die nichts mit den Graniten zu tun hat und erst wesentlich später, in einer Zeitspanne zwischen ca. 240–100 Mio. Jahren (Trias bis Kreide), stattgefunden hat.

Es wird angenommen, dass sich über tiefreichende Bruchsysteme in die Erdkruste eingedrungene und mit zunehmender Tiefe allmählich aufgeheizte Wässer (Hydrothermen) aus den dabei durchströmten Gesteinen verschiedene Elemente, so auch Metalle, herauslösten. Innerhalb großer Bruchzonen entwickelten sich großräumige Zirkulationssysteme (Konvektionszellen) mit Abstiegs- und Aufstiegslamellen. In den Aufstiegszonen wurden die in der Tiefe aufgeheizten Hydrothermen wieder abgekühlt und entspannten sich durch Druckabnahme. Es konnte auch passieren, dass sich an abdichtenden Gesteinsbarrieren (tonige Gesteine, Salzgesteine) die heißen Lösungen zeitweilig gestaut haben oder an geochemischen Reduktionsbarrieren, wie an organischen Substanzen reiche Sedimente (Schwarzschiefer oder Kohle) chemisch verändert wurden. Die Metalle wurden dabei als Metallsulfide, aber auch andere Minerale (Flussspat, Schwerspat, Eisen-Karbonate) aus den Lösungen ausgefällt. Die Ausfällung von festen Mineralphasen aus den geochemisch sehr komplex zusammengesetzten Lösungen (Hydrothermen, allgemein Fluide) erfolgte in einer Temperaturspanne zwischen ca. 250 und 60 °C.

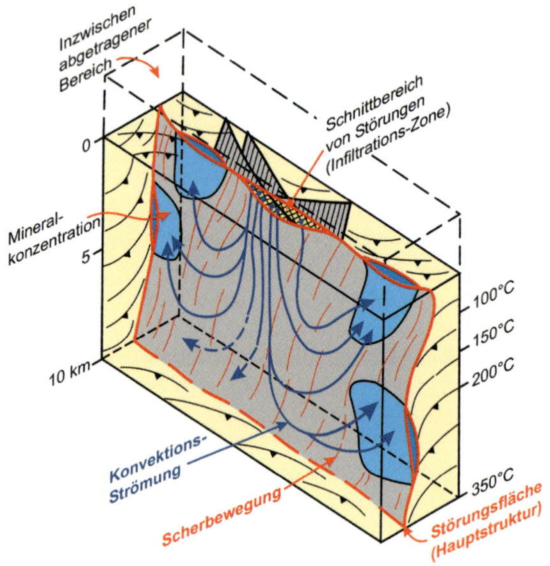

Auf einer Störungszone eindringende Wässer werden in der Tiefe zu Hydrothermen erwärmt und in ein dauerhaftes Zirkulationssystem eingebunden. Durch Variationen der Lösungszusammensetzung entstehen im Verlauf der Gangstörungen Bereiche mit Mineralkonzentrationen, die eigentlichen Mineral-Gänge, oder auch taube Zonen.

Durch die heißen Lösungen wurden auch die Nebengesteine chemisch verändert („alteriert") und durch Schollenbewegungen an den Kontaktflächen von Störungen stark zerrieben, sodass fein zermahlene Störungsletten („Ruschelzonen") entstanden sind. Die Gangstörungen sind Verwerfungen, an denen Blocksegmente zwischen den einzelnen Störungen der aufgefächerten Störungszonen gegeneinander verschoben wurden.

Schächte bis in Tiefen von mehr als 30 m vorgestoßen. Für das Jahr 1571 sind zum Beispiel 127 Schächte dokumentiert. Nun mussten die von der Oberfläche einsickernden Grubenwässer aber über aufwendigere, von Wasserkraft getriebene Pumpensysteme oder über herangeführte Wasserlösungsstollen abgeführt werden. Im 19. Jahrhundert schließlich wurden hierfür die sogenannten Schlüsselstollen aus dem weiteren Vorland des Harzes zum Harzrand hin aufgefahren. Für die im Mansfelder Revier zusitzenden Wässer war vor allem der 1879 fertiggestellte 32 km lange Schlüsselstollen, der bei Salzmünde nördlich von Halle in die Saale einmündet zuständig, während der 1874 fertiggestellte 9,4 km lange Segen-Gottes-Stollen Teile des Sangerhäuser Reviers entwässerte.

Nach dem 2. Weltkrieg verlagerte sich der Bergbau von der bis 1969 ausgeerzten Mansfelder Mulde in die neu erkundete, westlich des beide Reviere trennenden Hornburger Sattels gelegene Sangerhäuser Mulde. Dort trugen drei Großschachtanlagen, der Thomas Müntzer-Schacht in Sangerhausen, der Bernhard Koenen Schacht I in Niederröblingen und der Bernhard Koenen Schacht II in Nienstedt die gesamte Produktion. 1967 wurde mit 30.615 t Kupfer und 135 t Silber die höchste Jahresproduktion, bezogen auf beide Reviere, erreicht. Durch die Erschöpfung der besten Lagerstättenteile des Sangerhäuser Reviers und den dadurch notwendigen Abbau weniger wertstoffhaltiger Vorräte sowie die Zunahme technischer Probleme, vor allem die vehement ansteigenden Wasserzuläufe, erfolgte in den 1970er und 1980er Jahren ein kontinuierlicher Rückgang der Förderung und damit der Kupferproduktion (1989 nur noch 9.047 t Kupfer), sodass wegen der immens gestiegenen Kosten im Jahre 1990 der Bergbau eingestellt werden musste.

Heute erinnern noch zahlreiche Halden, die größte ist die des ehemaligen Thomas-Müntzer Schachts nördlich von Sangerhausen (150 m hohe Spitzkegelhalde „Hohe Linde“), die Mundlöcher der Schlüsselstollen und einige erhaltene Fördertürme sowie das Schaubergwerk und Bergbaumuseum „Röhrigschacht“ bei Wettelrode und das Mansfeldmuseum in Hettstedt an den Bergbau im Mansfelder Land.

Die Grubenverwaltungen haben errechnet, dass das Flöz im Südharz auf einer Fläche von 190 km² abgebaut und dabei bis zur Einstellung des Bergbaus 1990 im Laufe von 800 Jahren eine Roherzmenge von 109 Mio. Tonnen mit einem mittleren Kupfergehalt von 2 % (teilweise werden auch 2,3% angegeben) gefördert wurde. Dies entspricht im Mittel 19,6 kg Kupfer pro 1 m² Flözfläche. Neben 3,75 Mio. t Reinkupfer wurden außerdem 0,75 Mio. t Blei, 0,65 Mio. t Zink und 20.300 t Silber neben einer Reihe weiterer Metalle, so auch etwas Gold, gewonnen.

Besonders instruktiv sind die Spuren des Altbergbaues im Gebiet westlich des Röhrig-Schachtes bei Wettelrode und westlich von Morungen zu erkennen.

An der L 231 zwischen Morungen und Großleinungen können wir zwei Anschnitte des Kupferschiefers und seines Unterlagers (Oberkarbon-Oberrotliegend) besuchen. In dem auflässigen Steinbruch an der Hohen Marl (2 km SW von Morungen) ist auch das stratigraphisch Liegende des Zechsteins angeschnitten. Der obere Horizont, das „Weißliegende" ist von einsickernden reduzierenden Wässern aus dem Zechstein entfärbtes Porphyrkonglomerat (Oberrotliegend), das von Glimmer führenden Sand- und Schluffsteinen des Oberkarbons (Mansfeld-Subgruppe/Stefan) unterlagert wird. Der Zechstein beginnt mit dem hier stark überschütteten und kaum sichtbaren Kupferschiefer, überlagert von Zechsteinkalk (Abb. 5.18).

Kupferschiefer in einer Abbaurinne SW von Morungen (68)

Ein weiterer, besser zugänglicher Aufschluss des Kupferschiefers befindet sich 1 km SW von Morungen. Dort öffnet sich unmittelbar nördlich der Straße ein 250 m langer Einschnitt eines auflässigen Tagebaus, an welchem der Kupferschiefer (0,1–0,3 m) auf eine längere Strecke angeschnitten ist. Der Kupferschiefer enthält hier auch dünne feinkörnige Sandlinsen, welche darauf hinweisen, dass von benachbarten Schwellen her Sandeinschüttungen bis in den Ablagerungsraum des Kupferschiefers gelangten. Das Unterlager des Kupferschiefers bildet wiederum ein ca. 1 m mächtiger, mit Karbonat zementierter Sandstein (Weißliegendes) und punktuell angeschnitten, das unterlagernde grobkörnigere Porphyrkonglomerat aus dem Oberrotliegenden (Abb. 5.19).

Abb. 5.18: Profil der Abbaurinne Hohe Marl (Öhmischer Berg) (68). Hier kann man das Kupferschiefer-Flöz über gebleichten Weißliegend-Sandsteinen und dem Porphyrkonglomerat des Oberrotliegenden studieren. Zugang von der Brücke an der L231 zwischen Morungen und Groß Leinungen, 2 km SW von Morungen.

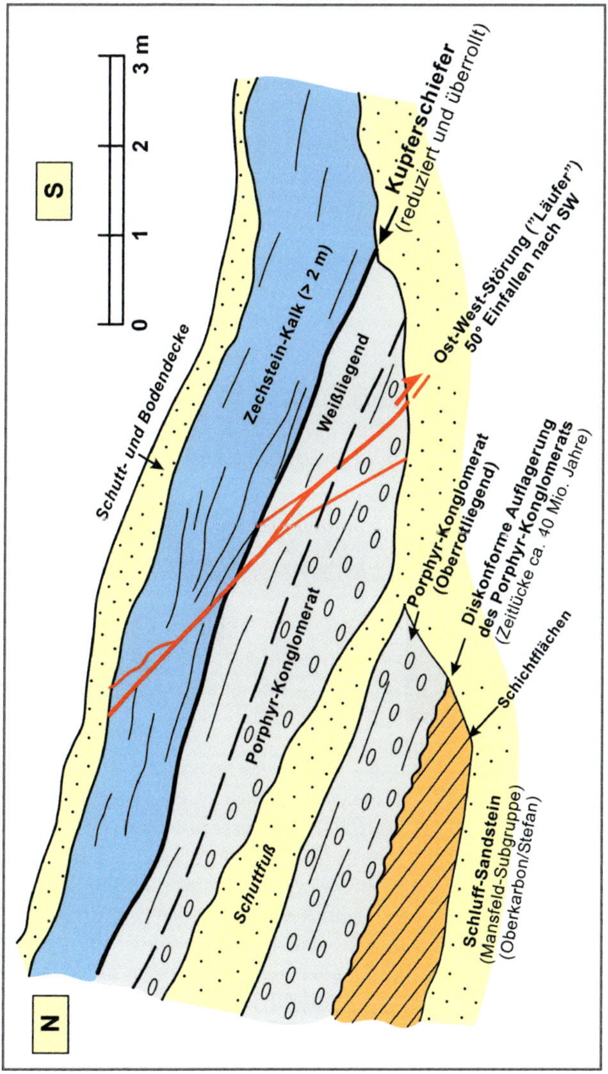

Abb. 5.19: Aufschluss an der Nordseite der Landstraße L231, ca. 1 km SW von Morungen. Blick nach E. Zechsteinkalk wird unterlagert von Kupferschiefer (dunkles Band), < 0,5 m, gefolgt von „Weißliegenden" und dem Porphyrkonglomerat, Rotliegend(hell).

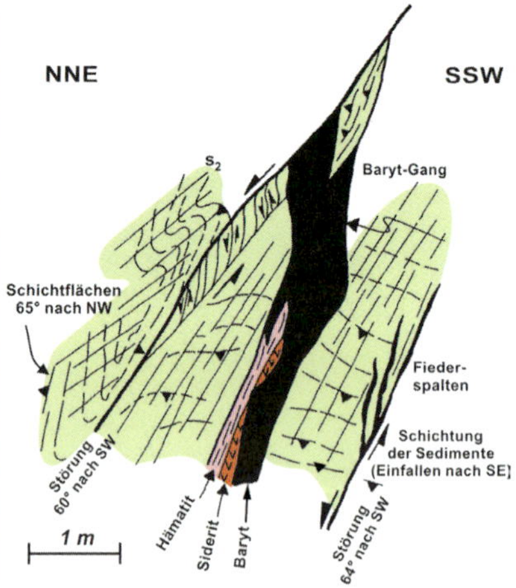

Abb. 5.20: Aufgelassener Steinbruch (Foto und Skizze) mit einem Hämatit- und Siderit führenden Schwerspat-Gang (schwarz) in steilstehenden Vulkaniklastiten der Wippraer Einheit. N Ortsausgang von Morungen.

Wer sich für die Schwerspat-Gänge des südlichen Harzrandes interessiert, kann einen kleinen Abstecher zum nördlichen Ortsende von Morungen (**69**) machen. Auf der rechten (östlichen) Talseite ist in einem kleinen Steinbruch ein Schwerspat-Gang (Baryt) angeschnitten, der in der Oberkreide als jüngere Spaltenfüllung in steil stehende und intensiv geschieferte grün-grau gebänderte Vulkaniklastite der Wippraer Einheit (Grünschiefer-Zone/Mitteldevon) eingedrungen ist (Abb. 5.20).

Der Röhrig-Schacht (70)

Am W Ortsrand von Wettelrode befindet sich das Erlebniszentrum Bergbau am Röhrig-Schacht. Durch eine Seilfahrt im Röhrig-Schacht erreicht man in 283 m Teufe ein altes Abbaufeld von Kupferschiefer aus dem 19. Jahrhundert. Hier gibt es in den Rändern der ausgebeuteten Strebbaue noch Aufschlüsse im Kupferschiefer. Durch sachkundige Führer werden das angewendete Abbauverfahren (Strebbau) und die angewendete Technik erläutert und die schwere Arbeit der Mansfelder Bergleute verdeutlicht. Im Bergbaumuseum und im zugehörigen Freigelände sind umfassende Informationen zur Geologie der Lagerstätte und zur 800-jährigen Geschichte des Mansfelder Kupferbergbaus zusammengetragen (Abb. 5.21). Auf kostenpflichtigen Sonderführungen können zwei Schlotten, natürliche langgestreckte Höhlen im Gipsgestein, aufgesucht werden, die zur Wasserlösung und zur Ablagerung von Abraum bergmännisch genutzt wurden.

Vom Röhrig-Schacht aus kann man die 2,5 km südlich in Sangerhausen liegende konisch geformte Halde „Hohe Linde“ des ehemaligen Kupferschiefer-Bergwerks „Thomas Müntzer Schacht“ sehen. Sie stellt eine weithin sichtbare Landmarke dar, welche ihre Umgebung um 150 m überragt und auf der Spitze +400 m Meereshöhe erreicht. Hier sind ca. 15 Mio. Tonnen Abraum deponiert, der aus taubem Gestein der umfangreichen Strecken-Auffahrungen herrührt. Die Halde kann zweimal im Jahr unter Führung ehemaliger Bergleute der Grube bestiegen werden.

Informationen zu weiteren Kupferschiefer-Vorkommen im Mansfelder Revier finden sich im Kap. Rotliegendes.

Abb. 5.21: Der Röhrigschacht bei Wettelrode.

Die Gipskarstlandschaft Südharz und der Karstwanderweg

In diesem Abschnitt wollen wir uns mit der jüngsten geologischen Entwicklung unseres Exkursionsraumes befassen, und zwar mit der Landschaft zwischen dem südlichen und südwestlichen Harzrand und dem Kyffhäuser-Gebirge bzw. der Schichtstufenlandschaft aus mesozoischen Ablagerungen, die den Übergang zum großen Thüringer Becken ausmacht. Wir werden sehen, dass im Zusammenspiel der hier im Untergrund anstehenden Evaporit-Serien aus der Zechsteinzeit und der speziellen klimatischen Verhältnisse während und zwischen den Kaltzeiten des Quartärs eine besondere, ja für den mitteleuropäischen Raum in ihrer Fülle einzigartige Landschaft entstanden ist, die man als „Gipskarstlandschaft Südharz" bezeichnet.

Gips kann sich mit bis zu 2 g/l im Niederschlags- oder Grundwasser lösen. Umgerechnet bedeutet dies, dass der Jahresniederschlag von ca. 800 l/m² reichlich 1 kg Gips von jedem Quadratmeter des am Südharz austretenden Gipsgesteins pro Jahr in die Nordsee entschwinden lässt. Seit Beginn der jetzigen Warmzeit vor 11.700 Jahren wurden damit auf je einem Quadratmeter Fläche entsprechend 10 Tonnen oder 5 m³ Gips abgelaugt. Dies bedeutet, dass im Holozän ca. 5 m Gipsmächtigkeit aufgelöst wurden. Diese Zahlen machen die rasante Auflösung (Subrosion) der oberflächennahen Sulfatgesteine und die dadurch verursachten aktiven Karsterscheinungen deutlich. Im Ergebnis weist der Südharz etwa 20.000 Erdfälle und Dolinen auf, die Hälfte davon im Altkreis Osterode. Jährlich kommen etwa 10 Erdfall-Ereignisse hinzu. Die offenen Hohlformen entstanden im Holozän, ältere Formen sind infolge des eiszeitlichen Bodenfließens in der Regel wieder komplett verfüllt. In Bau- oder Kiesgruben werden verfüllte Karsthohlformen gelegentlich angetroffen.

Der Charakter der Schichtstufenlandschaft wird am besten in einem Querprofil (Abb. 6.1) vom Harzrand ins südliche Vorland verdeutlicht. Landschaftsprägend ist vor allem die durch den verwitterungsresistenten Haupt-Dolomit vor dem Abtrag geschützte Schichtstufe des Werra-Anhydrits, wie sie zwischen Badenhausen und Bad Lauterberg besonders gut ausgeprägt ist und uns entlang der B 243 am Südharz entlang auf fast 50 km begleitet. Diese Verkehrsachse bewegt sich –

Erdfälle

Das Fachgebiet der Geomorphologie hat sich seit jeher den Karstphänomenen gewidmet und einen umfangreichen Begriffskatalog für die dazu gehörige Form- und Funktionsvielfalt entwickelt; etwa Erdfall, Doline, Polje, Uvala und zahlreiche Unterformen davon. Die richtige Anwendung eines Terminus setzt bei Karsthohlformen in der Regel die Kenntnis ihrer Genese voraus:

Liegt der Einsturz einer Höhle zugrunde oder ist das Gestein von der Oberfläche her abgelaugt oder liegt eine Mischform vor?

Bildet das verkarstungsfähige Gestein die Erdoberfläche („nackter Karst") oder liegt es in der Tiefe und der Erdfall ist durch Deckschichten nach oben durchgebrochen?

Bei dem schnellen Formenwandel im Gipskarst, bei 20.000 Karsthohlformen verschiedener, meist unklarer Genese ist dies ein schwieriges Unterfangen. Schon in der frühen Literatur zum Südharz, etwa in der „Hercynia Curiosa" von Georg Henning Behrens (Nordhausen 1703) taucht sehr klar und deskriptiv bereits der Begriff „Erdfall" auf. In der Folge wurde regional dieser Begriff meist verwendet, so auch in der modernen Fachliteratur. Er steht heute als übergeordneter Begriff für diese Karsthohlformen.

Den Bewohnern des Südharzes sind Erdfälle gut bekannt. Man weiß, dass da zu unpassender Zeit mit Donner und Getöse ein tiefes Loch einbrechen kann, ein Bach plötzlich in der Tiefe verschwindet, ein Stück Ackerland geschluckt, sogar ein Gebäude in die Tiefe gerissen werden kann oder die Bahnschienen wie eine Hängematte durchhängen. Wie Narben überziehen diese Krater den Zechsteingürtel des Südharzes. Ein Erdfall hat für die Bewohner und Bewirtschafter des betroffenen Areals oft gravierende Folgen, ebenso auch vielfach für die Wissenschaft. Hervorzuheben sind die Fachgebiete des Straßenbaus, der Baugrund- und Hydrogeologie, Paläontologie, Archäologie, des Naturschutzes und der Klimaforschung. Auch die Sagen- und Märchenwelt am Südharz kommt an diesem hier so prägnant auftretenden Phänomen der Erde nicht vorbei.

Neu auftretende Erdfälle sind nach dem Niedersächsischen Naturschutzgesetz geschützt, dürfen mithin nicht – wie früher meist geschehen – sogleich verfüllt werden.

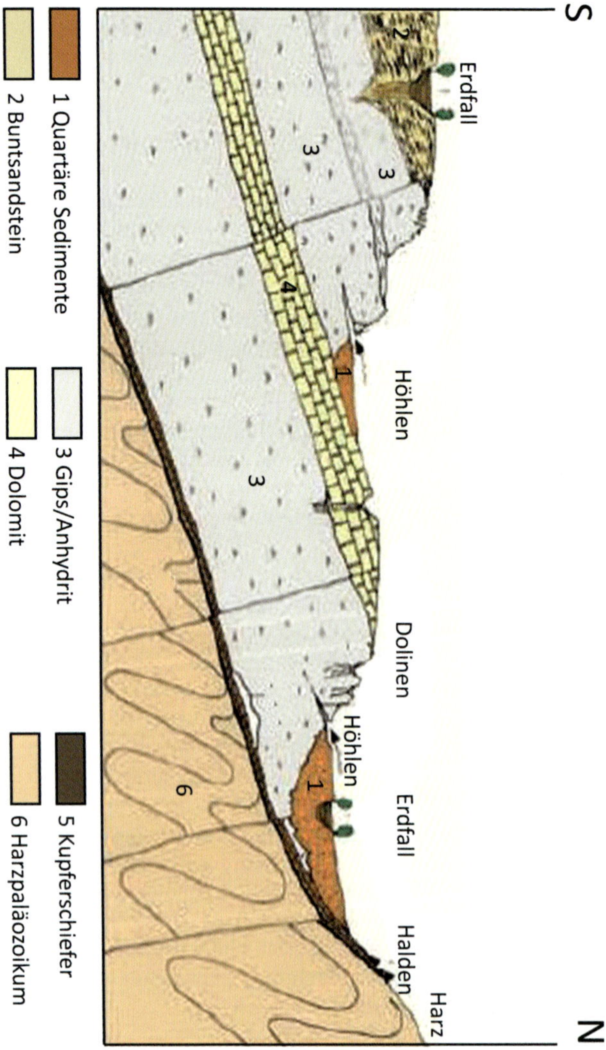

Abb. 6.1: Schematischer Querschnitt durch die Gipskarstlandschaft am südwestlichen Harzrand.

nebst der Bahnlinie – hier in der Auslaugungs- oder Subrosionssenke des Werra-Anhydrits. Weiter zum Vorland nach Süden zu folgt über dem Zechstein die Schichtstufe des unteren Buntsandsteins, die vom Südharz-Vorland in das Thüringer Becken überleitet.

Ein markantes Beispiel ist der von einer Verwerfung im Norden flankierte Rotenberg zwischen Katlenburg und Pöhlde. Die Gipsgesteine der Stassfurt-Serie (Zechstein 2) und die Tonsteine, Gipse und Karbonate des Zechstein 3 (Leine-

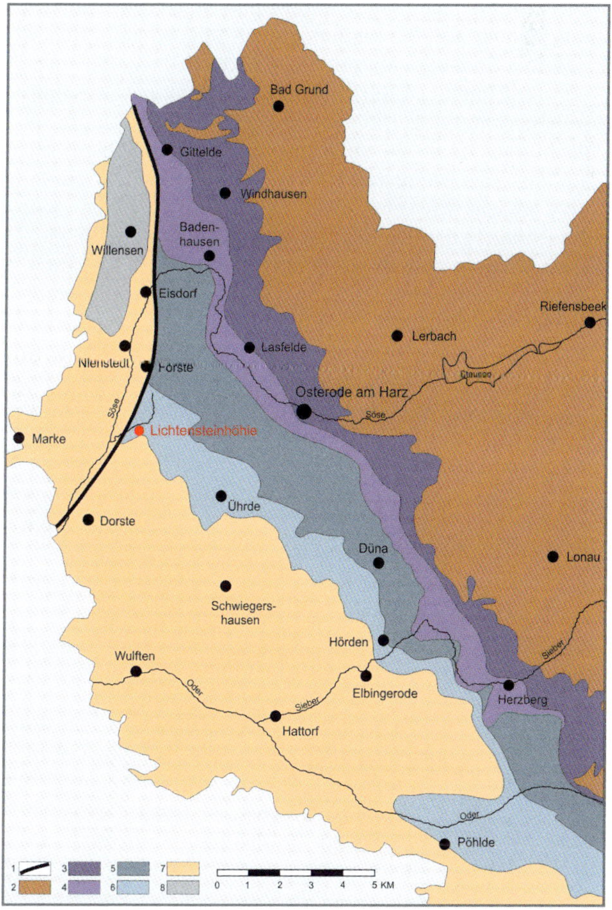

Abb. 6.2: Vereinfachte geologische Karte des Südwestharzes (Grafik F. Vladi) 1 Harzwestabbruch; 2 Variszisches Grundgebirge des Harzes; 3 Zechsteinkonglomerat, Kupferschiefer Zechsteinkalk; 4 Werraanhydrit; 5 Stassfurt-Karbonat, örtlich mit nachgestürztem Hangenden; 6 Basalanhydrit, Grauer Salzton, Plattendolomit, Hauptanhydrit, Zechstein 4 und Rutschmassen des Unteren Buntsandsteins; 7 Unterer Buntsandstein; 8 Muschelkalk.

Der Erdfall von Uftrungen

Im März 1984 brach mitten im Dorf ein Erdfall nieder. Der Nachbar, Herr Herwart Hellwig, berichtete darüber: „... Um 15.00 Uhr war ich in meinem Garten. Da rief Frau Schneider plötzlich über den Zaun. ‚Bei uns geht die Erde unter!' Ich konnte sehen, wie Klo und Garage in der Erde einsanken. Frau Schneider lief, um die Männer zu holen. Ich verfolgte über den Zaun den Fortgang des Ereignisses. Das Klo senkte sich langsam, der Zaun brach hinterher. Das Loch öffnete sich bis zur Garage und brach dort steil ab. Die Männer von Schneiders kamen und bargen Sachen aus dem Gebäude, Motorrad und andere Dinge. Der Trichter wurde immer größer. Die Garage versank wie ein Schiff, welches unterging. Hinten ging sie ab und vorn kippte sie leicht nach oben. Sie verschwand mit einem Schlag vollständig. Das Garagendach war in etwa 4 m Tiefe zu sehen. Wasser war keins da. Danach brach die Mauer vom Waschhaus ein, es folgte die Mauer vom Graben. Im gleichen Moment strömte das Wasser der Hasel in den Trichter. Am anderen Ufer platzte ein Riss auf. Wasser und Kies spritzten in die Luft. 2 Obstbäume wurden in die Tiefe gezogen. Der ganze Vorgang lief sehr rasch ab. Es dauerte höchstens 25 Minuten, vielleicht war es auch kürzer ..."

Die Grundstücksbesitzerin, Frau Schneider, lag auf dem Sofa, als das Ereignis begann. Sie schilderte den Vorgang so: „... Ich hatte mich zum Schlafen hingelegt. Plötzlich gackerten die Hühner laut, dass ich munter wurde. Wenn die Hühner gackern, ist immer etwas los. Ich bin raus gegangen und da habe ich gesehen, wie das Klo eingesunken ist. Ich habe zu Hellwig gerufen: "Bei uns geht die Erde unter!" Ich bin dann gelaufen und habe die Männer geholt. Ich habe zu den Männern gerufen: "Kommt schnell heim, die Erde tut sich auf!" Die Männer rannten schnell nach Hause ..."

Herr Schneider schildert den Vorfall weiter: „... Wir rannten nach Hause. Das Klo war bereits eingesunken. Mein Sohn rannte in die Garage, ich ins Waschhaus. Wir wollten bergen, was zu bergen war. Ich hatte die Waschmaschine hinaus getragen. Da rief mein Sohn nach mir. Ich stellte die Maschine draußen hin. Wir wollten die Werkbank mit dem vielen Werkzeug aus der Garage tragen. Mein Sohn hängte einen Torflügel aus. Als wir uns umdrehten, brach die Garage mit einem Schlag in die Tiefe. Der Karnickelstall versank und auch die eben geborgene Waschmaschine wurde mitsamt der ganzen Wäsche in den Abgrund gezogen ..."

Wenige Stunden später begann die Zivilverteidigung des Ortes mit der Evakuierung der Familie Schneider und Bergung der Sachgegenstände. Hunderte Tonnen Kies rollten Tag und Nacht, von LKW's der benachbarten Betriebe herangefahren, über Transportbänder in den wassergefüllten Krater. Der an der Oberfläche angekommene Hohlraum musste schnellstens verfüllt werden, um ein weiteres Nachbrechen zu verhindern. Nach 1½ Tagen war diese Arbeit getan. Menschen waren nicht zu Schaden gekommen. Acht Wochen später ahnte kein Außenstehender mehr, was hier einst geschah.

In den vergangenen 80 Jahren waren in der unmittelbaren Umgebung mindestens 10 ähnliche Ereignisse eingetreten. Weitere tiefe Erdfälle befinden sich in unmittelbarer Nachbarschaft, der größte davon ist der Fachsee. Über ihn schrieb schon BEHRENDS 1703 in der Hercynia Curiosa.

1985 und 1986 wurden anlässlich der Erdfallgeschehnisse in Uftrungen Bohrungen in diesem Gebiet durchgeführt. Vor der Durchführung dieser Bohrungen wäre keiner auf die Idee gekommen, hier einen riesigen fossilen Erdfall zu finden.

Koordinaten: 51.500214° 10.981765°

Aus: C.& R. VÖLKER: Mitteilungen des Karstmuseums Heimkehle, Heft 15.

Serie) sind morphologisch weniger prägnant; sie wirken sich aber im Grund- bzw. Karstwasserregime und auf die Subrosion, mithin also auch auf praktische Fragen wie den Baugrund aus.

Fasst man die landschaftsprägenden Gesteinseinheiten zu Zonen zusammen, ergibt sich für den Südwestharz ein einfach lesbares Strukturbild.

Aus der Karte (Abb. 6.2) wird die NW-SE-Streichrichtung der Schichtverläufe des südlichen Harzvorlandes ersichtlich.

Abb. 6.3: Die Kelle bei Woffleben – eine Gipshöhle im Werraanhydrit mit Erdfall

Demgegenüber verlaufen die Streichrichtungen der hierzu älteren Strukturen im variszisch gefalteten Harzgebirge, schon durch den Verlauf der Flüssläufe erkennbar, in SW-NE-Richtung. Dieser sprunghafte Wechsel der Richtungen wird uns wieder begegnen bei der Entwicklung des sich den tektonischen Strukturen im Harz und seinem Vorland anpassenden Entwässerungssystems im Eiszeitalter.

Kaltzeit, Relief, Karstwasser und Gipsuntergrund – Wie veränderten die Kaltzeiten das Relief und den Verlauf der Karstgewässer im Südharz?

Die letzten 2,4 Mio. Jahre waren im norddeutschen Raum durch den dreifachen Wechsel von Kaltzeiten („Eiszeiten"), der Elster-, Saale-, Weichsel-Kaltzeit, mit dazwischenliegenden Warmzeiten, den Interglazial-Zeiten, gekennzeichnet.

Für die Reliefgestaltung des südlichen Harzes hatte die nordische Vergletscherung aber nur eine indirekte Bedeutung, denn nur westlich des Harzes drang die Gletschermasse der Saale-Kaltzeit zungenartig bis südlich von Seesen vor und erzeugte eine Abflussbarriere für einige Westharzabflüsse.

Hier entstand vor der Endmoräne ein Eisstausee, auf dessen Ablagerungen der heutige Ort Münchehof liegt. Der flachere östliche Harz wurde etwa östlich der Linie Blankenburg-Nordhausen noch vom Eis überflossen und die Gletscher der Elster-Kaltzeit breiteten sich über die zentrale Fließzone der Leipziger Tieflandsbucht bogenförmig am Südharz entlang, dabei den Kyffhäuser umfließend, bis nach Nordhausen aus. Unser Gebiet blieb dabei weitgehend ein Periglazial-Raum außerhalb der Vergletscherung.

Wegen der nur spärlichen Vegetationsdecke entwickelten sich in den Kaltzeiten hohe Windgeschwindigkeiten bei tiefen Temperaturen und zeitweilig großen Temperaturschwankungen zwischen Tag und Nacht, sodass die Prozesse der physikalischen Verwitterung besonders wirksam waren. In den Kaltzeiten wurden die Böden und die Festgesteine darunter bis in mehr als 100 m Tiefe durchgefroren (Dauerfrostboden) und auch die Grundwässer in Klüften und Karsthohlräumen erstarrten zu Eis. An der Oberfläche anstehende Felspartien wurden durch Frostsprengung zerlegt, sodass sich an den Füßen steiler Hänge Blockmeere bildeten, wie man sie heute noch z.B. im Odertal beobachten kann. Die obere Schicht der Dauerfrostböden taute in den Sommern auf, sodass der durch physikalische Verwitterung entstandene Gesteinsschutt in den durchfeuchteten Schuttströmen hangabwärts gleiten und Talhänge und Geländesenken oftmals weitgehend ausfüllen konnte. Auch die meisten geomorphologischen Kleinformen, wie die in der jeweils vorausgehenden Warmzeit entstandenen oder weiter entwickelten Erdfälle im Bereich der Zechstein-Vorkommen wurden so wieder verfüllt. Da diese Sedimente später zum Teil wieder von den Flüssen abgetragen wurden, sind sie heute nicht mehr als durchgängige Schuttdecken erhalten, sondern begleiten, jeweils in bestimmten Höhenniveaus als Sedimentbänder die Talflanken oder als inselförmig erhaltene Reste die Hochflächen. Sie werden als Terrassenbildungen oder auch als Flussterrassen bezeichnet.

Die vom nordischen Eisschild herabwehenden Fallwinde bliesen das Feinkorn aus den Lockergesteinen des Periglazialraums aus und lagerten es als feinkörnigen Löß an den Talhängen der südlich angrenzenden Hügelländer wieder ab. Der vor allem den Niederterrassen auflagernde weichselkaltzeitliche Löß wurde aber bei Hochwasser wieder abgeschwemmt und hat sich teilweise als geschichteter Hochflutlehm wieder abgelagert. Diese Lößlehmflächen weisen für die Landwirtschaft heute eine hohe Produktivität auf, etwa bei Hörden/Elbingerode am Südwestharz oder in der Goldenen Aue zwischen Harz und Kyffhäuser.

Insgesamt war das Flusssystem nicht in der Lage, die in den drei großen Kaltzeiten anfallenden Schuttmassen zu bewältigen, sodass sich vor allem am südlichen Harzrand breite Schotterfluren ausbildeten. Sie sind heute Objekt einer florierenden Baustoffindustrie (Kies, Splitt und Sand).

In den zwischen den Kaltzeiten liegenden Interglazialzeiten wurden die groben Kiese von feinkörnigeren, von Flüssen transportierten Sedimenten mit überdeckt. Dies ist ausgewiesen durch Böden und Fossilien von wärmeliebenden Tier- und Pflanzengesellschaften, bevor jüngere Sedimente der nächsten Kaltzeit diese wieder überdeckt oder durch die kräftige Erosionswirkung des fließenden Wassers mit dem Ende der Kaltzeiten und in der folgenden Warmzeit erneut entfernt wurden. Da sich die warmzeitlich aus dem Harz abströmenden Bäche immer tiefer in die vorhandenen Sedimente eingruben, wurden die Terrassenkiese der weiten Ebenen durch die breit in den Tälern mäandrierenden Flüsse weiter verfrachtet mit dem Ergebnis, dass sich rund um den Harz ein System von mehreren Niveaus von Randterrassen (Ober-, Mittel-, Niederterrassen) entwickelte. Dabei entsprechen die am höchsten gelegene Oberterrasse der Elster-Kaltzeit, die Mittelterrasse der Saale-Kaltzeit und die bereits im Bereich der heutigen Talböden liegende Niederterrasse der Weichsel-Kaltzeit. Die Terrassengliederung kann im Detail noch weiter differenziert werden, z. B. bei Herzberg in eine Obere und Untere Mittelterrasse (Drenthe- und Warthe-Stadium der Saale-Kaltzeit) oder in die Obere und Untere Niederterrasse (Weichsel-Kaltzeit). Mit guten petrographischen und regionalgeologischen Kenntnissen kann man anhand der Gesteinszusammensetzung und Häufigkeit der Kiese in den Flussterrassen das Einzugs- bzw. Liefergebiet in der Regel recht gut bestimmen.

Die oft nur noch reliktisch erhaltenen Ablagerungen der Oberterrasse, kenntlich durch ihre Höhenlage an den Talschultern und den höheren Verwitterungs- oder Kaolinisierungsgrad insbesondere der durch hohen Feldspatanteil geprägten Grauwackengerölle, zeigen im Unterschied zu den jüngeren und tiefer liegenden Mittel- und Niederterrassen

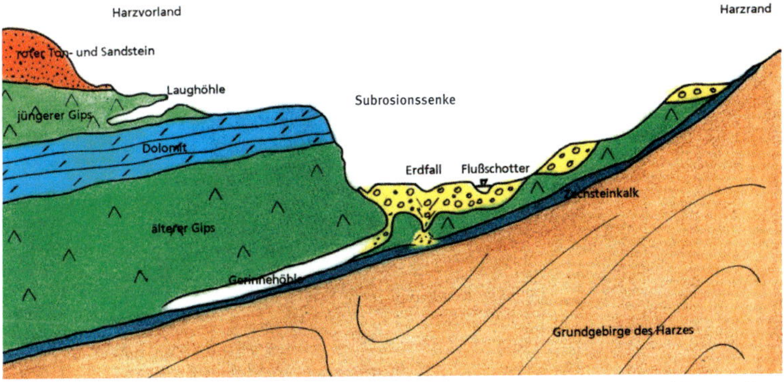

Abb. 6.4: Schematischer geologischer Schnitt durch den südlichen Harzrand (überhöht). In gelb die Ober-, Mittel- und Niederterasse. (Abb.: F. Vladi)

keine deutlichen Bezüge mehr zum heutigen Flusssystem, da sie von der Verkarstung des unterliegenden Zechsteins, Erosion und Laufverlagerungen der Flüsse am stärksten betroffen sind.

Am südlichen Harzrand ist die periglaziale Taleintiefung mit der Verkarstung und einer fortschreitenden Rückverlegung der Schichtstufen nach Süden verbunden, vor denen sich jeweils eine Subrosionssenke herausbildet (Abb. 6.4). Dieser komplexe Prozess lässt sich zwischen Osterode und Ellrich recht gut entwirren. Dabei zeigen die zwischen Ober- und Mittelterrasse eingetretenen Laufverlegungen ein Abbild der tektonischen Strukturen des paläozoischen Untergrundes, sie offenbaren über diesen Strukturen frühere Positionen der Schichtstufe, insbesondere die Lage des Werraanhydrits (s. u.). Ingenieur- und hydrogeologisch von Bedeutung ist, dass im Zechsteinkarst die ursprünglichen Bach-Schwinden und Grundwasserströme unter den Talböden aktiv blieben, auch wenn Flüsse seither ihren Verlauf soweit verlegt haben, dass sie inzwischen die Steilkante des Werraanhydrits durchbrochen haben.

Dies zeigten Bohrungen am ehemaligen Sieberlauf zwischen Herzberg und Elbingerode, der einer Subrosionssenke im Basal- und im Hauptanhydrit folgt. Ebenso bestehen Grundwasserströme sowohl innerhalb des Gipskarstes als auch an der Basis der Zechsteinschichten im Zechsteinkalk.

Auch die Lonau bei Herzberg hat ihren ursprünglich Lauf aufgegeben und wurde der Sieber bei Herzberg tributär. Davon zeugen die Talformen oberhalb der Großen Steinau eben-

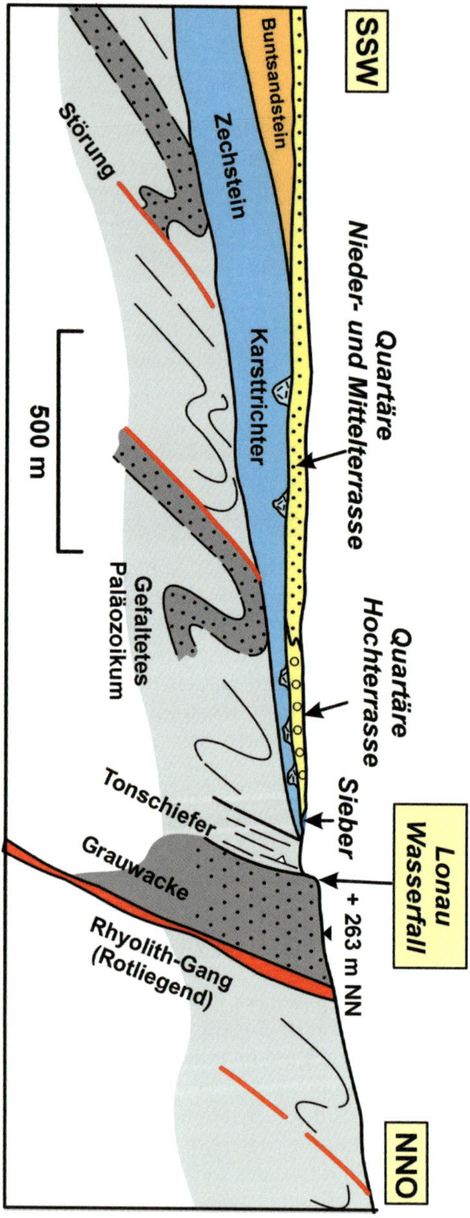

Abb. 6.5: Längsprofil der Sieber von Herzberg durch die „Aue".

Abb. 6.6: Verlagerungen der Flussläufe um Bad Sachsa im Eiszeitalter. Erläuterungen hierzu siehe S. 213.

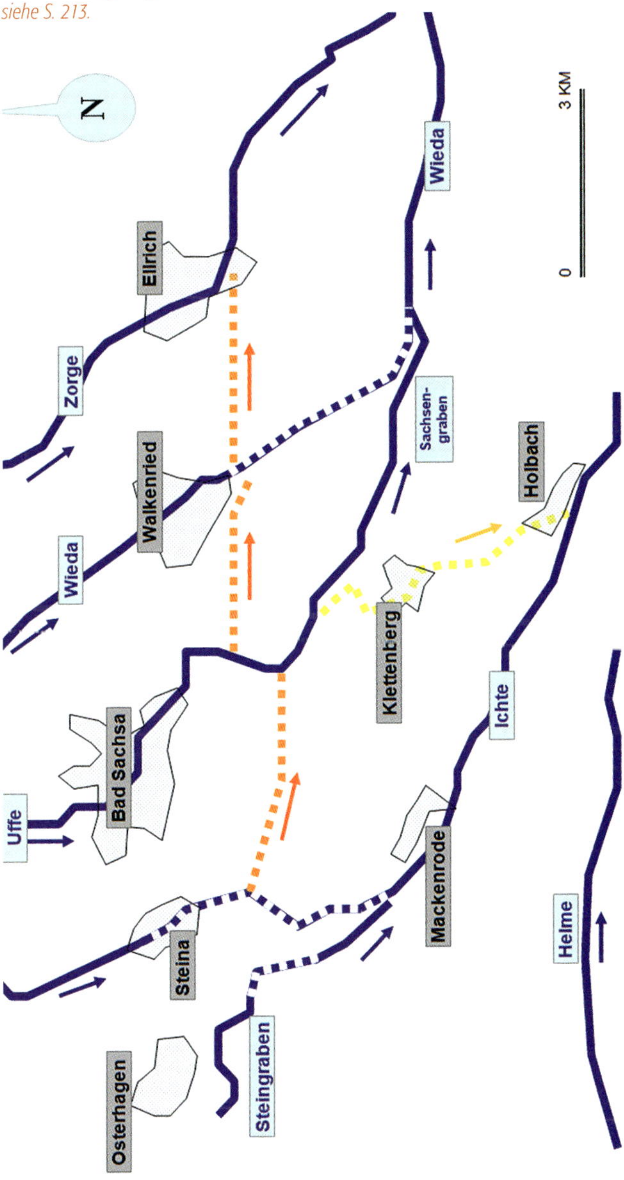

Verlagerungen der Flussläufe um Bad Sachsa im Eiszeitalter

Kontrolliert vom Verlauf der verfalteten Gesteine des Harzes strömen die Flüsse aus dem Gebirge nach SSW ab. Wenn sie am südlichen Harzrande auf die Schichtstufen der Zechstein-Schichten aus Gips oder Dolomit stoßen, wird ihr Lauf aus der vorherigen „konsequenten“ in eine „subsequente“ Laufrichtung abgedrängt. Im Raum von Bad Sachsa, östlich der Wasserscheide Weser-Elbe, ist dies ein Abschwenken nach ESE.

Im Verlaufe des Eiszeitalters kam es zu wiederholter starker Eintiefung der Täler und dabei auch örtlich zum Durchbrechen dieser Schichtstufen. Alte subsequente Fließrichtungen (in der Grafik in orange) wurden aufgegeben. Die Gewässer nahmen einschließlich der oberirdischen trocken gefallenen Talverläufe sowie die begleitenden Grundwasserströme die neue SSE-Richtung ein.

Hochliegende Kiesablagerungen kennzeichnen heute noch die alten Läufe, etwa auf dem Sachsenstein, über dem Knick zwischen Nüxei und Tettenborn oder auf dem Himmelreich zwischen Walkenried und Ellrich.

Tief unter den alten, aufgegebenen Talböden verläuft aber weiterhin in den verkarsteten Gipsschichten ein Grundwasserstrom. Man erkennt es an den hierüber einbrechenden Erdfällen, z. B. zwischen Römerstein und Tettenborn-Kolonie oder markanter noch am Himmelreich-Höhlensystem entlang des Bahntunnels zwischen Walkenried und Ellrich. Ein jüngerer Verlauf der Uffe (in der Grafik gelb) führte über Klettenberg nach Holbach; dieser wurde später noch als Mühlgraben „reaktiviert“.

Zwischen 1936 und 1990 ruhte hier im späteren Grenzraum jede quartärgeologische Forschung. Deshalb bedarf das hier Dargestellte weiterer Untersuchungen.

so wie der mit dem Lonau-Wasserfall verbundene Gefälleknick und der beim Bau der Klinik in Herzberg aufgeschlossene oberterrassenzeitliche Talboden. Ganz ähnlich ist die komplexe Verlagerung der Bäche zu sehen, welche von Osten her aus dem Raum Herzberg der Sieber zufließen.

Bekannte Beispiele solcher Tallaufverlagerungen im Quartär sind die nicht mehr durchflossenen Täler der Steina zwischen Römerstein-Tettenborn bis Neuhof oder der Wieda zwischen Walkenried und Ellrich. Das heute die Wieda-Zorge-Wasserscheide unterquerende Entwässerungssystem Itelteich – Himmelreichhöhle – Pontelteiche mit der Himmelreichhöhle im Werraanhydrit als größtem Einzelhohlraum Deutschlands (nicht zu besichtigen) legt davon beredtes Zeugnis ab (Abb. 6.6). Ohne tieferes Verständnis für diese dynamischen Prozesse wurden und werden noch immer in solchen Senkungszonen Projekte des Bahn- oder Straßenneubau kostspielig und risikoreich ausgeführt, wie das bekannte Beispiel der durch die Himmelreichhöhle führenden Bahnstrecke Nordhausen-Bad Sachsa zeigt.

Ein Relikt hochterrassenzeitlicher Flussgeschichte ist die in Dolomiten des Zechsteins gelegene **Einhornhöhle** bei Scharzfeld (Abb. 6.7) (73). Sie bildete im Mittellauf eines ehemaligen und von den Scheffelstalköpfen abströmenden Baches eine Bachschwinde mit unterirdischem Gerinne, in dem noch heute Kiese des früheren Einzugsgebietes lagern. Doch sind der weitere ober- und der unterirdische Bachlauf seither der Erosion zum Opfer gefallenen. Das Gewässer ist sicherlich an einem Vorläufer der heutigen Rhumequelle wieder zutage getreten.

Was für das mittlere und jüngere Quartär an Flussverlegungen nachweisbar ist, sollte grundsätzlich auch für die Zeit zwischen Jungtertiär und Altquartär gelten. Der an der Steilstufe des Werraanhydrits orientierte Wechsel der Flussrichtungen zwischen subsequent (NW-SE) und konsequent (SW-NE, die Schichtstufe durchbrechend) zeigt sich analog auch in abknickenden Talstrukturen harzaufwärts, wo die Zechsteinschichten ja zuvor ebenfalls lagen, aber seither abgetragen und die Reliefstufung nach Süden verlagert wurden. Dies ist besonders deutlich am Lauf von Söse und Sieber (Abb. 6.2) zu erkennen. Am Südharz bestimmt damit die Verschneidung der geologischen Strukturmuster des variszischen Unterbaues (SW-NE) mit jüngeren NW-SE-Brüchen die räumliche Ausrich-

Abb. 6.7: Oben: Rekonstruktionsversuch der Landoberfläche im frühen Quartär (ca. 0,5–1 Mio. Jahre) Unten: geologischer Schnitt durch die Umgebung der ***Einhornhöhle*** *für die Gegenwart (ca. 10-fach überhöht)*
1: Gefaltetes Grundgebirge; 2 Rhyolithe u. Arkosen des Rotliegenden; 3 Zechsteinkarbonate; 4 Zechstein-Sulfate; 5 Tonsteine (Grauer Salzton des Zechsteins und Unterer Buntsandstein); 6 Niederterrassen-Kiesfüllung des Pöhlder Beckens; 7 Grundwasserspiegel (generalisiert) (Abb.: F. Vladi)

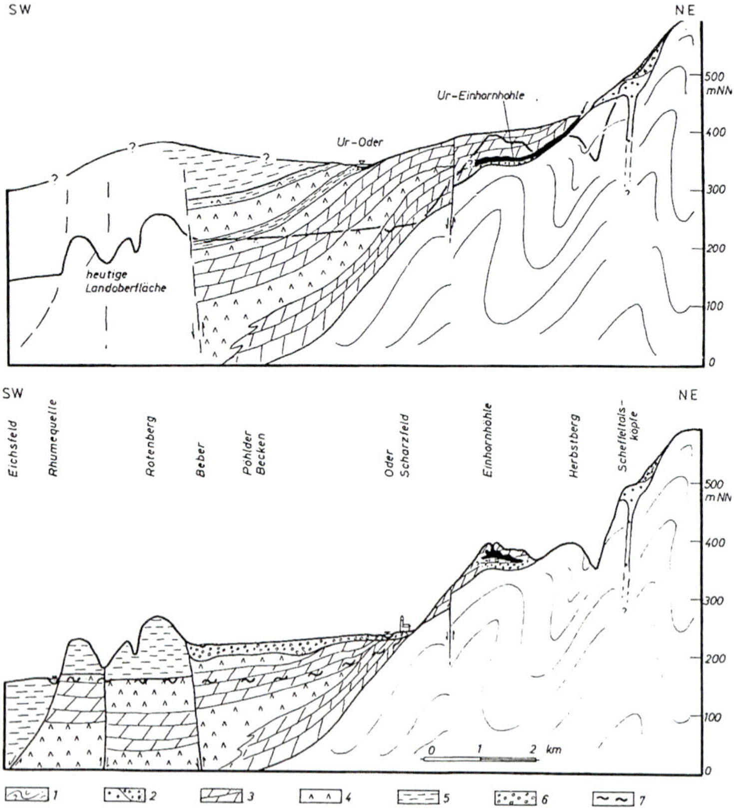

tung der klimagesteuerten Subrosionserscheinungen einschließlich der Karsthydrologie.

Die nachweichselzeitlichen Talfüllungen sind mit Hochflutlehmen angefüllt (Holozän, letzte 11700 Jahre), die sich infolge starker Hochwässer bildeten. Darauf lagert der noch jüngere Auelehm. Auelehm entsteht vor allem durch Sedimentauswaschung seit der spätmittelalterlichen Besiedlung, verknüpft mit Waldrodungen für die Landwirtschaft und den Erzbergbau. So finden sich an der Großen Steinau bei Aschenhütte unter meterdicken groben Flusskiesen, anderswo auch unter Auelehm-Lagen, noch Schlacken aus der mittelalterlichen Erzverhüttung. Die jungen Teile der Auelehme sind deshalb auch signifikant stärker mit Metallverbindungen aus den bergbaulichen Aktivitäten im Harz kontaminiert. Dies hat rechtliche und z.T. beträchtliche finanzielle Konsequenzen für die Bautätigkeit, den Gartenbau und die Abfallentsorgung.

Exkursions-Empfehlungen für den Gipskarst des Südharzes

Der Karstwanderweg Südharz erschließt und beschreibt diese Phänomene im Detail anhand von Schautafeln vor Ort: www.karstwanderweg.de. Nahezu alle Formen von Verkarstung sind in dem Streifen zwischen Seesen und Mansfeld vorhanden. Im NSG Hainholz bei Düna wiederum sind die Schichtglieder des Zechstein 2 und 3 mitsamt ihren geomorphologischen Auswirkungen besonders gut aufgeschlossen. Von jedem Typus der Karsterscheinung sollen hier ein bis zwei prägrante Beispiele zum Besuch empfohlen werden.

Gipskarstlandschaft – Karstwanderweg Südharz

Mit dem Gipskarst des Südharzes ist im Laufe von Jahrtausenden eine Landschaftsform entstanden, deren geologischer Reichtum und biologische Vielfalt einen für Europa einzigartigen Naturraum darstellt. Das durch weißes Gipsgestein geprägte Gebiet erstreckt sich über die Landkreise Göttingen (Altkreis Osterode) in Niedersachsen, Nordhausen, Thüringen, sowie Mansfeld-Südharz, Sachsen-Anhalt und bis in den südwestlichen Kyffhäuser. Von Bad Grund über Förste bis nach Pölsfeld/Sangerhausen lässt sich diese eindrucksvolle Region auf dem Karstwanderweg Südharz auf 265 km Länge erleben. Nähere Infos sowie GPS-Tracks der Gesamtstrecke sowie von 25 ausgewählten Rundwegen im Internet siehe unter: www.karstwanderweg.de.

Die Bildung der Evaporitgesteine des Zechsteins erfolgte in einem warmen Flachmeer in einer geographischen Breite, die heute der des Roten Meeres entspricht. Der ehemalige Ausfällungs- bzw. Eindampfungsprozess der Gesteine läuft seit dem Tertiär bis heute umgekehrt ab, wobei zuerst die Stein- und Kalisalze, dann die Sulfatgesteine und auch die Karbonate wieder aufgelöst werden. Die dabei entstandenen Höhlen, Seen und Teiche, wasserreichen Karstquellen und Bachversickerungen, 20.000 Erdfälle und Dolinen und die strahlend weißen Gipsfelsen bringen Wanderer entlang des Karstwanderwegs Südharz zum Schwärmen. Charakteristisch für die Gegend ist der stete Wechsel der Nahbeobachtungen im lichten Laubwald im Kontrast zu herrlichen Weitblicken in das Südharzer Vorland. Leichtgängige Strecken in Tallagen wechseln mit Abschnitten, die auf Anhöhen führen. Neben den vielfältigen Karsterscheinungen gibt es eine beachtliche Vielfalt der Tier- und Pflanzenwelt zu entdecken und eine alte Kulturlandschaft mit Burgen, Schlössern, Klöstern und anderen menschlichen Spuren von der Altsteinzeit bis zur Gegenwart zu erleben.

Auslaugungstäler und große Subrosionssenken

Sehr anschaulich und selbst für den Autofahrer gut sicht- und spürbar ist die Subrosionssenke, welche sich über dem Ausstrich des Werra-Anhydrits an den Teufelsbädern gleich südöstlich Osterode entwickelt hat. Da wo die B 243 auf 80 km/h beschränkt ist, bilden sich immer wieder Senken auf der Fahrbahn über dem direkt darunter in Auslaugung befindlichen Werra-Gips (Abb. 6.8).

In der versumpften Senke wurden früher Stau- oder Fischteiche angestaut, die heute weitgehend verlandet sind (Naturschutzgebiet Teufelsbäder). Harzseitig schließt sich das Teufelsloch an (Abb. 6.9) (**71**), eine Karstquelle mit Erdfall und umgebender Erdfallzone. Sie kann über den Karstwanderweg erreicht werden. Im Tiefsten dieser Subrosionssenke tritt in einem Bohrloch artesisch gespanntes Wasser hervor. Diese Karstgrundwässer strömen unterirdisch zu den großen Karst-Quellen in Förste ab.

Abb. 6.8: Verkarstende Gipsfelsen auf der Papenhöhe, aufgeschlossen während des Neubaus der B 243 im Jahre 1972.

Abb. 6.9: Teufelsloch, Erdfall mit Karstquelle und Teich bei Osterode.

In der Subrosionssenke zwischen Herzberg und Aschenhütte dominiert morphologisch die Niederterrasse der hier auch im unterlagernden Karst versinkenden Sieber, weiter südlich im Pöhlder Becken dominiert die weite Kiesfläche der Oder. Wie oben schon beschrieben, sind die Subrosions-Senken

Momentaufnahmen eines dynamischen Prozesses der fortlaufenden Verschiebung der subsequenten, das heißt sich an die Subrosion anlehnende Talbildung vor der sich nach Süden rückbauenden Schichtstufe des Werra-Anhydrits.

Karst-Höhlen

Die Heimkehle bei Uftrungen (**72**), die Barbarossahöhle am Westkyffhäuser (s. Kyffhäuser Zechstein) und die Einhornhöhle bei Scharzfeld (**73**) sind die für Besucher erschlossenen (Schau-)Höhlen am Südharz und Kyffhäuser. Es gibt weitere Höhlen in diesem Bereich, die jedoch nicht gesichert sind und von deren Besuch dringend abzuraten ist.

Die im Gips des Hauptanhydrit der Leine-Serie gelegene **Heimkehle** (Abb. 6.10) (**72**) bei Uftrungen beeindruckt durch ihre großen Hallen (bis 22 m Höhe und 65 m Breite) im reifen Verbruchstadium und zeigt die in flachen Laugräumen angeschnittene typische Formengebung mit Facette und Laugdecke als Ausdruck der Höhlengenese im Stillwassermilieu. Die ca. 2 km lange Höhle wurde 1944/45 als Waffenproduktionsstätte unter anderem für Teile des Kampfflugzeugs Ju 88 ausgebaut, wobei KZ-Häftlinge eingesetzt wurden, von denen viele starben. Die Schauhöhle wird durch ein Karstmuseum ergänzt.

Die Einhornhöhle im Werradolomit bei Scharzfeld (Abb. 6.7 und 6.11) (**73**) ist eine der eindrucksvollsten und auch durch ihre reichen paläontologischen Funde wissenschaftlich wertvollsten Höhlen im Harzgebiet. Ihr frühes Entwicklungsstadium beschreibt die typische Karstentwässerung des Südharzes. Dabei versinken die Harzer Fließgewässer beim Queren des Zechstein-Ausstriches zumeist bereits beim Erreichen des Zechstein-Kalks, um fern der Versinkung im weiteren südlichen Vorland wieder als Karstquellen hervorzutreten. Nach weiteren kaltzeitlichen Taleintiefungen fiel die Einhornhöhle trocken und schaffte Lebensraum für die kaltzeitliche Fauna, besonders Höhlenbären als Überwinterungs- und als Wurfhöhle. Über die Jahrhunderte sind wohl viele Hunderte Bärenskelette ergraben und als „Einhorn“ (Abb. 6.12) an Interessierte, besonders auch an Apotheken verkauft worden. Große Bedeutung besitzt die Einhornhöhle für die frühe naturwissenschaftliche Forschungsgeschichte verbunden mit den Namen Goethe, Leibnitz und Virchow.

Abb. 6.10: Grundriss der Heimkehle bei Uftrungen (aus: https://karstwanderweg.de/kwn082.htm).

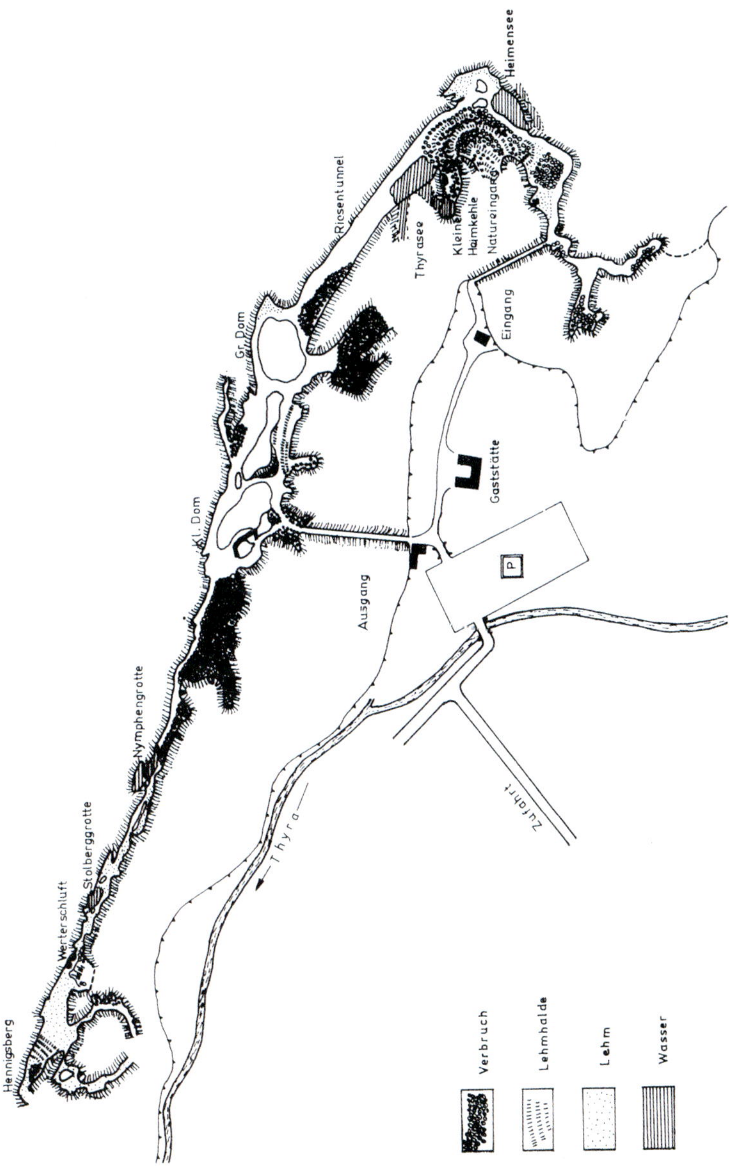

Abb. 6:11: Die Blaue Grotte in der Einhornhöhle bei Scharzfeld.

Abb. 6.12: Das sagenumwobene Einhorn, hier in der Darstellung nach LEIBNIZ

Schlotten

Das Schaubergwerk „ErlebnisZentrum Bergbau **Röhrigschacht**“ in Wettelrode (70) führt in den neuzeitlichen Kupferschieferbergbau. Dieser hatte beim Durchteufen des Sangerhäuser Anhydrits zuvor unbekannte Großhöhlen angetroffen, deren Bildung unterhalb des Grundwasserspiegels erfolgte. Sie wurden durch den Bergbau trocken gelegt und sind heute auf Sonderführungen des Schaubergwerks erlebbar.

Berühmt ist auch die **Wimmelburger Schlotte** westlich von Eisleben (74), die als die längste und geräumigste Gipshöhle Deutschlands gilt, für die Allgemeinheit aber nicht zugänglich ist.

Abb. 6.13: In der Marienglas-Schlotte, Wettelrode: leider nur Gips, kein Gold

Abb. 6.14: Die geologische Position der meisten Schlotten (nach R. u. Chr. Völker, 1992)

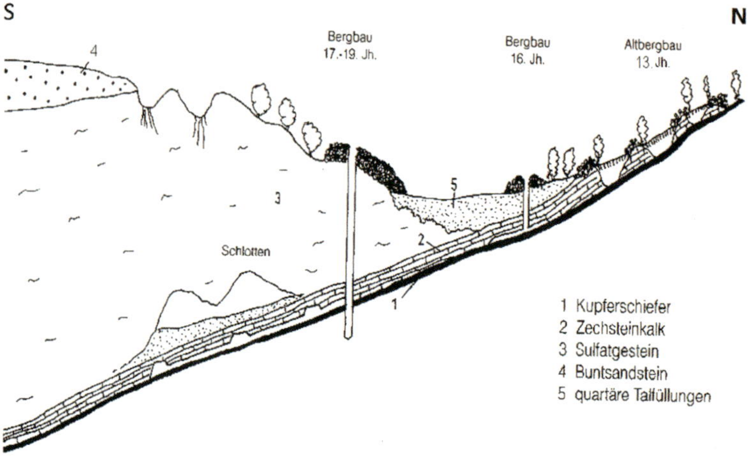

Erdfälle und Dolinen im NSG Hainholz (75)

Brechen Höhlen durch die Lösungsvorgänge des Grundwassers bis zur Erdoberfläche durch, so entstehen mehr oder weniger große Löcher mit steilen Wänden, die man als Erdfälle bezeichnet.

Ein gut zugänglicher und eindrucksvoller Erdfall, bei dem sich dem Betrachter die Ursache leicht erschließt, ist der **„Hirschzungen-Erdfall“** (76) im NSG Hainholz bei Düna (Abb. 6.15).

Abb. 6.15: Hirschzungen-Erdfall im NSG Hainholz bei Düna

Es ist ein vor ca. 500 Jahren eingestürzter Hohlraum der Jettenhöhle, einer sehr großen Gipshöhle im Hauptanhydrit im Verbruchstadium. In ihr fallen geschätzt jährlich 2–5 t Gestein von der Decke und der dem Hirschzungen-Erdfall untertage nächstgelegene große Raum von ca. 20 x 30 m dürfte in wenigen Jahrzehnten kollabieren und übertage den nächsten Erdfall bilden. Die Jettenhöhle ist nicht erschlossen und darf nicht betreten werden!

Der Pferdeteich (77)

Das Dorf Düna liegt auf der Wasserscheide zwischen Sieber und Hackenbach, im Ort sind keine Quellen oder übertägige Gewässer vorhanden. Die Pferde wurden zur Tränke früher über einen Fahrweg zu diesem Erdfallteich geführt. Zur Sommerzeit wurden auch die Ackerwagen rückwärts hineingefahren, damit die hölzernen Speichenräder und sonstigen Wagenteile sich vollsaugen konnten und nicht austrockneten und unter der Last der Ernte brachen. Daher der Name Pferdeteich.

Eine Quelle speist den Pferdeteich. Es ist der größte und schönste der zahlreichen Erdfälle im Hainholz. Hier versickert das Wasser dann allmählich ohne erkennbare Schwindstelle. Der Teich kann im Herbst trockenfallen, im Frühjahr feuchter Jahre steigt der Wasserspiegel um über 8 m an (Abb. 6.16). Die Ganglinie des Wasserstands folgt exakt der Niederschlagsentwicklung mit sprunghaftem Ansteigen und allmählichem

Abb. 6.16: Pferdeteich bei Frühjahrshochwasser, NSG Hainholz bei Düna.

Abfallen, allerdings mit knapp 3-wöchiger Verzögerung. Besonders bei Hochwasser wird die geologisch junge Steilwand von dem nur teilgesättigten Teichwasser kräftig unterlaugt. Sie hat sich deshalb in den letzten 40 Jahren um mehr als 5 m zurückverlegt. Seit 2018 ist der Wasserspiegel erschreckend niedrig und 2021 ist der Pferdeteich zum ersten Male ganzjährig trocken geblieben, eine Folge des Klimawandels!

Wo aber bleibt das Wasser? 1981 wurde mit der Zugabe von 4 kg eines Farbstoffes der erwartete Abfluss des Pferdeteiches in die ca.10 km entfernte Rhumequelle bei Pöhlde untersucht. Dies konnte dort zwar nicht nachgewiesen werden, doch sollte nach geologischem Bau und Schichtenverlauf diese Abflussrichtung bestehen. Die Markierungsmenge war offenbar zu gering und die Fließgeschwindigkeiten in den Zechsteinschichten hier im Bereich der Wasserscheide sind zu langsam.

Wenn der Teich im Herbst in nahezu jedem Jahr trockenfällt, was wird mit der darin lebenden Fauna? Der Pferdeteich ist ein episodisches Stillgewässer, woran sich die Tierwelt angepasst hat. Wegen des Trockenfallens leben hier keine Fische; umso mehr bevölkern Amphibien den Teich und seine Umgebung. Bis zu 10.000 Molche (drei Arten) wurden hier gezählt; dazu kommen Frösche, Kröten, Salamander sowie Insekten, Vögel und Säugetiere.

Es gibt darüber hinaus ausgeprägte **Erdfallfelder**, wo sich wassergesättigte hochpermeable Kiese der Niederterrasse direkt über Gips abgelagert haben, so im Lüderholz zwischen Osterode und Herzberg und im Mackenröder Forst westlich von Mackenrode (beide über Werra-Ahydrit) sowie im Pöhlder Wald NE von Pöhlde über Hauptanhydrit. In allen drei Fällen wirkt das Gelände förmlich wie zernarbt von alten und ganz neuen ein- oder nachbrechenden Erdfällen. Diese sind entweder periodisch trocken oder als Grundwasserblänken ausgebildet.

Dolinen, Dolinenfelder

Wo der Gips durch lange Ablaugung nur noch wenige Meter mächtig und von stauenden Schichten unterlagert ist, beschleunigt sich seine flächige Verkarstung sowohl von der Basis als auch von der Oberfläche her. Hier vermischen sich Erdfälle und Dolinen in einem unentwirrbaren Muster von stets

Abb. 6.17: Dolinenfeld „Am Weinberg" im Basalanhydrit (Staßfurt Formation), NSG Hainholz, Düna

im Werden und Vergehen befindlichen Senken und Kuppen, vergleichbar dem Meer bei Seegang. Solche Areale sind nicht bebaubar und auch kein Ackerland. Sie sind heute Wald oder Grünland. Gut zu beobachten sind solche Formen in der Gemarkung „Am Weinberg" im Hainholz (Abb. 6.17) (**78**).

Uvalas

Besonders im „Alten Stolberg" zwischen Rottleberode und Steigerthal sowie bei Questenberg sind entlang von talbildenden Verwerfungen im Werra- und Sangerhäuser Anhydrit Erdfallreihen ausgebildet, bei denen die Hohlformen oft reihenartig angeordnet und ineinander verschachtelt sind. Sie werden als Uvalas bezeichnet.

Das größte Uvala ist die **„Saugasse"** mit 30 Hohlformen auf ca. 1 km Länge, gelegen am Karstwanderweg im Alten Stolberg zwischen der Heimkehle und der Gaststätte Kalkhütte. Auch am Lichtenstein westlich von Osterode tritt dieses Phänomen im Hauptanhydrit auf. Die Uvalas haben ein Gefälle und werden in nassen Zeiten von Gerinnen zwischen Quellaustritten und dazwischen auftretenden Bach-Schwinden durchflossen. Das abgebildete Uvala liegt südwestlich von Questenberg (**79**).

Abb. 6.18: Uvalas bei Questenberg (nach C. u. R. Völker 1997)

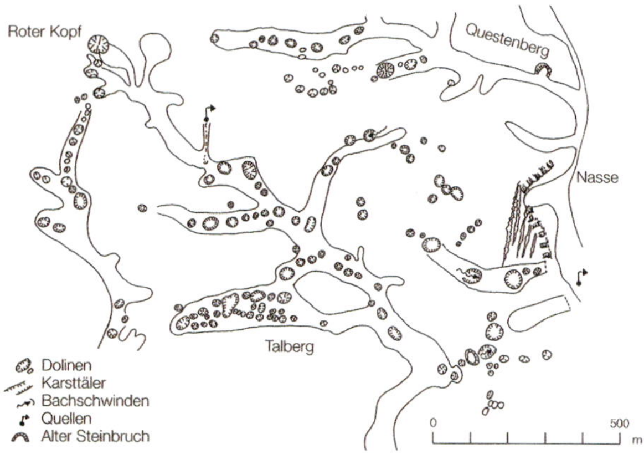

Poljen

Als Poljen bezeichnet man großräumige, allseitig geschlossene Senken, die von Bächen oder sogar Flüssen durchzogen sein können, die aber durch Schwinden entwässern.

Wohl ein echtes Polje bildet die **Nussteichsenke** bei Nüxei (**80**) zwischen Osterhagen und Mackenrode. Sie ist mehrseitig von Hängen mit verkarstungsfähigen Gesteinen umschlossen, die Sohle ist eben (deshalb Polje, slaw. Feld) mit stetiger lateraler Erweiterungstendenz und wird über eine Bachschwinde entwässert.

Abb. 6.19: Nussteich-Polje über Werra-Anhydrit bei Nüxei, mit Schwinde im Hintergrund

Ein in einem Blindtal entspringender Bach fließt ständig in diese Senke (Polje). Die aus dem Harz kommende Steina, die nur etwa einen Monat im Jahr teilweise auch oberirdisch abfließt, ist vor der künstlichen Gewässerregulierung bei Hochwasser regelmäßig in die Senke eingeflossen, sodass der Wasserspiegel bis zu 9 m angehoben wurde und der Wasserstand bis an die Bankette der bisherigen B 243 reichen konnte. Alles weiter zufließende Wasser gelangt dann in den Steina-Unterlauf und bis zur Ichte nach Mackenrode. Das Polje ist in den abflussarmen Monaten trocken.

Abb. 6.20: Nussteich-Polje bei höchstem Wasserstand (1986).

Erdfallsee

Der **Jues-See** im Zentrum Herzbergs (**81**) ist der wohl größte fossile Erdfall im Südharz. Er umfasst zwei große miteinander verbundene Erdfälle, zusammen mit 700.000 m³ Volumen, wobei der größere 523.000 m³ bei 28,5 m Wassertiefe und der kleinere Erdfall 177.000 m³ bei einer Wassertiefe von 6,5 m aufweist. Der Jues ist durch den Karstwanderweg erschlossen.

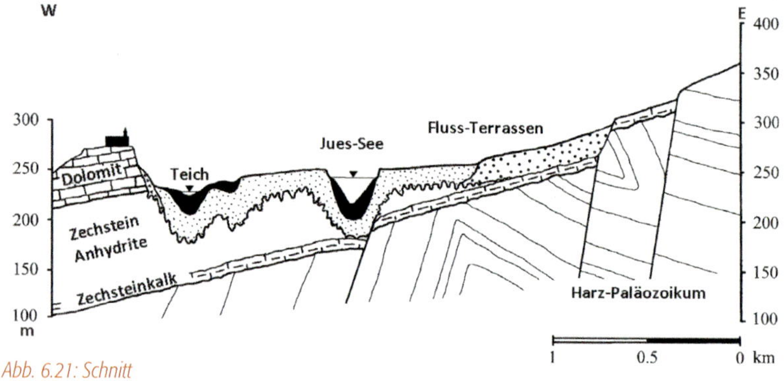

Abb. 6.21: Schnitt durch den Jues-See in Herzberg (Abb.: F. Teichmann (1986)).

Beide Erdfälle sind durch einen gemeinsamen Wasserspiegel verbunden. Im Umfeld des Jues-Sees sind im Stadtgebiet von Herzberg weitere Erdfälle bekannt. Die ständig fortschreitende Auslaugung des Werra-Anhydrites im Untergrund führt auch heute noch zu Erdfällen in dieser Gegend. Auch der Boden des Jues-See ist senkungsaktiv. Auf Grund seiner steilwandigen trichterförmigen Flanken kommt es nicht zu einer völligen Durchmischung des Wassers. Der See besitzt daher nur eine eingeschränkte Selbstreinigung; Schmutzwasser- und Schadstoffeinleitungen gefährden deshalb den See. Im Sommer gibt es kaum Frischwasserzuflüsse durch den Eichelbach, da dieser bereits vor dem Jues-See in Bachschwinden sein Wasser in den Karstuntergrund verliert, das zur Rhumequelle abströmt. Starke Algenblüte im Sommer zeigt eine Eutrophierung an.

Die 1995 erbohrten bis 16 m mächtigen Sedimente am Seeboden sind lückenlos und ungestört abgelagert; sie erlauben dank der Geschichte und Lage des Erdfallkomplexes

Abb. 6.22: Der Jues-See in Herzberg, ein Erdfall als Klimaarchiv

mit hoher zeitlicher Auflösung die Rekonstruktion sich verändernder natürlicher Umweltbedingungen und der Siedlungsentwicklung seit der letzten Eiszeit und bilden ein wertvolles Bio- und Geo-Archiv in Mitteldeutschland.

Um 10.000 vor heute kann danach bereits von geschlossenen Laubmischwäldern in der Umgebung des Jues ausgegangen werden. Die ab 9700 vor heute erfolgende Ausbreitung von Winterlinde, Efeu und Mistel zeigt ein sommerwarmes und wintermildes Klima an. Die Rotbuche wanderte um 6500 vor heute in das Gebiet ein und breitete sich ab 3600 vor heute am Harzrand und im Oberharz aus, der zu dieser Zeit noch unbeeinflusst vom Menschen war. Diese Einwanderung der Rotbuche war daher sicherlich nicht durch menschlichen Einfluss gefördert, sondern durch das zunehmend ozeanische Klima. Eine Besiedlung am Jues-See lässt sich ab 7600 vor heute nachweisen (Neolithikum, Bandkeramik). Bis zum Mittelalter lassen sich acht Siedlungsphasen unterscheiden, von denen ist die Eisenzeit (2500–2245 vor heute) besonders ausgeprägt. Um 1240 n. Chr. setzte die mittelalterliche Besiedlung am Jues-See ein, die in den folgenden Jahrhunderten stetig zunahm.

Schwinden/Ponore

Schwinden sind Stellen, an denen oberflächliche Fließgewässer durch Karsthohlräume an Schlucklöchern (Ponore) in die Tiefe verschwinden und an anderer Stelle wieder zum Vorschein kommen.

Die **Dinsterbachschwinde** östlich von Questenberg (**82**) ist eine der beeindruckendsten Schwinden im Südharzgebiet und neben dem Bauerngraben die größte Schwinde, die im Bereich des Karstwanderweges liegt. Sie zeigt eindrucksvoll den raschen Formenwandel durch fortwährenden Nachbruch der Gips-Felswand über der Schwinde, bedingt durch den Zutritt von weichem, lösungsfreudigen Oberflächenwasser des aus dem Paläozoikum des Harzes austretenden Dinsterbachs.

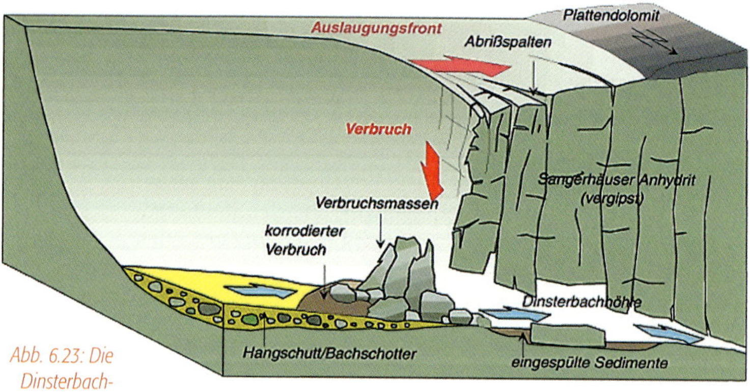

Abb. 6.23: Die Dinsterbachschwinde bei Questenberg (Grafik R. Völker).

Einem ähnlichen hydrogeologischen Regime unterliegt der SE von Breitungen am Karstwanderweg gelegene **„Bauerngraben“** bei Agnesdorf (**83**), die insgesamt wohl eindrucksvollste Karsterscheinung des ganzen Südharzes. Hier wird ein tiefes Schwindenbecken von 350 m Länge und rund 100 m Breite nach S durch einen 60 m hohen steilen Auslaugungswall begrenzt.

Im Becken verschwindet der Glasebach, der eine Hauptbachschwinde und mehrere Nebenschwinden angelegt hat. Bei Hochwasser läuft das Becken über und entwässert nach Westen durch den Talbach nach Uftrungen.

Abb. 6.24: Der Bauerngraben bei Agnesdorf (Mansfelder Land) bei Hochwasser. Blick von der Gipssteilwand.

Hier ist die Nutzungsgeschichte spannend: Der Bauerngraben wurde in vergangenen Zeiten, wenn er mit Wasser gefüllt war, von der Gemeinde Roßla mit Fischen besetzt und auch abgefischt. War das Becken trocken, so hatte der Pfarrer von Breitungen das Recht, darin zu säen und zu ernten (VÖLKER 1988).

Die **Sieberschwinde** (Abb. 6.25) in Hörden (**84**) ist Teil des gut untersuchten karsthydrologischen Systems des Pöhlder Beckens. Hier versiegt die aus dem Hochharz abströmende Sieber in Trockenwetterzeiten etwa ein bis drei Monate pro Jahr, auf einer Strecke von mehreren Hundert Metern völlig. Das Wasser tritt, nachgewiesen durch Farbmarkierungen, nach ca. drei Tagen in der Rhumequelle wieder hervor und besitzt an ihrer Schüttung einen Anteil von knapp einem Drittel, das sind etwa 20 Mio. m^3 im Jahr. Das Wasser tritt hier aus dem Kiesbett über den Plattendolomit (Ca3) in den unteren Zechstein ein und durchströmt unterirdisch bei einer Fließgeschwindigkeit von ca. 120 m/Stunde alle liegenden Zechsteinschichten.

Es ist verständlich, dass bei dieser hohen Fließgeschwindigkeit und entsprechend großen Gerinnequerschnitten eine

Abb. 6.25: Sieber bei Hörden: letztes Wasser aber, noch voller Leben. Blick flussabwärts.

Filterwirkung für die eingetragenen Schmutzstoffe nicht stattfinden kann. Schon ab Herzberg beginnen die Versinkungsstellen, zunächst noch in der Schichtgrenze zwischen Stinkdolomit und Werra-Anhydrit. Die aquatische Fauna muss sich auf diesen natürlichen Prozess der Fließgewässerunterbrechung einstellen.

Blindtäler

Blindtäler sind Talformen, die in den quartären Kaltzeiten bereits im periglazialen Raum vorgeformt wurden. Sie versteilen sich abrupt am Austritt einer Karstquelle, um an einer Karstschwinde wieder zu enden. Dies ist mustergültig ausgebildet am Unterlauf des **Zehntgärtenbachs**, der südlich von Steina bis Nüxei (**85**) in die Bachschwinde des Großen Trogsteins in den Werra-Anhydrit eintritt, dann die nur zum geringeren Teil erforschte Große Trogsteinhöhle im Gerinne auf ca. 2 km durchströmt und an der Fitzmühlenquelle unter einer hohen Gipssteilwand wieder hervortritt. Nach kurzem oberirdischen Lauf von nur 500 m, bei dem es noch Wasser aus anderen Karstquellen aufnimmt, fließt das Wasser durch das Blindtal in das Nußteichpolje (s.o.), um dort ohne klar definierbaren Wiederaustritt im Karst wieder zu versinken.

Abb. 6.26: Fitzmühlenquelle bei Nüxei am Beginn des Blindtales.

Ein Teil des Wassers kommt, so ist zu erwarten, nach neunmonatiger Untergrundpassage im Salzaspring bei Nordhausen-Salza wieder hervor. Dieses karsthydrographische System wurde bereits 1936 untersucht. Durch Kriegszeit und deutsche Teilung verhindert, steht noch immer die hydrogeologische Bearbeitung des Abflussgebietes östlich der Eichsfeldschwelle aus.

Estavelle

Am Südrand des **Beiersteins** im NSG Gipskarstlandschaft Hainholz zwischen Osterode und Schwiegershausen (**86**) (Abb. 6.27) hat sich das hier seltene Phänomen einer Estavelle oder eines Wechselschlundes entwickelt. In Hochwasserzeiten dringt in einer versumpften Zone als Teil eines verlandeten Erdfallsees Karstwasser aus höheren und tieferen Karstaquiferen an die Tagesoberfläche und fließt über den Hackenbach als örtlichem Vorfluter ab. In mittleren und Trockenwetterzeiten dreht sich die Entwässerungsrichtung im Abflussgraben um und Oberflächenwasser des Taloberlaufes des Hackenbaches sowie des von Düna kommenden Heiligenthals versinken in der Beiersteinschwinde und im Bereich des Klinkerbrunnens, einer Laughöhle am Westrand des Beiersteins.

Abb. 6.27: Beiersteinsenke mit der flächigen Estavelle, NSG Hainholz bei Düna.

Bei höheren Abflüssen gelangt dieses Karstwasser ganz oder teilweise bis zu den Quellen nach Förste, wie eine Farbmarkierung von 1983 nachgewiesen hat. Im Zuge eines Naturschutzgroßprojektes wurde die Drainage der feuchten Hackenbachniederung aufgehoben und ein weitflächiges Feuchtgebiet gemäß der natürlichen Formenentwicklung der Senke geschaffen.

Karstquellen

Drei große Karstquellen entwässern den Südharz. Dies sind die Gruppe von ca. 35 Quellen in Förste, W Osterode, als größtem Karst-Quellgebiet Nord- und Mitteldeutschlands, des weiteren die Rhumequelle S Pöhlde und der Salzaspring NW Nordhausen.

Die Reinhaltung des Quellwassers für die Nutzung zum menschlichen Gebrauch stellt ein Problem dar, da die unterirdischen Laufstrecken keine Reinigungs- oder Filterfunktion ausüben. Das karsthydrographische System ist örtlich gut untersucht, es fehlen aber viele Details zu Teilräumen. Generell ist das Grundwasser im Karst verletzlich. Diese Vulnerabilität wird mit der Abb. 6.28 deutlich, die die Entwässerungsrichtungen zwischen Schwinden (blau) und Quellen

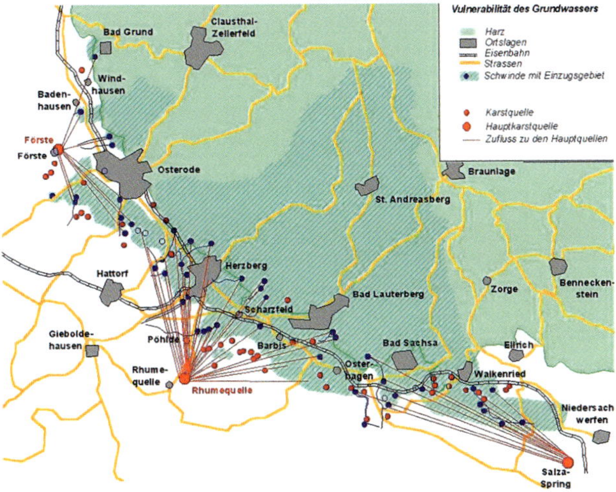

Abb. 6.28: Vulnerabilität des Grundwassers. (Abb.: F. VLADI)

(rot) aufzeigt. Für die Einzugsgebiete der Schwinden, das ist ein Großteil der gesamten Südharzentwässerung, bedarf es erhöhter Anforderungen an die Gewässerreinhaltung, ohne das Trinkwasserschutzgebiete förmlich ausgewiesen werden können.

Bis 2021 wurden die Quellen in Förste zur Mineralwasserabfüllung unter strenger hygienischer Überwachung und die Rhumequelle samt einiger Tiefbrunnen in ihrem Einzugsgebiet zur Trinkwassergewinnung genutzt. An der Rhumequelle findet in einer Umkehrosmoseanlage eine teilweise Desulfatisierung statt.

Einige der sich am Harzwestabbruch orientierenden Quellen in Förste (**87**) liefern auch chloridische Wässer aus Steinsalzrestbeständen des Zechsteins im tieferen Untergrund westlich des Harzwestabbruchs; sie gaben vor längerer Zeit Anlass zur Gewinnung von Heilwasser und in der jüngeren Bronzezeit zur Salzgewinnung.

Abb. 6.29: Mineralwasser aus dem Grundwasser des Zechstein-Karsts

Die Rhumequelle und das Pöhlder Becken

Im Gegensatz zum Einzugsgebiet des Salzasprings und der Quellen in Förste, ist der geologische Bau des Pöhlder Beckens seit Mitte der 1970er Jahre durch ein umfangreiches Trinkwassererschließungsprogramm in Verbindung mit 14 Tiefbohrungen hinreichend bekannt. Die unterirdische Entwässerung ist mit Erkundungen zur Abflussbilanz, zu den Ganglinien der Grundwasseroberflächen und mittels zahlreicher Markierungsversuche einschließlich der Hydrochemie grundsätzlich entschlüsselt.

Morphologisch ist das Pöhlder Becken eine Weitung der Niederterrasse der Oder zwischen Scharzfeld und Pöhlde/Auekrug. Geologisch handelt es sich um eine Subrosionssenke über Hauptanhydrit, dessen an sich schmaler Ausstrich, tektonisch bedingt durch WNW-ESE-Störungen, verbreitert wird. Hydrogeologisch – in diesem Sinne wird meist vom Pöhlder Becken gesprochen – handelt es sich um das verkarstete Einzugsgebiet der Rhumequelle.

Die im Oberharz entspringenden Flüsse Oder und Sieber treffen bei ihrem Abfluss nach Süden am Harzrand auf die verkarstungsfähigen Gesteine des Zechsteins und versinken dabei im Untergrund. In trockenen Sommern war die Oder früher, vor dem Bau der Odertalsperre, völlig versiegt, wie dies heute bei der Sieber zwischen Herzberg und Hörden noch fast regelmäßig zu beobachten ist.

Das Wasser fließt unterirdisch auf Klüften und Schichtfugen der Zechsteindolomite und schafft hier, insbesondere in den vergipsenden Anhydritlagen, Höhlensysteme. Diese deuten sich nach ihrem Zusammenbruch an der Erdoberfläche durch zahlreiche Erdfälle an. Schon 1913 wurde mittels Färbeversuchen erkannt, dass die Harzflüsse Oder und Sieber samt Nebengewässern im Harzvorland versinken und an der Rhumequelle wieder austreten. Das Odergebiet verliert auf diese Weise 40, das Siebergebiet fast 20 Mio.m^3/Jahr an das Karstgrundwasser. Diese Arbeit war eine der frühesten karsthydrogeologischen Arbeiten am Südharz überhaupt.

Ein solches (Abb. 6.31) früher bereits vermutetes Gerinne von Herzberg zur Rhumequelle wurde 1998 von einer Bohrung in ca. 170 m Tiefe und mit einer Raumhöhe von ca. 7 m tatsächlich angetroffen. Der Spülstrom der Bohrung förderte feinste Harzkiese zutage, die über Schwinden im Sieber-Bett bei Herzberg in den Untergrund gelangen.

Abb. 6.30: Fließrichtung der Karstwasserströme im Pöhlder Becken mit Lage der Rhumequelle (aus Röhling, H.-G., 2003)

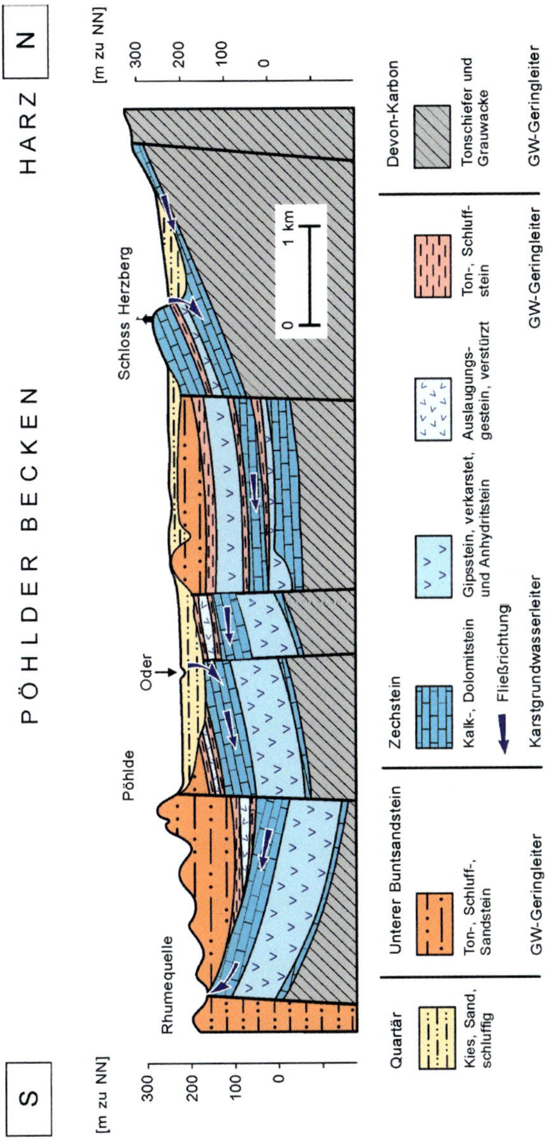

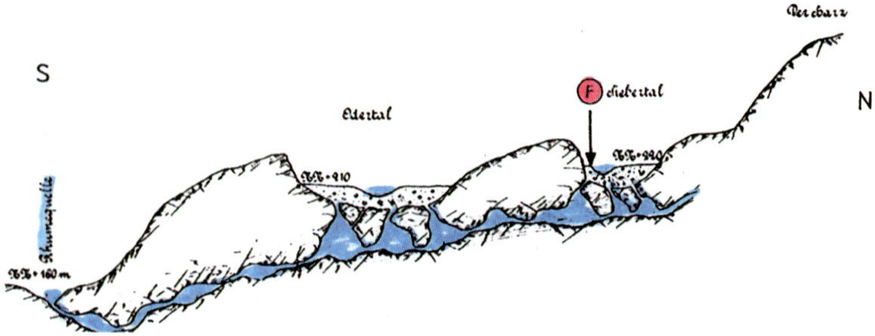

Abb. 6.31: Längsschnitt durch den Karstwasserstrom vom Harz zur Rhumequelle (aus Thürnau, 1913)

Diese Strukturen zeigen deutlich, dass am Südharz eine ausgeprägte Mehrfachverkarstung vorliegt. Die wichtigsten wasserführenden Schichten sind der Zechstein-Kalk bzw. die Basis des Werra-Anhydrits, weiter östlich zur Eichsfeldschwelle hin der Werra-Dolomit, er entspricht stratigraphisch dem Zechsteinkalk, in höheren Schichten der Stinkdolomit bzw. die Oberkante Werra-Anhydrit sowie der Hauptanhydrit. Gegenüber dem Einzugsgebiet der geologisch jungen Quellen in Förste ist das Pöhlder Becken als ein ausgereiftes (älteres) Versickerungsgebiet anzusprechen.

Aus der Rhumequelle und den Tiefbrunnen im Pöhlder Becken werden zu etwa gleichen Teilen die Städte Herzberg und Bad Lauterberg, der Ort Pöhlde sowie das nördliche Eichsfeld versorgt. In den Südharz mit Bad Sachsa und Walkenried besteht ein Leitungsverbund. Grundwassererneuerung und die tatsächliche Quellschüttung erlauben eine mehr als ausreichende Trinkwasserentnahme.

Die **Rhumequelle** (**88**) bezieht den Hauptanteil ihres Wassers aus den Versickerungen der Harzflüsse Oder und Sieber. Ihre Versickerungsstellen liegen rund 50–60 m höher als der Quelltopf der Rhumequelle. Wo die verkarsteten Zechsteinschichten gegen den Buntsandstein durch eine NW-SE verlaufende Störung verworfen sind, steigt Wasser auf und gelangt wieder an die Erdoberfläche.

Pro Tag fließen etwa 215.000 m^3 Wasser aus der Quelle über die Rhume ab, das sind rund 2,5 m^3/sec. Bei Niedrigwasser fließen nur 0,9 m^3/sec. ab. Dagegen kann die Quelle zu Hochwasserzeiten bis zu 5,5 m^3/sec. schütten. Das Wasser hat eine gleichbleibende Temperatur zwischen 8 und 9 Grad.

Neben der Hauptquelle gibt es einige Nebenquellen, die sich durch ihre Wasserinhaltsstoffe von der Hauptquelle et-

Abb. 6.32: Austritt der Rhumequelle bei Rhumspringe.

was unterscheiden. Diese Tatsache belegt, dass mehrere unterirdische Wasserwege in der Rhumequelle ihren Austritt haben. Die Menge der gelösten Wasserinhaltsstoffe unterliegt starken Schwankungen. Im Mittel werden jährlich 40.000 t Gips und 17.000 t Kalk/Dolomit in gelöster Form mit dem Quellwasser ausgetragen und mit der Rhume bis in die Nordsee abgeführt.

Baugrund und Senkungsschäden

Zu einem nicht untypischen Einzelereignis am Südharz berichtet das „Neue Vaterländische Archiv“ zu Hannover im Jahre 1825:

Aus einer „officiellen Anzeige des dasigen Amts“: *„Am 29. Julius des Jahres 1825 ereignete sich in der Feldmark der Dorfschaft Barbis, im sogenannten Königshagen, ein Vorfall, den wir hierdurch anzuzeigen nicht verfehlen. An dem vorbenannten Tage, nachmittags ohngefähr 4 ½ Uhr entstand, während einige Leute ruhig im Felde arbeiteten, an dem besagten Orte in südwestlicher Richtung vom hiesigen Amtshause ein plötzliches, unterirdisches, dem Donner ähnliches Getöse. Gleich darauf erhob sich eine dichte Staubwolke, und mit fürchterlichem Gekrach stürzte die Erde in einem Umkreis*

Abb. 6.33: Frischer Erdfall von 1986 in der Niederterrasse der Oder über Hauptanhydrit, W Pöhlde, ca. 7 x 5 m.

von 120 Schritten in einen unabsehbaren Abgrund hinab. Etwa 10 Fuß um diesen Abgrund herum ist die Erde noch geborsten. Schaudern ergreift den, welcher in diese Tiefe, wo er nur nackte Felsen hervorragen sieht, hinabblickt. Ein hineingeworfener Stein gebraucht völlig eine Minute, ehe er den Grund erreicht… Der Grund dieses Erdfalles ist mit Wasser angefüllt, in dem der hineingeworfene Stein zuletzt in solches herabzufallen scheint.“

Entlang des ganzen West-und Südharzes kommt es immer wieder zu Schäden an Gebäuden, Straßen oder Bahngleisen. Eindrucksvolle Beispiele bilden die hängenden Gleise am Bahnhof Seesen aus den 1970er Jahren, der schiefe Kirchturm der Oberkirche zu Bad Frankenhausen (siehe Kap. Kyffhäuser, Abb. 4.13); die Senkstellen an der B 243 SE von Osterode und der Bahngleise am Sachsenstein bei Neuhof, wo auf gut 10 m das südliche Gleis jährlich bis zu 18 cm absinkt, u.v.a.m. Beängstigend ist es, wenn mitten im Dorf die Erde einbricht, so beim Einsturz des Uftrunger Erdfalls am 27.03.1984.

Die Gipskarstlandschaft Südharz im Lichte der Geschichte – ein kurzer Überblick

Unweit südlich des Kyffhäusers finden sich Zeugnisse ersten menschlichen Wirkens. An einer fossilen Karstquelle bei **Bilzingsleben** siedelten bis vor 400.000 Jahren Menschen mit zumindest drei Zeltstandorten samt Feuerstelle. Entdeckt wurde dies bei Steinbrucharbeiten im Travertin der „Steinrinne“, einem aus einer Quelle ausgeschiedenen Kalktuff, der die Funde konserviert hat. Mehrere Tausend Steinwerkzeuge des *Homo erectus* und noch viel mehr Knochen seiner in Streifzügen im Umkreis bis zu 20 km erlegten Jagdbeute bezeugen das wärmere Klima der Holstein-Warmzeit. Es spricht nichts dagegen anzunehmen, dass diese Menschen auch am Südharz lebten und jagten und die dortigen Karstquellen und Höhlen ebenso nutzten.

Holstein-Warmzeit: Warmzeit zwischen Elster- und Saale-Kaltzeit.

Ab der späten Eem-Warmzeit finden sich neben zahllosen Knochen von Höhlenbären (*Ursus spelaeus*) auch Spuren des **Neandertalers** in der **Einhornhöhle**, deren Blauer Saal wohl im Mesolithikum einstürzte. Zu fast allen Zeiten haben Menschen diese Höhle, auch als Begräbnisplatz, verwendet.

Eem-Warmzeit: Warmzeit nach der vorangegangenen Saale Kaltzeit, vor 128.000–111.000 Jahren.

Im NSG Hainholz bei Düna fand vor 30.000 Jahren Fallgrubenjagd auf **Wollhaarnashörner** (*Coelodonta antiquitatis*) statt. Ob noch *Homo neandertalensis* oder schon *Homo sapiens*: 1750 fand man beim Mergelgraben Knochen und Zähne von zwei adulten und einem juvenilen kaltzeitlichen Nashorn in einer kleinen Karsthohlform.

Abb. 7.1. Mammut und Wollnashorn (Replikate auf der Bundesgartenschau 2004 in Nordhausen)

Abb. 7.2: Der Mammutstein bei Dorste – ein Denkmal für die Erforschung der kaltzeitlichen Großsäuger im Raum Osterode.

Diese Funde lösten nebst weiteren Funden der Quartärfauna wie Mammut, Höhlenbär und Riesenhirsch einen Fortschritt in der Forschungsgeschichte aus, weg vom statisch alttestamentarischen Bild hin zu Ansätzen über Klimaänderungen und Faunenwandel (Vladi 1979). Davon zeugt der **Mammut-Stein** bei Dorste (Abb. 7.2) auf dem Weg zum Lichtenstein. Recht lustig sind noch die Überlegungen in der regionalen Literatur um 1700, ob die zunächst als Elefant angesprochenen Mammute mit der Sintflut oder anlässlich des 2. Punischen Krieges Hannibals aus Afrika so weit nach Norden gelangt sein könnten.

Abb. 7.3: Das Mammut in der regionalen Kulturgeschichte

Das einzige Gesamtskelett eines Steppenmammuts (*Mammuthus trogontherii*) in Deutschland fand Gustav Adolf Spengler 1931 bei Edersleben im südöstlichen Harzvorland. Die Ausgrabung dauerte zwei Jahre. Das präparierte Skelett wurde in der großen Halle des Spengler-Museums in Sangerhausen aufgestellt und ist seither eines der

Abb. 7.4: Bronzezeitliche Bestattungen in der Lichtensteinhöhle bei Förste. Ihre Nachfahren leben noch heute in der Umgebung von Förste.

Wahrzeichen der Stadt. Das riesige Tier lebte wohl in oder bereits vor der Holstein-Warmzeit und gehörte sicherlich auch zum Jagdspektrum des *Homo erectus*.

Intensiv ist die Region dann bereits in der Bronzezeit besiedelt und wurde überwiegend agrarisch genutzt. Neben der Jagd kamen auch „Sondernutzungen" auf wie die Salzsiederei, so bei Bad Frankenhausen am Südrand des Kyffhäusers, vielleicht schon an den Aulebener Solquellen am Nordwestrand des Kyffhäusers und sicherlich bei Förste am Westharz. Davon zeugt die über dem Bach „Salza" gelegene **Lichtensteinhöhle** (**89**), in der sich als Sekundärbestattungsplatz einer Großfamilie die Knochen von ca. 57 Individuen fanden (Abb. 7.4).

Sie sind nach DNA-Analysen nicht nur miteinander verwandt; vielmehr finden sich ihre Gene nach fast 3.000 Jahren in der heutigen Bevölkerung von Förste und Dorste wieder, ja zwei heute lebende Männer sind wohl direkte Nachfahren dieser ehemaligen Salzwirker-Familie. Bei Osterode wohnt somit die älteste bekannte Familie der Welt, womit der Südharz Wissenschaftsgeschichte schreibt. Funde und Befunde sind im HöhlenErlebnisZentrum bei Bad Grund am nordwestlichen Beginn des Karstwanderwegs ausgestellt: www.hoehlen-erlebnis-zentrum.de.

Die **Pipinsburg** zwischen Osterode und Förste (**90**), heute Grasland mit Wallstrukturen (Abb. 7.5), hat ihre erste Besiedlung oder Errichtung wohl im Kontext der bronzezeitlichen

Abb. 7.5: Wallanlage auf der Pipinsburg bei Osterode

Abb. 7.6: Steinernes Haus, Grabung 1983 in der Wüstung Düna.

Siedlung von Salzwirkern bei Förste zu verdanken. Eisenzeitlich lebte sie als befestigter Siedlungsplatz wieder auf. Ihre Schutzfunktion während der dritten und mittelalterlichen Siedlungsphase war dann wohl nicht mehr auf das Salz von Förste, sondern auf den Eisenstein bei Osterode gerichtet.

Schon mit der Bronzezeit fanden neben der Salzgewinnung auch Abbau, Verhüttung und Handel von Buntmetallen aus dem **Kupferschiefer** des Mansfelder Raumes statt, vielleicht auch von Ausbissen des Flözes weiter westlich. Die Metallfunde in der Lichtensteinhöhle weisen bereits Kupferanteile aus dieser Lagerstätte nach.

Erste dörfliche Siedlungen seit der eisenzeitlichen mittleren Laténe-Zeit sind mit den Grabungen auf der Wüstung **Düna** belegt (Abb. 7.6). Diese Siedlung lebte bis ins 12. Jh. fort und belegt damit – neben der Lichtensteinhöhle – Siedlungskontinuität auch über die Völkerwanderungszeit hinaus. Schon in früher christlicher Zeit sind für Düna auch der Import und die Verhüttung von Rammelsberg-Erzen aus Goslar nachgewiesen, was für den Harz mit der Etablierung der Montanarchäologie eine neue sehr ergiebige Forschungsrichtung auslöste.

Das frühe **Mittelalter** ist durch den Landausbau mit größeren Rodungen, Siedlungsneugründungen und der Anlage von Befestigungen geprägt. Die Wallanlage „Kaiser Heinrichs Vogelherd" bei Pöhlde, die **Pfalzen** Pöhlde, Tilleda am Kyffhäuser und andere entstanden, erste Klöster wurden gegründet, so etwa Pöhlde um 950 und rücken damit den Südharz auch in das politische Zentrum des entstehenden Deutschen Reiches.

Ein beredtes Beispiel dafür ist die **Burg Scharzfels** (**91**), errichtet um das Jahr 1.000 auf einem verkarsteten Dolomitfelsen (Abb. 7.7). Sie hatte eine Schutzfunktion für das Kloster Pöhlde und sicher auch für den Silbererz-Transport aus St. Andreasberg zur Verhüttung ins südliche Harzvorland. Die

Abb. 7.7: Burg Scharzfels – Beispiel der Territorial- und Militärgeschichte am Südharz. Zerstört am 30.9.1761 von französischen Truppen im Siebenjährigen Krieg.

Burg war ab 1131 zunächst reichsunmittelbar, dann welfisch und ist mit der Einrichtung der Grafschaft Scharzfeld ein gutes Beispiel für die territorialgeschichtliche Entwicklung der weiteren Region.

Abb. 7.8: Kloster Walkenried, doppelter Kreuzgang als Beispiel feiner Steinmetzkunst mit Dolomitstein.

Das hohe Mittelalter brachte die Gründung des **Zisterzienser-Klosters Walkenried** (42) und damit die systematische Kolonisierung des Südharzes in den Wirtschaftsbereichen Landwirtschaft, Fischzucht und Bergbau mit sich, die weit in die Goldene Aue nach Osten und bis Gittelde nach Westen ausstrahlte. Ein Besuch des Klosters und seines Museums lohnt sich.

Während die bäuerliche Bevölkerung, die unter zunehmender Verarmung litt, in Holz- und Holzlehmbauten wohnte, setzte mit den Steingebäuden der Klöster und Burgen, zunehmend auch von Stadtmauern, der Abbau von Werksteinen ein. Man verwendete hauptsächlich Dolomitsteine, wie dies vor allem in den Mauern des Klosters Walkenried sehr gut zu sehen ist, aber auch Anhydrit (Abb. 7.9). Gips/Anhydrit wurde auch als Estrich und Mörtel verwendet.

Abb. 7.9: Anhydrit-Lagenmauerwerk in Rüdigsdorf, ungemörtelt („Trockenmauer")

Mit Reformation und **Bauernkriegen**, denen auch das Kloster Walkenried zum Opfer fiel, begann auch im Südharz die „Neuzeit“. Gleich nordöstlich von Bad Frankenhausen fand 1525 die den mitteldeutschen Anteil der Bauernkriege beendende Entscheidungsschlacht auf dem vom Werra-Anhydrit gebildeten Schlachtberg statt, wo heute im großen Rundbau des Panorama-Museums (Baugrundprobleme!) das berühmte, 1987 fertig gestellte und 14 x 123 m messende monumentale Rundbild von Werner Tübke zu besichtigen ist, das konzeptionell die „Frühbürgerliche Revolution in Deutschland“ zum Gegenstand hat.

In Nordthüringen war der aus Stolberg im Südharz gebürtige **Thomas Müntzer** (1489–1525, Abb. 7.10) die wichtigste Identifikationsfigur der Bauern, der anfangs die gleichen reformatorischen Ziele wie Martin Luther verfolgte, sich aber später mit den um Rechte kämpfenden Bauern solidarisierte. Indem er nicht die Rolle der Kirche, sondern das Evangelium zum Mittelpunkt machte, entwickelte er eine Theorie über eine vom Volk ausgehenden Herrschaft.

Abb. 7.10: Thomas Müntzer aus Stolberg: Reformator, Kämpfer für Demokratie und Gerechtigkeit, Opfer von Kirche und Feudalherrschaft.

Luther, der gewaltsame Umsturzversuche an der auch von ihm als von Gottes Gnaden eingesetzt verstandenen Obrigkeit als gotteslästerlich empfand, antwortete 1525 mit dem Pamphlet Wider „die Mordischen und Reuberischen Rotten der Bawren“ und empfahl in Briefen den Fürsten, die aufständischen Bauern gewaltsam niederzuschlagen. Müntzer wurde nach der Schlacht, die 6.000 Bauern das Leben kostete, gefangengenommen, gefoltert und in Mühlhausen hingerichtet.

Im Dreißigjährigen **Krieg** (1618–48) und im Siebenjährigen Krieg (1756–63) fielen viele Burgen, Kirchen, Klöster und Dörfer der Zerstörung anheim. Die Burg Hohnstein bei Neustadt (Abb. 7.11, siehe auch Kap. 3) wurde aus Ignimbrit-Quadern unter Verwendung von Gipsmörtel errichtet. Ebenso wurden Gipsmörtel und Gips-Estrichböden am Scharzfels bei Barbis verwendet.

*Abb. 7.11: Die Burg Hohnstein bei Neustadt (**37**). Sie wurde aus Ignimbrit, aus dem die Bergkuppe auch besteht und Gipsmörtel erbaut und im Dreißigjährigen Krieg zerstört. Heute ist sie ein beliebtes Ausflugsziel (siehe auch S. 110).*

Diese Burgruinen sind nicht nur Denkmale der Kultur- und Territorialgeschichte, sondern legen beredtes Zeugnis von Krieg und Fremdherrschaft ab, aber auch, und dies in unserem geologischen Kontext von der frühen Verwendung von Werksteinen und Mörtel, mithin mittelalterlicher Baukunst.

Seither beginnt die **Industrialisierung** im Bergbau, Eisen- und Kupferhüttenbereich, in der Rohstoffindustrie (Gips/Dolomit/Kalk/Ton) die Region auch flächig und in ihren Umwelteinwirkungen zu beeinflussen, etwa durch Stäube und Hüttenrauch. Auch im Sozialgefüge vollzogen sich drastische Veränderungen mit dem wachsenden Anteil von Handwerkern und Industriearbeitern in der Bevölkerung.

Frühe Streikbewegungen zeugen von sozialen Spannungen. Beredte Beispiele dieser Entwicklung sind mit der Königshütte in Bad Lauterberg, dem Bergbaumuseum Wettelrode und dem Mansfeld-Museum im Humboldt-Schloss in Hettstedt zu besichtigen.

Seine dunkelste Zeit erlebte der Südharz sicherlich von 1943 bis 1945. Das Konzentrationslager **Mittelbau-Dora** (**93**), am Südrand des Kohnstein-Anhydritmassivs angelegt, dien-

*Abb. 7.12: Gusseiserner Brunnen der Königshütte in Bad Lauterberg (**92**), ein kunstvolles Werk langer Gießereitradition, geschaffen für die Weltausstellung in Paris im Jahre 1889.*

Abb. 7.13: Raketentriebwerk im Fahrstollen B, KZ-Gedenkstätte Mittel-Dora

te der Produktion von „Vergeltungswaffen", der unbemannten Flügelbombe V1 und der Rakete V2 (Abb. 7.13). Unter unsäglichen Bedingungen sind viele Tausende Menschen hier zu Tode gekommen.

Die Stollen von ca. 9 m Breite im Anhydrit waren bombensicher, standfest und trocken, daher als Produktionsstandort gut geeignet. Sie können im Rahmen regelmäßiger Führungen durch die heutige KZ-Gedenkstätte besichtigt werden. Wie Metastasen breiteten sich von hier KZ-Außenlager für Infrastrukturmaßnahmen und weitere untertägige Produktionsvorbereitungen am gesamten Südharz aus. Weitere Stollen wurden im Werra-Anhydrit in Osterode, Ellrich, Woffleben und Stempeda angelegt. Neben der Heimkehle war die Einrichtung von Rüstungsfabriken in weiteren Südharzer Höhlen, etwa der Einhornhöhle und der Jettenhöhle, geplant, wozu es glücklicherweise nicht mehr gekommen ist. Noch im April 1945 hatte die Bevölkerung von Düna die Jettenhöhle mit einem Lebensmitteldepot ausgestattet und darin ausgeharrt, als die alliierte Front über ihr hinweg zog.

Im **Mai 1945** wurden Deutschland und damit die Gipskarstlandschaft am Südharz geteilt. Grenzgängern und Schmugglern diente jetzt die Himmelreichhöhle mit den Seitenstollen als Passage oder Unterschlupf. Die Kommunikation zwischen den Menschen hüben und drüben fror ein, die Verbindungen von Trinkwasser, Abwasser, Straßen, Bahnen und z.T. auch der Strom wurden weitgehend gekappt: Zwischen Ellrich und Walkenried wurde die Bahn alsbald für den Interzonen-Güterverkehr wiedereröffnet. Weilte man gerade in der Himmelreichhöhle, während ein dampfbespannter Güterzug von Ellrich her heraufstampfte, so klirrten die Gipslappen an den Firsten und manch ein Felsbrocken stürzte herab.

Abb. 7.14: Blick auf den Grenzübergang am Bahnhof Ellrich mit Kontrollbrücke der Grenztruppen – dennoch ist einmal einem Huhn die glückliche Flucht in den Westen geglückt, andere Grenzübertritte scheiterten tragisch.

Abb. 7.15: Gipssteinbruch Rüsselsee östlich von Ellrich.

Die Folgen der Teilung sieht man heute am besten noch im Luftbild: im Westen kleinteilige Feldzuschnitte, im Osten die großen Flächen der LPGs, bei deren Zusammenlegung viele ehemaliger Wirtschafts- und Wanderwege verschwunden sind.

Etwa zwei Drittel der Gipsgebiete sind der Rohstoffindustrie zum Abbau überlassen, weniger als ein Drittel steht unter **Naturschutz**. Für die Karstlandschaft mit ihren besonderen Landschaftsformen, ihrer Fauna und Flora ist dies ein bedeutender Aderlass. Erst in jüngster Zeit haben die Steinbruchbetriebe gelernt, nach der Ausbeutung auch Renaturierungen durchzuführen, die Formen und Funktionen des Karstes nachzubilden und Voraussetzungen für die Wiederansiedlung einer standorttypischen Vegetation zu schaffen.

Erlebnisorte und weitere Informationen

1. Schaubergwerke

Bergwerksmuseum Grube Glasebach, Glasebacher Weg, 06493 Harzgerode/OT Straßberg, Tel. 03 94 89 - 2 26, www.strassberg-harz.de
Bergbaumuseum Röhrigschacht Wettelrode, Lehde 17, 06526 Sangerhausen-Wettelrode, Tel. 0 34 64 - 58 78 16, www.roehrigschacht.de, info@roehrig-schacht.de +49 34 64-58 78 16
Steinkohlen-Besucherbergwerk Rabensteiner Stollen, 99768 Ilfeld-Netzkater/Harz, Tel. 03 63 31 - 4 81 53, www.rabensteiner-stollen.de, info@rabensteiner-stollen.de
Erlebnisbergwerk „Glückauf“ Sonderhausen: Schachtstraße 20, 99706 Sondershausen, Tel. 0 36 32 - 65 52 80, mueller@gses.de, www.erlebnisbergwerk.com
Besucherbergwerk Scholmzeche / Aufrichtigkeit, Ritscherstraße 4, 37431 Bad Lauterberg, Tel. 0 55 24 - 9 20 40
Schaubergwerk „Lange Wand“, Steinfeld 20, 99768 Harztor / OT Ilfeld, Tel. 03 63 31 - 4 62 86, info@lange-wand.de, Führungen: Samstags 14:00 Uhr

2. Museen

Mansfeld-Museum Hettstedt: Schlossstraße 7, 06333 Hettstedt, Tel. 0 34 76 - 20 07 53
Spengler Museum Sangerhausen: Bahnhof-Straße 33, 06526 Sangerhausen, Tel. 0 34 64 - 57 30 48.
Museum Alte Münze Stolberg/Harz, Tourist-Information, Markt 2, 06547 Stolberg/Harz,Tel. 03 46 54 - 1 94 33.
NatUrzeitmuseum Bad Sachsa, Am Kurpark 6, 37441 Bad Sachsa, Tel. 08 00-5 88 78 94, www.bad-sachsa.de, info@bad-sachsa-urlaub.de
Kreisheimatmuseum Bad Frankenhausen, Schloss, 06567 Bad Frankenhausen, Tel. 03 46 71 - 6 20 86, museum-badfrankenhausen@web.de

Panorama Museum in Bad Frankenhausen,
Tel. 034671-6190, Internet: www.panorama-museum.de
Kaiserpfalz Tilleda, Ernst Thälmann Straße 2, 06537 Tilleda,
Tel. 034651-90283
Museum im Ritterhaus, Rollberg 32, 37520 Osterode am Harz, Telefon: 05522 919793,
E-Mail: museum@osterode.de

3. Sonstiges: Besucherhöhlen, archäologische Ausgrabungen, Denkmale

Schauhöhle Heimkehle, 06548 Uftrungen, Tel. 034653-305, Internet: www.hoehle-heimkehle.de
Ausgrabungsstätte Steinrinne Bilzingsleben, Schulplatz 24, 06578 Bilzingsleben, Tel. 0363-50249, tourismusbuero@bilzingsleben.de
Barbarossahöhle: Mühlen 6, 06567 Rottleben,
Tel. 034671-54513, Internet: www.hoehle.de, service@hoehle.de
HöhlenErlebnisZentrum Iberger Tropfsteinhöhle An der Tropfsteinhöhle 1 (B 242), D-37539 Bad Grund (Harz),
Tel. 05327-829-391 info@hoehlen-erlebnis-zentrum.de
Einhornhöhle: Betreiber Gesellschaft Unicornu fossile e. V., Im Strange 12, 37520 Osterode am Harz,
Tel. 05522-31593-85, mail@einhornhoehle.de
Zisterzienser Kloster Walkenried mit Museum, Steinweg 4a, 37445 Walkenried, Internet: www.kloster-walkenried.de, info@kloster-walkenried.de
Burgruine Scharzfels, Schlossbergweg, 37431 Bad Lauterberg im Harz-Barbis, Tel. 05524-997099,
www.scharzfels.info
Burgruine Hohnstein, 99762 Neustadt/Harz,
Tel. 036331-49049, www.burghohnstein.de
Kyffhäuser Denkmal: Tel. 034651-2780,
www.kyffhaeuser-denkmal.de
Biosphärenreservat Karstlandschaft Südharz, Hallesche Str. 68A, 06536 Südharz-Roßla, Tel. 034651-29890,
bioreskarstsuedharz.de

4. Wichtige Internet-Adressen

Geopark Harz-Braunschweiger Land-Ostfalen:
www.geopark-harz.de

Landesamt für Geologie und Bergwesen Sachsen-Anhalt:
www.lagb.sachsen-anhalt.de

Nationalpark Harz: www.nationalpark-harz.de

Harzer Tourismusverband: www.harzinfo.de

Regionalverband Harz: www.harzregion.de.

Thüringisches Landesamt für Umwelt und Geologie,
Carl-August-Allee 8–10, 99423 Weimar, Tel.
0361-573942000, poststelle@tlubn.thueringen.de

Landesamt für Geologie und Bergwesen Sachsen-Anhalt,
PF 156, 06035 Halle/Saale, Tel. 0345-5229-910,
poststelle@lagb.mw-sachsen-anhalt.de

Förderverein Deutsches Gipsmuseum und Karstwanderweg
e.V. Düna 9a, 37520 Osterode, Tel. 05522-71036,
wanderungen@karstwanderweg.de,
www.karstwanderweg.de

Kartenmaterial zum Exkursionsgebiet

Für die Wanderungen ist es empfehlenswert, geeignete Karten des Exkursionsgebiets zu verwenden. Hierzu kommen Wanderkarten der Region, die es im Buchhandel in vielen Versionen gibt, infrage.

Eine Auswahl:

Rad- und Wanderkarte Naturpark Kyffhäuser. – Maßstab 1:33.000; mit Erläuterungen. Kartographisch-kommunale Verlagsgesellschaft mbH, 99734 Nordhausen.

Montanwanderkarte Bad Lauterberg im Harz und Umgebung. Maßstab 1:17.000, mit Erläuterungen. Hrsg. Kulturkreis Bad Lauterberg e. V. www.badlauterberg-harz.de.

Karstwanderweg Südharz Maßstab 1: 33.000, Kartographisch-kommunale Verlagsgesellschaft mbH, 99734 Nordhausen.

Am detailreichsten und besten geeignet sind die Topographischen Karten im Maßstab 1:25.000 (TK25). Der Exkursionsraum dieses Bandes ist auf folgenden Kartenblättern abgebildet:

4227 Osterode am Harz
4327 Gieboldehausen
4328 Bad Lauterberg
4329 Zorge
4330 Benneckenstein im Harz
4331 Hasselfelde
4332 Harzgerode
4429 Bad Sachsa
4430 Nordhausen N
4431 Stolberg
4432 Dankerode
4433 Wippra
4434 Mansfeld
4532 Kelbra (Kyffhäuser)
4533 Sangerhausen
4632 Bad Frankenhausen (Kyffhäuser)

Alle genannten TKs sind auch als Geologische Karten (GK 25) erschienen, jedoch überwiegend vergriffen und nur in größeren Bibliotheken einzusehen.

Als Geologische Übersichtskarten sind zu empfehlen:

Geologische Karte Harz 1:100.000. – Geologisches Landesamt Sachsen-Anhalt (Hrsg.) (1998), Halle;
Geotourismus im Harz: Geologisch-montantouristische Karte des Harzes 1:100.000. – Geologisches Landesamt Sachsen-Anhalt (Hrsg.) (2006): Halle;
Geologisch-montanhistorische Karte des Harzes 1:100.000, Hrsg. Landesamt für Geologie und Bergwesen Sachsen-Anhalt, Halle/Saale (2006);
Thüringen-Geologische Übersicht. – 1:400.000, Hrsg. Thüringer Landesamt für Bodenforschung; Weimar (1994);
Geologische Übersichtskarte von Sachsen-Anhalt 1:400.000, Hrsg. Landesamt für Geologie und Bergwesen Sachsen-Anhalt; Halle (2002).

Verzeichnis der Aufschlüsse

Die Lokalitäten in der Aufschlussliste sind in Geographischen Koordinaten (WKS84) im Dezimalsystem angegeben.

Wer sich mit anderen Systemen orientiert, dem sei ein Umrechenprogramm in andere Koordinatensysteme, z. B. im Internet www.koordinaten-umrechner.de empfohlen.

Der größte Teil des Exkursionsgebiet ist Teil des Geoparks Harz.Braunschweiger Land.Ostfalen. Weitere Informationen findet man in Internet auf den Seiten des Geoparks www.harzregion.de.

Der Geopark hat außerdem eine ganze Reihe von Faltblättern („Landmarken") herausgebracht und eine Vielzahl von Informationstafeln aufgestellt.

Besonders zu empfehlen ist der Karstwanderweg Südharz (www.karstwanderweg.de), der von drei Fördervereinen geführt wird.

Nr.	Lage	Beschreibung	Geogr. Koord.
1	Nördlicher Ausgang von Grillenberg am Westhang der Straße L230	Konglomerate, Sand-, Schluffsteine, Mansfelder Schichten (Stefan (A-C))	51.538992 N 11.313404 E
2	Wiese unterhalb der Pferdeköpfe, nördlich der L230	Metagrauwacken und Phyllite aus dem Oberdevon der Wippraer Zone	51.548278 N 11.302884 E
3	Pferdeköpfe, Westseite der L230, am Westrand der Wiese	Verfaltete Vulkaniklastite („Grünschiefer") des Mittel- bis Oberdevons, Wippraer Zone	51.549420 N 11.298470 E
4	Pferdeköpfe, Steinbrüche E der Kreuzung Kohlenstraße-L230	Massige Grünschiefer (Diabas), Klüfte, Wippraer Zone, Mitteldevon	51.552498 N 11.302099 E
5	Felsklippe, Tankstelle Wippertal, Wippra, Westseite der L230	Verfaltete Quarzite und Phyllite (Ordovizium), Wippraer Zone	51.577943 N 11.288582 E
6	Straßenanschnitt am südwestlichen Ortseingang von Rammelburg	Verfaltete Phyllite (Silur), Wippraer Zone	51.599748 N 11.328147 E
7	Burgberg Rammelburg, Westhang, Weganschnitte	Steilstehende Kissenlava (Ordovizium), Wippraer Zone	51.596341 N 11.329713 E
8	Rittertor am NW-Ausgang von Stolberg in das Ludetal	Ausgangspunkt der geologischen Wanderung in die Ostharz-Decke	51.576226 N 10.946873 E

Nr.	Lage	Beschreibung	Geogr. Koord.
9	Stolberg, Stbr. 150 m SE Mastenteich, Westseite des Wegs	Kalksteine („Herzynkalke") aus dem Devon	51.580256 N 10.939998 E
10	Felsanriss am Mastenteich in Stolberg, Ostrand der Talstraße	Geschieferte Grauwacken und Tonschiefer (Unterkarbon)	51.581883 N 10.938499 E
11	Abzweig Feldweg aus dem Ludetal und Hellbachtal	Basis der Überschiebungsbahn der Ostharz-Decke	51.596382 N 10.929232 E
12	Druidenstein, an der Kirche in Trautenstein	Rhyolitischer Mittelharzer Gang, Unterperm	51.685767 N 10.785621 E
13	Güntersberge, am Teichdamm des Mühlteichs	Kalksteine als Olistholithe in unter-karbonischen Tonschiefern (Olisthostrome)	51.640358 N 10.977096 E
14	Grube Glasebach östlich von Straßberg	Schaubergwerk, Sulfid-Erz- und Fluorit-Gangstruktur	51.612809 N 11.060261 E
15	Schneckenberg, südwestlicher Ortsausgang von Harzgerode	Herzynkalke des Unter- bis Mitteldevons im Grenzbereich zur Tanner Einheit	51.642806 N 11.127949 E
16	Mundloch Schwefelstollen, oberhalb Petruskapelle, Alexisbad	Stollen auf dem Reichen Davidsgang	51,6485763 N 11,1237378 E
17	Alexisbad Adolphfelsen, Uferweg der Selke am Bahnübergang	Gefaltete Plattenschiefer der Tanner Einheit (Unterkarbon)	51.653849 N 11.116596 E
18	Nordöstlicher Ausgang von Mägdesprung, Rondell des Denkmals	Plattenschiefer der Tanner Zone als Baumaterial	51.669780 N 11.132315 E
19	Carlswerk am östlichen Ausgang von Mägdesprung	Ausstellung zu den historischen Kunstguss- und Maschinenwerken im Selketal	51.668350 N 11.133378 E
20	Mundloch Herzog Alexis-Erbstollen am Eingang zum Schiebeckstal	Portal des Mundlochs des Entwässerungs-stollens der Erzgänge von Harzgerode	51.665048 N 11.158226 E
21	Straßenanschnitt Odertalsperre, 200 m NE der Sperrmauer	Wechselfolge von Grauwacken und Tonschiefern (Unterkarbon)	51.649859 N 10.508658 E
22	Stbr. Wieda, 100 m vom Abzweig der Straße von Wieda nach Zorge	Südharz-Grauwacke (Oberdevon) in der Südharz-Decke	51.618437 N 10.584340 E
23	Im Bachbett der Sieber, 500 m westlich Gasthaus Paradies	Aurora-Gang, rosafarbener Baryt-Gang (ca. 2,5 m)	51.679032 N 10.385416 E

Nr.	Lage	Beschreibung	Geogr. Koord.
24	Grube Kupferrose, nordwestlich von Bad Lauterberg	Technisches Denkmal des „Kupferröser Neuen Schachtes“	51.816282 N 10.463584 E
25	Hoher Trost, 1,5 km vom Forsthaus im Tal der Krummen Lutter	Ehemalige Baryt-Bergwerke „Hoher Trost“ und „Wolkenhügel“	51.672550 N 10.474849 E
26	Wiesenbeker Teich, 2 km SE Bad Lauterberg, im Wiesenbeker Tal	Speicherteich für 10 Wasserräder von 1714/15	51.618547 N 10.487609 E
27	Scholmzeche am Osthang der Oder, E Kurpark Bad Lauterberg	Schaubergwerk, 250 m Stollen, Abbau von Kupfer-Erzen	51.630297 N 10.475355 E
28	Tagebau am Südhang des Königsberg NE von Sieber	Aufgelassener Tagebau mit Anschnitt von Baryt-Gang	51.702938 N 10.467157 E
29	Wieda, Westhang Zachariaskopf Stollenmundloch	Eisenerz-Lager in Diabasen, Förderstollen	51.638792 N 10.591507 E
30	Nördlicher Ortsausgang von Zorge, Mundloch des Carler Stollens	Eisenerz-Lager in Diabasen, Halde	51.644381 N 10.626253 E
31	Rabensteiner Stollen, im Bere-Tal, nördlich Ilfeld, bei Netzkater	Aufgelassene Kohlengrube, Rotliegendes Schaubergwerk	51.602069 N 10.790101 E
32	Josefskreuz auf dem Auerberg bei Schwenda	Rhyolith-Dom (Rotliegendes)	51.580528 N 11.005661 E
33	Steinbruch nördlich des Auerbergs bei Schwenda	Rhyolith-Gang (Rotliegendes)	51.593687 N 11.001558 E
34	Parkplatz Waldbad im Bere-Tal, nördlich von Ilfeld	Ausgangspunkt der Wanderung am W-Ufer Bere, Andesite (Rotliegendes)	51.593057 N 10.786155 E
35	Richterschacht im Bere-Tal, nördlich von Ilfeld	Wetterschacht und Halde der Kohlengrube Rabensteiner Stollen	51.597268 N 10.785742 E
36	NW-Rand Osterode (Südharz), aufgelassener Stbr. Bornberg	Dom in Rhyodaziten des Ilfelder Beckens (Rotliegendes)	51.568900 N 10.814636 E
37	Burg Hohnstein, nördlich Neustadt/Harz	Ignimbrite, Ilfelder Becken (Rotliegendes)	51.569899 N 10.838120 E
38	Felsentor am östlichen Ortsrand von Neustadt/Harz	Ignimbrite, Ilfelder Becken (Rotliegendes)	51.563739 N 10.846930 E

Nr.	Lage	Beschreibung	Geogr. Koord.
39	Bere-Ufer, südlicher Ortseingang von Ilfeld, Lange Wand	Basis Zechstein auf Ignimbriten des Ilfelder Beckens, Schaubergwerk	51.569783 N 10.786568 E
40	Braunsteinhaus im Leimbach-Tal, zwischen Appenrode und Ilfeld	Manganerz-Gruben im Ilfelder Becken, Bergbau-Lehrpfad	51.591964 N 10.751023 E
41	Alter Sandabbau Cleysingsberg, zwischen Ellrich und Werna	Basis Zechstein auf gebleichtem Oberrotliegendem (Weißliegendem)	51.584545 N 10.690824 E
42	Kloster Walkenried, Bachanschnitt der Wieda	Basis Zechstein auf gebleichtem Oberrotliegenden (Weißliegendem)	51.583010 N 10.62093 E
43	Herzberg, Parkplatz der Helios Klinik	Rhyolith-Gang (Rotliegendes), überlagert von Kupferschiefer	51.668572 N 10.344261 E
44	Gipfelplateau des Ravensbergs bei Bad Sachsa	Rhyolith-Kuppel (Rotliegendes)	51.621272 N 10.526909 E
45	Wippertal, Klippmühle	Klippmühl-Quarzit mit verfalteten Phylliten (Ordovizium), Wippraer Zone	51.602134 N 11.403815 E
46	Haltestelle und Bahnübergang bei Vatterode	Sedimente der Mansfelder Schichten (Stefanium)	51.598517 N 11.426521 E
47	Eingang Schloss Mansfeld Rundweg	Basaler Zechstein auf Porphyrkonglomerat (Oberrotliegendes)	51.594005 N 11.458681 E
48	Aufgelassener Steinbruch, Heilige Reiser bei Hettstett	Sedimente des Stefan und des Oberrotliegenden („Saalische Diskordanz“)	51.648979 N 11.526011 E
49	Parkplatz Kyffhäuser-Denkmal	Alter Steinbruch in Sedimenten des Stefaniums, Baumaterial des Denkmals	51.412205 N 11.108691 E
50	Steinbruch 150 m ab Abzweig der B85, Kyffhäuser	Untere Kyffhäuser Schichten (Stefanium)	51.422629 N 11.068350 E
51	Felsklippe östlich des Parkplatzes Rothenburg, Kyffhäuser	Diorit-Gneis mit Scherzone, Granit-Gang und Quarz-Mineralisationen	51.422722 N 11.071243 E
52	Steinbruch am Westhang des oberen Steintals, Kyffhäuser	Diorit-Gneis mit zahlreichen Granit-Gängen	51.423712 N 11.071367 E
53	250 m nördlich Parkplatz Rothenburg, Rundwanderweg	Diorit-Gneis (Biotit-Hornblende-Gneis) und Granit-Gang	51.424154 N 11.070424 E

Nr.	Lage	Beschreibung	Geogr. Koord.
54	Turm der Rothenburg, Ostseite, Kyffhäuser	Biotit-Plagioklas-Gneis mit Granit-Gängen und Scherzone	51.424198 N 11.064672 E
55	Südflanke der Sommerwand westlich der Rothenburg	Verfaltete Kalksilikat-Felse der Biotit-Plagioklas-Gneis-Zone	51.424200 N 11.064959 E
56	Oberkirche Bad Frankenhausen	Verkippung und Bauschäden am Kirchturm durch Gipsauslaugung	51.355647 N 11.100593 E
57	Kurpark Bad Frankenhausen	Karstquellen (Solquellen) die an Störungen austreten	51.358487 N 11.102672 E
58	Aufgelassener Steinbruch 1 km, nördlich Rottleben	Rotsedimente des Stefaniums und Basis des Zechstein	51.371968 N 11.051828 E
59	Barbarossa-Höhle zwischen. Steinthaleben und Rottleben	Schau-Höhle im Anhydrit des Zechstein 1	51.375186 N 11.036249 E
60	Sandgruben südwestlich von Steinthaleben	ehem. Sand- und Kiesgrube in tertiären Ablagerungen in einer Subrosionssenke	51.387734 N 11.017058 E
61	Numburg-Quelle östlich Auleben	Sole-Quelle am Nordrand des Kyffhäusers	51.424745 N 10.982058 E
62	Solberg-Quelle östlich Auleben	Sole-Quelle am Nordrand des Kyffhäusers	51.424675 N 10.959781 E
63	Straßenanschnitte an der L1040 zwischen Kelbra und Badra	Basis Zechstein auf Rotsedimenten des Stefaniums	51.422637 N 10.995550 E
64	Westersteine, Waldstücke zwischen Barbis und Bartolfelde	Stromatolithen-Riff Basis Zechstein	51.599266 N 10.433852 E
65	Gemeinde-Steinbruch bei Bartolfelde	Brandungskliff aus der Zechstein-Zeit	51.602464 N 10.459546 E
66	Römerstein nördlich Nüxei	Riff, Zechstein (Werra Dolomit, Zechstein)	51.575563 N 10.524494 E
67	Aufgelassener Steinbruch nördlich von Beiersfelde an der L523	Hauptdolomit Staßfurt-Formation (Ca2)	51.703230 N 10.251392 E
68	Hohe Marl, zwischen Morungen und Großleinungen	Zechstein-Basis auf Stefanium	51.504826 N 11.211659 E
69	Nördlicher Ortsrand von Morungen	Geringmächtiger Schwerspat-Gang in Grünschiefern	51.519324 N 11.229129 E
70	Wettelrode, Röhrig-Schacht	Kupferschiefer-Bergbau, Schaubergwerk und Museum	51.518466 N 11.282829 E

Nr.	Lage	Beschreibung	Geogr. Koord.
71	Teufelsloch bei Osterode	Subrosionssenke, Karstquelle	51.708206 N 10.279038 E
72	Schauhöhle Heimkehle bei Uftrungen	Größte Gips-Schauhöhle Deutschlands	51.497468 N 10.954213 E
73	Einhornhöhle bei Scharzfeld	Schauhöhle im Dolomit, wissenschafts-geschichtlicher Standort	51.635175 N 10.404233 E
74	Wimmelburger Schlotte, westlich von Eisleben	Unzugängliche Großhöhle im Anhydrit, Bergbaugeschichte	51.517326 N 11.282000 E
75	NSG Hainholz bei Düna, zwischen Osterode und Hörden	NSG mit Fülle von Gipskarst auf engem Raum, Rundweg	51.684178 N 10.272225 E
76	Hirschzungen-Erdfall im Hainholz bei Düna	Erdfall eines Hohlraumes der Jettenhöhle	51.684452 N 10.274491 E
77	Pferdeteich im Hainholz bei Düna	Erdfall mit periodischem Teich im Hainholz	51.683753 N 10.275361 E
78	Dolinenfelder am Hainholz bei Düna	Oberflächenkarst über Basalanhydrit (Zechstein)	51.695732 N 10.258163 E
79	Uvala südwestlich von Questenberg	Erdfallkette mit unterirdischer Entwässerung	51.487166 N 11.111116 E
80	Nussteich-Polje bei Nüxei	Karsthohlform mit Bachschwinde	51.567389 N 10.527935 E
81	Jues-See in Herzberg	Größter Erdfall des Südharzes mit See und Badeanstalt	51.654901 N 10.342877 E
82	Dinsterbachschwinde, östlich Questenberg	Eindrucksvolle Bachschwinde im Zechsteingips (A1)	51.497214 N 11.134142 E
83	Bauerngraben bei Agnesdorf	Erdfallgroßstruktur mit Bachschwinde	51.488387 N 11.076904 E
84	Sieber-Schwinde bei Hörden	Schwindstelle der Sieber zur Rhumequelle	51.668860 N 10.296752 E
85	Fitzmühlenquelle bei Nüxei	Karstquelle mit Blindtal	51.572866 N 10.530569 E
86	Estavelle Beiersteinsenke	Einzig bekannter Wechselschlund des Südharzes (Schwinde/Quelle)	51.692500 N 10.251345 E
87	Quellteich bei Förste	Austritt chloridischer Tiefenwässer auf dem Harzwestabbruch	51.743234 N 10.184610 E
88	Rhumequelle bei Rhumspringe	Größte Karstquelle Norddeutschlands	51.589836 N 10.310179 E
89	Lichtenstein-Höhle, südlich von Förste	Kleine Spaltenhöhle im Gips (A3) als bronzezeitliche Grabstätte	51.724325 N 10.173709 E

Nr.	Lage	Beschreibung	Geogr. Koord.
90	Pipinsburg bei Osterode	Höhenbefestigung auf Gips-Schichtstufe	51.741389 N 10.214722 E
91	Burg Scharzfels nordöstlich von Scharzfeld	Dolomitfelsen (Zechstein) mit Höhlen und mittelalterliche Festung (Ruine)	51.629028 N 10.408889 E
92	Königshütte, östlicher Ortsrand von Bad Lauterberg	Königliche Hannöversche Eisengießerei, heute Museum	51.620615 N 10.460266 E
93	Südhang des Kohnsteins, westlich Obersalza	Gedenkstätte des Konzentrationslagers Mittelbau Dora	51.535525 N 10.749478 E

Ortsverzeichnis

Literaturquellen

BACHMANN, G., EHLING, C.-B., EICHNER, R., & SCHWAB, M. (2008): Geologie von Sachsen-Anhalt.- 689 S.; Stuttgart (E. Schweizerbart'sche Verlagsbuchhandlung).

BEHM-BLANKE, G. (1958): Höhlen – Heiligtümer – Kannibalen – Archäologische Forschungen im Kyffhäuser. – Leipzig.

BRANDT, A., KEMPE, S., SEEGER, M. & VLADI, F. (1976): Geochemie, Hydrographie und Morphogenese des Gipskarstgebietes von Düna/Südharz. – Geol. Jb., R. C,:.**15**, 55 S., 21 Abb., 5 Tab., 1 Taf., Hannover.

BÜTHE, F. (1996): Struktur und Stoffbestand des Ilfelder Beckens – geodynamische Analyse einer intramontanen Rotliegend-Molasse.- Braunschweiger geowiss. Arbeiten, **20**; Braunschweig

DEICKE, M. (2005): Ablagerungen in Karsthohlformen des West- und Südharzrandes als Archive der Umweltgeschichte. – Mitt. Verb. dt. Höhlen- u. Karstforscher, **51**(1):11–13

FLINDT, S., FRICKE, U., HUMMEL, S., KNOLLE, F., VLADI, F. & WALTER, D. (2001): Höhlen im Westharz und Kyffhäuser: Geologie, Speläologie, Archäologie. – Hrsgg. v. Landkreis Osterode am Harz in Zusammenarbeit mit der Arbeitsgemeinschaft für Karstkunde Harz e.V. und dem Thüringischen Landesamt für Denkmalpflege, 112 S., 228 Abb., Holzminden (Mitzkat).

FRANKE, W. (1992): Phanerozoic structures and events.- In: D. BLUNDELL et al. Continent revealed: The European Geotraverse.- Cambrigde Univ. Press: S. 164-179; Cambrigde.

FRANZKE & ZERJADTKE (1993): Structural Control of Hydrothermal Vein Mineralizations in the Lower Harz Mountains.- Monograph Series on Mineral Deposits, 30: S. 13 – 33; Borntraeger Berlin.

FRANZKE, H. J., & SCHWAB, M. (2011): Harz, östlicher Teil mit Kyffhäuser Kristallin.- Sammlung geologischer Führer, Bd. **104**, 327 S.; Stuttgart (Bornträger).

FRANZKE, H. J.,ZEH, A., & MEIER, S. (2007): Die metamorph-magmatische und strukturelle Entwicklung des Kyffhäuser Kristallins/Mitteldeutsche Kristallinzone-Vergleich mit der Wippra-Zone und dem Eckergneis/Harz.- Zt. Geol. Wiss., **35/H. 2**: 27–62; Berlin.

HAASE, H. (1936): Hydrologische Verhältnisse im Versickerungs-Gebiet des Südharz-Vorlandes. – Inaug.-Diss., 218 S., 26 Textabb., 9 Taf., 2 Anl., Math.-Naturwiss. Fak., Georg-August-Univ. Göttingen.

HERRMANN, A. (1956): Der Zechstein am südwestlichen Harzrand (seine Stratigraphie, Fazies, Paläogeographie und Tektonik). – Geol. Jb. **72**, 1–72, 14 Abb., 1 Tab., 4 Tab., Hannover.

JORDAN, H. (1979): Der Zechstein zwischen Osterode und Duderstadt (südliches Harzvorland). – Z. dt. geol. Ges. **130**:145–163, 5 Abb., 8 Tab., Hannover

KUPETZ, M. & KNOLLE, F. (2015): Die Mansfelder Schlotten – Verbreitung und Genese der größten mitteleuropäischen Anhydrit-Schichtgrenzhöhlen. – Z. dt. Ges. Geowiss. **166** (4): 327–339.

MAYSTRENKO, Y., BAYER, U., BRINK, H. – J., LITTKE, R. (2008): The Central European Basin System – an Overview.- In. LITTKE et al. (Hrsg.): Dynamics of Complex Intracontinental Basins.- Springer, S. 15 – 34; Springer-Verlag, Berlin-Heidelberg.

MEYENBURG, G. (2017): Streifzüge durch die Erdgeschichte, Nördlicher Mittelharz, 200 S.; Wiebelsheim (Quelle & Meyer).

MOHR, K. (1993): Geologie und Minerallagerstätten des Harzes.- 496 S., 2. Aufl.; Stuttgart (E. Schweizerbart'sche Verlagsbuchhandlung).

MÜLLER, R., & FRANZKE, H. J. (2014): Streifzüge durch die Erdgeschichte, Oberharz. 144 S.; Wiebelsheim (Quelle & Meyer Verlag).

NIELBOCK, R. (1987): Holozäne und jungpleistozäne Wirbelfaunen der Einhornhöhle/Harz – Paläontologisch-biostratigraphische Untersuchungsergebnisse der Höhlengrabungen 1985/87.- 194 S.

OBST, K., KATZUNG, G. & HAUPT, U. (2001): Gangmagmatismus im Mittelharz als Indikator für spätvariszische Dehnungstektonik.- N. Jb. Geol. Paläont., **219**: 393–432; Stuttgart.

OCZLON, M. S. (2006): Terrane Ma pof Europe.- Gaia Heidelbergensis, Nr. 15; Heidelberg.

PAUL, J. (1993): Anatomie und Entwicklung eines permo-triassischen Hochgebietes: die Eichsfeld-Altmark-Schwelle. – Geol. Jb. **A131**:197–218, Hannover.

PAUL, J. (2014): Gypsum domes and diapirs: common features in the Zechstein (Upper Permian) of Germany. – Geological Quarterly, **58**, 3: 463–472.

PRIESNITZ, K. (1969): Das Nixseebecken, ein Polje im Gipskarst des südwestlichen Harzvorlandes. – Jh. Karst- u. Höhlenkd. **9**:73–82, München.

RÖHLING, H.-G. (2003): Die Rhumequelle im Eichsfeld – eine der größten Karstquellen in Mitteleuropa.– Eichsfeld Jahrbuch, 11. Jahrg., 329–357, 9 Abb., 4 Tab.; Duderstadt

SEIDEL, G. (1992): Thüringer Becken.- Sammlung geologischer Führer, **85**, 204 S.; Stuttgart (Bornträger).

SEIDEL, G., (HRSG.) (1995): Geologie von Thüringen.-556 S.; Stuttgart (E. Schweizerbart'sche Verlagsbuchhandlung).

SICKENBERG, O. (1969): Die Wirbeltierfauna der Höhlen und Spalten des Harzes und seines südlichen Vorlandes. – Jh. Karst- u. Höhlenkd. 1968/69

(Der Südharz – seine Geologie, seine Höhlen und Karsterscheinungen), **9**: 91–106, München.

TEICHMANN, F. (1986): Der Jues-See: Limnologische Untersuchung eines Erdfallsees am Südwestrand des Harzes. – Unveröff. Dipl.-Arbeit Geol.-Paläont. Inst., 170 S., Göttingen.

THÜRNAU, K. (1913): Der Zusammenhang der Rhumequelle mit der Oder und Sieber.- Jb.f.d.Gewässerkunde Norddeutschlands, Bes. Mitt. **2**(6): 25 S., 8 Taf., 1 Kt., Berlin

VLADI, F. (1979): Die Nashornfunde zu Düna (NSG Hainholz) vom Jahre 1751 – und ihre Bedeutung für „die physische Geschichte unseres Planeten".- Heimatblätter f. d. südwestl. Harzrand **35**: 39–54, 5 Abb., Osterode (Heimat- u. Geschichtsverein).

VOIGT, R., BAIER, J., HERKING, C., GRÜGER, E. & MEISCHNER, D. (2000): Der Juessee in Herzberg am Harz – Sedimentologische, geochemische, diatomologische und palynologische Untersuchungen an laminierten Sedimenten. – Forschungsprojekt im Rahmen des DFG-Schwerpunktprogrammes „Wandel der Geo-Biosphäre während der letzten 15.000 Jahre. Kontinentale Sedimente als Ausdruck sich verändernder Umweltbedingungen".

VÖLKER, C. & VÖLKER, R, (1987): Dolinen und Erdfälle im Sulfatkarst des Südharzes.- Mitt. des Karstmuseums Heimkehle, H. **15**, 60 S., 26 Abb.; Uftrungen.

WEINBERG, H.-J. (1981): Die erdgeschichtliche Entwicklung der Beiersteinsenke als Modell für die jungquartäre Morphogenese im Gipskarstgebiet Hainholz-Beierstein (südwestliches Harzvorland). – In: Ber. naturhist. Ges. Hannover **124**: 67–112.